Java 程序设计

主　编　李晶晶

副主编　王　超　李　娜
　　　　宋沁峰　王　丹

北京理工大学出版社
BEIJING INSTITUTE OF TECHNOLOGY PRESS

内 容 简 介

本书从初学者角度详细介绍了 Java 知识体系中的常用技术。本书共 11 章，包括 Java 入门、Java 基础、面向对象基础、面向对象高级进阶、Java 中的常用类、集合、I/O 流、GUI（图形用户界面）、JDBC 数据库编程、多线程以及网络编程等。本书各章节都以"动物园管理系统"这一案例介绍知识点。另外，本书在二维码中加入了编程类竞赛的题目，通过 Java 代码的实现，让初学者对编程类竞赛的出题形式、解题思路有一定了解。

本书附有配套的课件、教学大纲、章节案例源码、习题答案等资源。本书可作为高等院校本、专科计算机相关专业的教材，是一本适合初学者学习和参考的读物。

版权专有　侵权必究

图书在版编目（C I P）数据

Java 程序设计 / 李晶晶主编. －－北京 ：北京理工大学出版社，2022.6

ISBN 978-7-5763-1423-6

Ⅰ．①J… Ⅱ．①李… Ⅲ．①JAVA 语言–程序设计

Ⅳ．①TP312.8

中国版本图书馆 CIP 数据核字（2022）第 110036 号

出版发行 / 北京理工大学出版社有限责任公司

社　　址 / 北京市海淀区中关村南大街 5 号

邮　　编 / 100081

电　　话 / （010）68914775（总编室）

　　　　　　（010）82562903（教材售后服务热线）

　　　　　　（010）68944723（其他图书服务热线）

网　　址 / http：//www.bitpress.com.cn

经　　销 / 全国各地新华书店

印　　刷 / 三河市天利华印刷装订有限公司

开　　本 / 787 毫米×1092 毫米　1/16

印　　张 / 17.5　　　　　　　　　　　　　　　　　责任编辑 / 高　芳

字　　数 / 408 千字　　　　　　　　　　　　　　　　文案编辑 / 李　硕

版　　次 / 2022 年 6 月第 1 版　2022 年 6 月第 1 次印刷　　责任校对 / 刘亚男

定　　价 / 88.00 元　　　　　　　　　　　　　　　　责任印制 / 李志强

图书出现印装质量问题，请拨打售后服务热线，本社负责调换

前　言

　　Java 是当前流行的一种面向对象的编程语言，近几年一直处于开发语言排行榜前三的位置。Java 由于其自身的安全性、可移植性等特点，受到广大开发人员的喜爱。Java 技术应用也十分广泛，从大型复杂的企业级开发到小型移动设备的开发，都可以见到 Java 的身影。作为计算机相关专业的学生，如果将来想从事程序开发工作，学好 Java 就显得尤为重要。

　　本书在编写时，考虑到教师会受到学时的限制，不能将 Java 的所有知识在课堂上全部讲完，因此挑选了 Java 知识体系中的基础和重点知识进行编写，但为了拓展学生的知识面，为学习后续课程——JavaEE 开发做准备，又融入了多线程和网络编程，并加入了编程类竞赛的一些题目。全书教学案例统一，以"动物园管理系统"为例，介绍了程序设计结构，面向对象中的类、对象、继承、多态等概念，使学生在学习时不易产生跳脱现象。每章都设计了学习目标、课后习题，便于检验学习效果。

　　本书共 11 章，接下来分别对各章进行简单的介绍。

　　第 1 章介绍了 Java 的特点、JDK 的下载和安装、Java 的运行机制及开发环境的搭建，并介绍了如何利用 Eclipse 开发工具编写 Java 程序。

　　第 2 章详细介绍了 Java 的基础知识，包括 Java 语法规则、数据类型、运算符和表达式、分支结构、循环结构、数组等。本章是一个大融合，在学习本章时，可以根据前导课程"C 语言程序设计"所学知识，对比着学习。

　　第 3 章介绍了面向对象基础知识，包括类、对象、构造方法、继承等内容。

　　第 4 章介绍了面向对象高级进阶知识，在学生掌握第 3 章的内容后，继续深入讲解面向对象知识中的多态、接口、抽象类、各种内部类以及异常。

　　第 5 章介绍了 Java 中的常用类，通过学习常用类，可以让学生理解模块化编程的思想，懂得在适当的时候调用合适的类以简化编程。

　　第 6 章介绍了 Java 中常用的集合类，包括 Collection、List、Set、Map 等。

掌握集合类的用法，编程时对数据的存储可以多一些方式。

第 7 章介绍了 Java 中的 I/O 流知识，包括 File 类、字节流、字符流、对象的序列化等。结合之前的章节，程序产生的数据可以保存到本地文件中进行永久保存。

第 8 章介绍了 GUI（图形用户接口），包括 Swing 顶层容器、布局管理器、常用组件、事件处理等内容，并加入了一个小型案例——用户登录设计。

第 9 章介绍了 JDBC 数据库编程，包括 JDBC 常用 API、JDBC 编程等内容。通过学习本章，学生可以将程序连接到 MySQL 数据库，逐步掌握小型应用系统的开发。

第 10 章介绍了线程的知识，包括线程的概念、创建、生命周期、调度方式等。通过学习本章，学生能够了解和掌握多线程技术。

第 11 章介绍了 Java 网络编程的知识，包括网络通信协议、TCP、UDP 等。通过学习本章，学生能够了解网络编程相关知识，为后续课程学习打下基础。

本书的编写工作主要由李晶晶、王超、李娜、宋沁峰、王丹老师完成，其中第 1 章由王丹编写，第 2 章、第 8 章、第 11 章由李娜编写，第 3 章、第 5 章由王超编写，第 4 章、第 7 章、第 10 章由李晶晶编写，第 6 章和第 9 章由宋沁峰编写。另外，非常感谢耿瑞君、董耀国、杜宇航、陈小曼、何钰铭、王红涛同学在本书编写过程中给予的帮助。

限于编者水平，本书在编写的过程中难免存在一些疏漏和不妥，欢迎各位读者提出宝贵的修改意见，我们将不胜感激。您在阅读本书的过程中，如发现任何问题或有不同意见可以通过电子邮件与我们取得联系：2020052503@ zjtu. edu.cn。

编 者

目　录

第 1 章　Java 入门

【学习目标】

1. 了解计算机语言发展与分类。
2. 理解 Java 的作用与特点。
3. 掌握 JDK、JRE 与 JVM 三者之间的关系。
4. 掌握 JDK 的安装与系统环境变量配置。
5. 掌握 Java 的运行机制。
6. 能使用 Eclipse 工具开发一个简单的 Java 程序。

1.1　计算机语言发展与分类

计算机语言是为编写计算机程序而设计的，用于对计算过程进行描述、组织和推导。计算机语言的广泛使用始于 1956 年出现的 FORTRAN，其发展和演化已经超越了运行程序的机器。

计算机语言的发展，经历了从机器语言、汇编语言到高级语言的历程。

计算机语言

1. 机器语言

机器语言是一种用二进制代码表示的低级语言，指令采用符号 0、1 编码组成，它可以被计算机直接识别，与具体机器有关。用机器语言编写程序，都采用二进制代码形式，且所有的地址分配都以绝对地址的形式处理，存储空间的安排、寄存器、变址的使用也都由程序员自己计划。因此，用机器语言编写程序时，要求程序员熟记计算机的指令代码，工作量大，易于出错且不易修改，所编程序又只适合某一特定的机器，没有通用性、不能移植。

2. 汇编语言

为了减轻使用机器语言编程的痛苦，人们对汇编语言进行了改进：用一些简洁的英文字母、符号串来替代一个特定的指令的二进制串，例如，用 "ADD" 代表加法，"MOV" 代表数据传递，等等。这样一来，人们很容易读懂并理解程序在干什么，纠错及维护都变得更方便。这种程序设计语言就称为汇编语言，即第二代计算机语言。然而，计算机是不认识这些符号的，这就需要一个专门的程序，专门负责将这些符号翻译成二进制数的机器语言，这种翻译程序被称为汇编程序。

汇编语言，是一种使用助记符表示的低级语言。某一种汇编语言也是专门为某种特定的计算机系统而设计的。用汇编语言写成的程序，需经汇编程序翻译成机器语言程序才能执行。

汇编语言中的每条符号指令都与相应的机器指令有对应关系，同时又增加了一些如宏、符号地址等功能。虽然这种语言的命令比机器语言好记，但它并没有改变机器语言功能弱、指令少、烦琐、易出错、不能移植等缺点。

3. 高级语言

从最初与计算机交流的痛苦经历中，人们意识到，应该设计一种这样的语言，这种语言接近于数学语言或人的自然语言，同时又不依赖于计算机硬件，编出的程序能在所有机器上通用。经过努力，第一个完全脱离计算机硬件的高级语言 Pascal 语言出现，标志着结构化程序设计时期的开始。

20 世纪 80 年代初，在软件设计思想上，又产生了一次革命，其成果就是面向对象的程序设计。在此之前的高级语言，几乎都是面向过程的，程序的执行是流水线式的，在一个模块被执行完成前，人们不能干别的事，也无法动态地改变程序的执行方向。这和人们日常处理事务的方式是不一致的，对人而言是希望发生一件事就处理一件事，也就是说，不能面向过程，而应是面向具体的应用功能，也就是对象。

高级语言是面向用户的、基本上独立于计算机种类和结构的语言。高级语言最大的优点是：形式上接近于数学语言和自然语言，概念上又接近于人们通常使用的概念。高级语言的一个命令可以代替几条、几十条甚至几百条汇编语言的指令，因此，高级语言易学易用，通用性强且应用广泛。

1.2　Java 的发展史

Java 由于其与生俱来的诸多优点，目前已经在各行各业得到了广泛应用。但是，Java 究竟是什么呢？概括来说，和一般编程语言不同之处在于：Java 不仅是一种面向对象的高级编程语言，它还是一个平台（Platform）；应用 Java 更易于开发出高效、安全、稳定以及跨平台的应用程序。目前 Java 还处于快速发展阶段，新的特性和应用仍在不断涌现。

Java 的发展史

1.2.1　什么是 Java

Java 是美国 Sun 公司开发的面向对象的程序设计语言。由于具有面向对象、高性能、跨平台、安全性、分布式、支持多线程等优良特性，它已经逐步成为网络应用的主流开发语言，被人们誉为"网络上的世界语"。Java 彻底改变了应用软件的开发模式，带来了自微型计算机以来的又一次技术革命，为迅速发展的信息世界增添了新的活力。Java 的产生最早可以追溯到 1991 年，是为了将 Sun 公司从传统起家的工作站市场，进一步扩展到消费性电子产品市场，当时 WWW 还没有正式出现。1991 年 4 月 8 日 Sun 公司成立了 Green 小组，其领导人是 Sun 公司一位杰出的工程师 James Gosling。

Java 最初的应用对象是消费性电子产品（即 PDA、电子游戏机、电视机顶盒之类的产品）。为了进入消费性电子产品市场，Sun 公司专门成立了一个项目小组，目标是设计嵌在消费性电子产品的小型分布式系统软件，能够适用于异构网络、多主机体系结构，能实现信息安全传递。项目小组的最初设想是用 C++ 语言完成这个目标。但由于 C++ 语言的复杂性和不安全性，不能胜任这项工作。为此，项目小组开发一种取名为 Oak 的语言。

Oak 语言在消费性电子产品市场上没有获得青睐。但在当时，Internet 开始流行，人们发明了一种网络传输协议，这种协议可以在文本中插入图片和声音，能使单调的 Internet 世界变得图文并茂。虽然 Web 页面拥有图文和声音，但仍然是静态的，不具备交互性。要让页面拥有动态画面，并能交互，需要在 Web 页面中嵌入一段程序。由于在 Internet 上运行着数以千计不同类的计算机，这就要求编写这种程序的语言必须具有平台无关性，并要求语言必须简练，支撑环境要小，而安全性却很高。Oak 语言恰好能够满足这些要求。Sun 公司将 Oak 语言改名为 Java 后公布于世！

随着 Internet 的迅速发展，Web 的应用日益广泛，Java 也得到了迅速发展。1994 年，Gosling 用 Java 开发了一个实时性较高、可靠、安全、有交互功能的新型 Web 浏览器，它不依赖于任何硬件平台和软件平台。这种浏览器名称为 HotJava，并于 1995 年同 Java 一起，正式在业界对外发表，引起了巨大的轰动，Java 的地位随之而得到肯定，此后的发展非常迅速。

1.2.2　Java 的特点

Java 适用于 Internet 环境，是一种被广泛使用的网络编程语言，它具有语法简单、面向对象、可移植、分布性、解释器通用性、稳健、安全、多线程及高性能等语言特性。

另外，Java 还提供了丰富的类库，方便用户进行自定义操作。下面将对 Java 的特点进行具体介绍。

Java 的特点

1. 语法简单

Java 的语法规则和 C++语言类似，它通过提供最基本的方法完成指定的任务。但 Java 对 C++语言进行了简化和提高。例如，指针和多重继承通常使程序变得复杂，Java 用接口取代了多重继承，并取消了指针。Java 还通过实现自动垃圾收集大大简化了程序设计人员的内存管理工作。

2. 面向对象

Java 以面向对象为基础。在 Java 中，不能在类外面定义单独的数据和函数，所有对象都要派生于同一个基类，并共享它所有的功能，也就是说，Java 最外部的数据类型是对象，所有的元素都要通过类和对象来访问。

3. 可移植

Java 程序具有与体系结构无关的特性。这一特性使 Java 程序可以方便地移植到网络的不同机器。同时，Java 的类库中也实现了针对不同平台的接口，使这些类库可以移植。

4. 分布性

Java 从诞生开始就和网络紧密地联系在一起。在 Java 中还内置了 TCP/IP、HTTP 和 FTP 等协议类库。因此，Java 应用程序可以通过 URL 地址访问网络上的对象，访问方式与访问本地文件系统几乎完全相同。

5. 解释器通用性

运行 Java 程序需要解释器。Java 解释器能直接对 Java 字节码进行解释执行。Java 字节码独立于机器，它本身携带了许多编译时信息，使得连接过程更加简单，因此可以在任何有 Java 解释器的机器上运行。

6. 稳健

Java 能够检查程序在编译和运行时的错误。类型检查能帮助用户检查出许多在开发早期出现的错误。同时，很多集成开发工具（Integrated Development Environment，IDE）的出现使编译和运行 Java 程序更加容易，并且很多集成开发工具（如 Eclipse）都是免费的。

7. 安全

Java 通常被应用在网络环境中，为此，Java 提供了一个安全机制以防止恶意代码攻击。当使用支持 Java 的浏览器上网时，可以放心地运行 Java Applet 程序，不必担心病毒的感染和恶意企图。

8. 多线程

多线程是程序同时执行多个任务的一种功能。多线程机制能够使应用程序并行执行多项任务，而且同步机制保证了各线程对共享数据的正确操作。使用多线程，程序设计人员可以用不同的线程完成特定的行为，使程序具有更好的交互能力和实时运行能力。

9. 高性能

由于 Java 程序是可解释的，字节码不是直接由系统执行，而是在解释器中运行，因此它的速度比多数交互式应用程序提高了很多。

1.3 JDK 的使用

Java 的开发基于 Java 开发工具包（Java Development Kit，JDK），这是整个 Java 的核心，包括了 Java 运行环境（Java Runtime Environment，JRE）、Java 工具和 Java 基础类库。

JRE 是运行 Java 程序所必需的环境的集合，包含 Java 虚拟机（Java Virtual Machine，JVM）标准实现及 Java 核心类库。JVM 是整个 Java 实现跨平台核心的部分，能够运行以 Java 写作的软件程序。Java 开发环境的搭建就是 JDK 的安装过程。

JDK、JRE 和 JVM 的关系

1.3.1 什么是 JDK

Sun 公司在推出 Java 的同时，推出了 Java 的一系列开发工具，如 JDK。JDK 是可以从网上免费下载的 Java 开发工具包。随后，一些著名的公司也相继推出了自己的 Java 开发工具，如 Microsoft 公司的 Visual J++，Borland 公司的 JBuilder，IBM 公司的 Visual Age for Java 等。

JDK 提供了丰富的开发工具，包括 Java 编译器、Java 解释器、Java 小程序浏览器、Java 类分解器、C 文件生成器、Java 调试器等。JDK 包含了 JRE 和 JVM，所以 Java 的环境搭建只需要安装好 JDK 即可。

1.3.2 JDK 的下载与安装

为了鼓励更多的人使用 Java 开发软件，Sun 公司免费提供了 Java 语言的软件开发工具包，即 JDK。它包含了所有编写、运行 Java 程序所需要的工具，如 Java 基本组件、库、Java 编译器、Java 解释器、Applet Viewer，以及用于开发 Java 应用程序的程序等。Sun 公司提供了 Macintosh、Solaris、Windows 平台的 JDK，本书以 Windows 平台为例进行讲解。一般来说，可以通过从光盘中获取或通过 Internet 下载两种途径找到 JDK。JDK 安装过程如下。

JDK 的下载

JDK 的安装

（1）双击 .exe 文件，单击"运行"按钮进入安装界面，如图 1-1 所示。

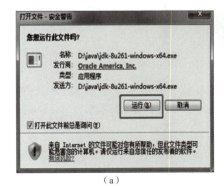

（a）

（b）

图 1-1　JDK 安装界面

（a）"打开文件"对话框；（b）"Java SE 开发工具包"对话框

（2）如图 1-2 所示，选择"源代码"就是安装 Java SE 源代码文件，安装完成之后会在 JDK 安装路径下看到 src.zip 文件。

选择"公共 JRE"就是安装 Java 运行环境，这里可以不安装，因为 JDK 文件夹中也会有一个 JRE。

（3）单击"下一步"按钮进入安装进度界面，如图 1-3 所示，安装完 JDK 之后会弹出一个安装 JRE 的提示，可以选择不安装。

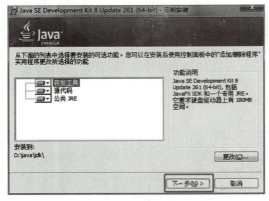

图 1-2　JDK 定制安装界面

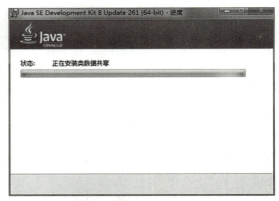

图 1-3　JDK 安装进度界面

1.3.3　JDK 目录介绍

默认的 JDK 安装路径是系统盘下的 Java 目录，找到该目录，从该目录结构中可以看出，JDK 的安装包含了 JRE 的安装。进入 JDK 目录，其结构如图 1-4 所示。

图 1-4　JDK 目录

JDK 目录

JDK 目录下有很多子目录和文件，都有其特定的功能，其中主要的子目录和文件功能如下。

（1）bin 目录：用于存放一些可执行程序，如 javac.exe（Java 编译器）、java.exe（Java 运行工具）、jar.exe（Java 打包工具）等。

（2）db 目录：一个小型的数据库，自 JDK 1.6 之后引入，是一个纯 Java 实现、开源的数据库管理系统，可直接使用，且小巧轻便，支持 JDBC 4.0 的规范。

（3）include 目录：JDK 是使用 C 和 C++ 语言实现的，该目录存放的就是一些 C 类语言的头文件。

（4）jre 目录：Java 运行时环境的根目录，包含 Java 虚拟机、运行时的类包、Java 应用启动器和一个 bin 目录，但不包含开发环境中的开发工具。

（5）lib 目录：开发工具使用的归档包文件。

（6）src.zip 文件：用于存放 JDK 核心类的源代码文件，通过该文件可以查看 Java 基础类的源代码。

1.4　系统环境变量配置

环境变量是包含关于系统及当前登录用户的环境信息的字符串，一些程序使用此信息确定在何处搜索文件。环境变量分为两类，一类是用户的环境变量，另一类是系统环境变量。用户的环境变量配置是跟随用户的，如在 A 用户的账户里配置了 JDK 环境变量，B 用户是不能使用的。如果是系统环境变量，则该配置是跟随系统的，该系统下所有的用户都能使用。

环境变量的配置

和 JDK 相关的环境变量有 3 个，分别是 JAVA_HOME、Path 和 CLASS-PATH。其中，JAVA_HOME 是 JDK 的安装目录，用来定义 Path 和 CLASSPATH 的相关位置，Path 环境变量告诉操作系统到哪里去找 JDK 工具，CLASSPATH 环境变量告诉 JDK 工具到何处找类文件（class 文件）。

单击"计算机"→"系统属性"→"高级系统设置"→"高级"→"环境变量"，打开"环境变量"对话框，如图 1–5 所示。

单击"系统变量"选项组下的"新建"按钮，新建系统变量 JAVA_HOME，如图 1–6 所示。

图 1–5　"环境变量"对话框

图 1–6　JAVA_HOME 变量设置界面

1.4.1　Path 环境变量

在系统变量中编辑 Path，此处只需要配置 JDK 的 bin 目录和 JRE 的 bin 目录即可，多个变量之间要用分号隔开，其变量设置界面如图 1–7 所示。

1.4.2　CLASSPATH 环境变量

CLASSPATH 环境变量配置同 JAVA_HOME，其变量设置界面如图 1-8 所示，其值是 ".;%JAVA_HOME%\lib\dt.jar;%JAVA_HOME%\lib\tools.jar;"，其中 "." 表示在所有的目录下查找，此处 "%JAVA_HOME%" 用来表示这个值是获取环境变量 "JAVA_HOME" 配置的值。变量值可以只填一个点，后面的变量写不写都是可以的，如果不放心的话可以加上。设置 CLASSPATH 的目的：防止出现找不到或无法加载主类问题。

图 1-7　Path 变量设置界面

图 1-8　CLASSPATH 变量设置界面

打开 cmd 控制台，输入 "javac"，按〈Enter〉键，显示 Java 的 javac 工具，如图 1-9 所示。

图 1-9　JDK 测试界面

1.5　Java 的运行机制

Java 是一种需要解释执行的编程语言，Java 程序运行时，必须经过编译和运行两个步骤。首先将扩展名为 .java 的源文件进行编译，最终生成扩展名为 .class 的字节码文件。然后 Java 虚拟机将字节码文件进行解释执行，并将结果显示出来。可以把 Java 程序的开发分为以下 3 个步骤。

（1）编写 Java 源文件。创建一个 Java 源程序（.java 文件）。在任何一个字符编辑器上输入并保存 Java 源程序代码，创建一个.java 文件。

（2）编译 Java 源文件。利用 Java 编译器（javac.exe）对 Java 源程序进

Java 的运行机制

行编译，生成相应的字节码程序（.class 文件）。如果编译成功，将得到一个与源程序有相同文件名的、扩展名为 .class 的字节码文件。

（3）运行 Java 程序。Java 程序可以分为 Java Application（Java 应用程序）和 Java Applet（Java 小应用程序）。其中，Java Application 必须通过 Java 解释器（java.exe）来解释执行其字节码文件，即类文件，Java Applet 需要使用支持它的浏览器（如 Netscape Navigator 或 IE 等）运行。

通过上面的分析不难发现，Java 程序是由虚拟机负责解释执行的，而并非操作系统。不同的操作系统需要使用不同版本的虚拟机，这种方式使得 Java 具有"一次编写，到处运行（write once，run anywhere）"的特性，有效地解决了程序设计语言在不同操作系统编译时产生不同机器代码的问题，大大降低了程序开发和维护的成本。

需要注意的是，Java 程序通过 Java 虚拟机可以实现跨平台特性，但 Java 虚拟机并不是跨平台的。也就是说，不同操作系统上的 Java 虚拟机是不同的，即 Windows 平台上的 Java 虚拟机不能用在 Linux 平台上，反之亦然。

1.6　Eclipse 开发工具

Eclipse 是基于 Java 的、开放源码的、可扩展的应用开发平台，它为编程人员提供了一流的 Java IDE。它是一个可以用于构建集成 Web 和应用程序的开发工具平台，本身并不会提供大量的功能，而是通过插件来实现程序的快速开发功能。

1.6.1　Eclipse 概述

Eclipse 最初由 OTI 和 IBM 两家公司的 IDE 产品开发组创建，起始于 1999 年 4 月。IBM 公司提供了最初的 Eclipse 代码基础，包括 Platform、JDT 和 PDE。Eclipse 项目由 IBM 公司发起，且有 150 多家软件公司参与到此项目中，包括 Borland、Rational Software、Red Hat 及 Sybase 等，已经发展成为一个庞大的 Eclipse 联盟。Eclipse 是一个开放源码项目，它其实是 Visual Age for Java 的替代品，其界面跟先前的 Visual Age for Java 差不多，但由于其开放源码，任何人都可以免费得到，并可以在此基础上开发各自的插件，因此越来越受人们关注。随后还有包括 Oracle 在内的许多大公司也纷纷加入了该项目，Eclipse 的目标是成为可进行任何语言开发的 IDE 集成者，使用者只需下载各种语言的插件即可。

Eclipse 是著名的跨平台的自由 IDE，最初主要用来开发 Java 语言。通过安装不同的插件，Eclipse 可以支持不同的计算机语言，如 C++和 Python 等。Eclipse 本身只是一个框架平台，但是众多插件的支持使 Eclipse 拥有其他功能相对固定的 IDE 软件很难具有的灵活性。许多软件开发商以 Eclipse 为框架开发自己的 IDE。

Eclipse 是一个成熟的可扩展的体系结构，它为创建可扩展的开发环境提供了一个平台。这个平台允许任何人构建与环境或其他工具无缝集成的工具，而工具与 Eclipse 无缝集成的关键是插件。Eclipse 还包括插件开发环境（Plugin Development Environment，PDE），PDE 主要是针对那些希望扩展 Eclipse 的编程人员而设定的。这也正是 Eclipse 最具魅力的地方。通过不断地集成各种插件，Eclipse 的功能也在不断地扩展，以便支持各种不同的应用。

Eclipse 利用 Java 写成，所以 Eclipse 可以支持跨平台操作，但是需要 SWT（Standard Widget Toolkit）的支持，不过这已经不是什么大问题了，因为 SWT 已经被移植到许多常见的平台上，

如 Windows、Linux、Solaris 等多个操作系统，甚至可以应用到手机或者 PDA（Personal Digital Assistant）程序开发中。

1.6.2　Eclipse 的安装启动

本节将介绍如何在 Eclipse 的官方网站下载本书所使用的 Eclipse 开发环境，其下载步骤如下。

（1）打开浏览器，在地址栏中输入"www.eclipse.org/downloads/"后，按〈Enter〉键访问 Eclipse 的官网首页，然后单击如图 1-10 所示的 Download Packages 超链接。

（2）进入 Eclipse IDE Downloads 页面，在 Eclipse IDE for Java Developers 下载列表中，单击右侧的 Windows×86_64 超链接，如图 1-11 所示。

（3）Eclipse 服务器会根据客户端所在的地理位置，分配合理的下载镜像站点，如图 1-12 所示。建议使用默认镜像地址，这里直接单击页面中的 Download 按钮即可。

Eclipse 的下载、
安装和使用

（4）单击 Download 按钮之后，若 5 s 后仍未开始下载任务，可单击图 1-13 中的 click here 超链接，重新开始下载任务。

图 1-10　Eclipse 官网首页

图 1-11　Eclipse 下载页面

图 1-12　Eclipse 下载镜像页面

图 1-13　Eclipse 重新开始下载的任务

（5）下载好 Eclipse 的安装包后，就可以启动 Eclipse 了。在 Eclipse 的安装文件夹中运行 eclipse.exe 文件，即开始启动 Eclipse，将弹出"Eclipse 启动程序"对话框，该对话框用于设置 Eclipse 的工作空间（用于保存 Eclipse 建立的程序项目和相关设置）。本书的开发环境统一设置工作空间为安装 Eclipse 的 workspace 文件夹，在"Eclipse 启动程序"对话框的"工作空间"文本框中输入".\eclipse-workspace"，单击"启动"按钮，即可启动Eclipse。

（6）Eclipse 首次启动时，会显示 Eclipse 欢迎界面，单击该界面标题上的"×"按钮即可关闭。

1.6.3　使用 Eclipse 开发第一个 Java 程序

课程思政

　　学习程序是为了提升专业水平，不能利用技术做违法乱纪的事情，要遵守软件工程师职业道德规范。

在 Eclipse 中编写程序，必须先创建项目。Eclipse 中有很多种项目，其中 Java 项目用于管理和编写 Java 程序。创建该项目的步骤如下。

（1）单击"文件"→"新建"→"项目"，打开"新建项目"对话框，该对话框包含创建项目的向导，在向导中选择"Java 项目"，单击"下一步"按钮。

（2）弹出"新建 Java 项目"对话框，如图 1-14 所示，在"项目名"文本框中输入"Hello-Java"，在"项目布局"选项组中选中"为源文件和类文件创建单独的文件夹"单选按钮，然后单击"完成"按钮。

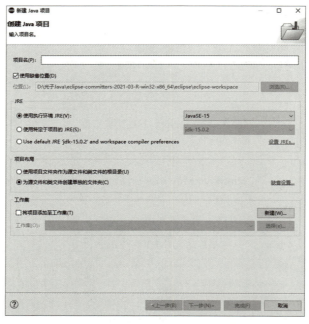

图 1-14　"新建 Java 项目"对话框

（3）此时，将弹出如图 1-15 所示的"新建 module-info.java"对话框，用于新建模块化声明文件。模块化开发是 JDK 9 新增的特性，但模块化开发过于复杂，新建的模块化声明文件也会影响 Java 项目的运行，因此这里单击 Don't Create 按钮。至此，已完成 Java 项目的新建操作。

（4）创建 Java 类文件时，会自动打开 Java 编辑器。创建 Java 类文件可以通过"新建 Java 类"向导来完成。在 Eclipse 菜单栏中单击"文件"→"新建"→"类"，打开"新建 Java 类"向导对话框，如图 1-16 所示。

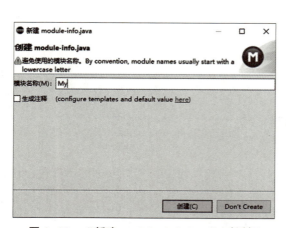

图 1-15　"新建 module-info.java"对话框

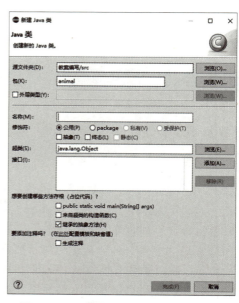

图 1-16　"新建 Java 类"向导对话框

使用该向导对话框创建 Java 类的步骤如下。

① 在"源文件夹"文本框中输入项目源程序文件夹的位置。通常向导会自动填写该文本框，没有特殊情况时，不需要修改。

② 在"包"文本框中输入类文件的包名，这里暂时默认为空，不输入任何信息，这样就会使用 Java 工程的默认包。

③ 在"名称"文本框中输入新建类的名称，如 HelloJava。

④ 选中 public static void main（String[ ]args）复选框，向导在创建类文件时，会自动为该类添加 main( )方法，使该类成为可以运行的主类。

编辑器总是位于 Eclipse 工作台的中间区域，该区域可以重叠放置多个编辑器。编辑器的类型可以不同，但它们的主要功能都是完成 Java 程序、XML 配置等代码编写或可视化设计工作。本小节将介绍如何使用 Java 编辑器。

在使用向导创建 Java 类文件之后，会自动打开 Java 编辑器编辑新创建的 Java 类文件。除此之外，打开 Java 编辑器最常用的方法是在"包资源管理器"视图中双击 Java 源文件或在 Java 源文件处右击并在弹出的快捷菜单中执行"打开方式"→"Java 编辑器"命令。Java 编辑器界面如图 1-17 所示。

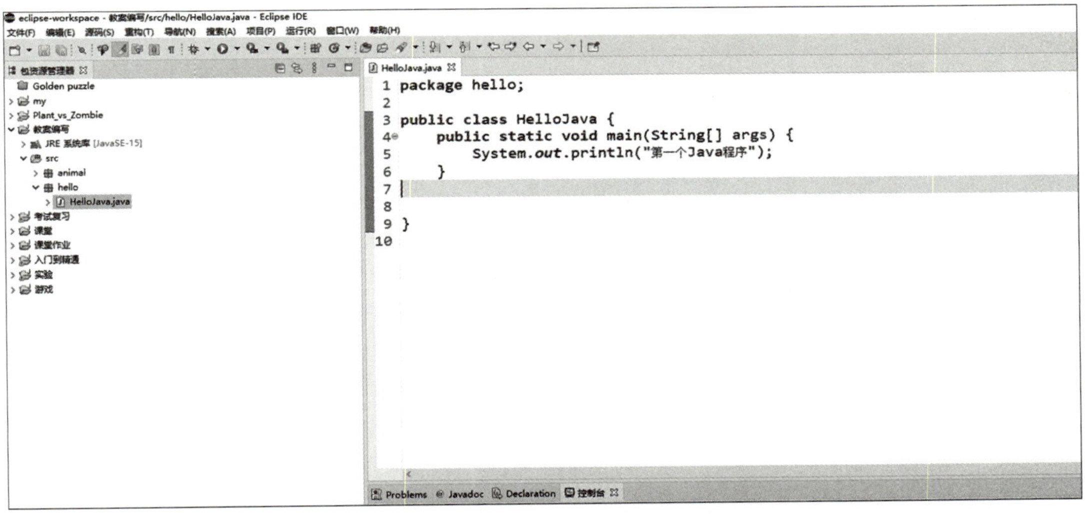

图 1-17　Java 编辑器界面

Eclipse 的强大之处并不在于编辑器能突出显示 Java 语法，而在于它强大的代码辅助功能。在编写 Java 程序代码时，可以使用〈Ctrl+Alt+/〉快捷键自动补全 Java 关键字，也可以使用〈Alt+/〉快捷键启动 Eclipse 代码辅助菜单。

在使用向导创建 HelloJava 类之后，向导会自动构建 HelloJava 类结构的部分代码，并建立 main( )方法，程序开发人员需要做的就是将代码补全，为程序添加相应的业务逻辑。本程序的完整代码如图 1-18 所示。

HelloJava 类包含 main( )方法，它是一个可以运行的主类。例如，在 Eclipse 中运行 HelloJava 程序，可以在"包资源管理器"视图的 HelloJava 文件处右击，在弹出的快捷菜单中执行"运行方式"→"Java 应用程序"命令，程序运行结果如图 1-19 所示。

图 1-18　HelloJava 程序代码　　　　图 1-19　HelloJava 程序在控制台的运行结果

 1.7　本章小结

本章主要介绍了 Java 中的基本内容，包括计算机语言发展与分类，Java 的发展历程和语言特点，JDK、JRE 和 JVM 的关系，JDK 的下载、安装、目录，Java 开发环境的环境变量的配置，Eclipse 工具的使用，运用 Eclipse 创建 Java 项目和创建 Java 类并运行的方式和方法。读者可以根据自己的兴趣结合 Eclipse 创建并编写一个 Java 项目。

Eclipse 使用技巧

 **1.8　本章习题**

一、选择题

1. 世界上第一台电子计算机的英文名为（　　　）。

A. EDVAC　　　　　B. EDSAC　　　　　C. ENIAC　　　　　D. LNIVAC

2. Java 与其他语言相比，独有的特点是（　　　）。

A. 面向对象　　　　B. 多线程　　　　　C. 平台无关性　　　D. 可扩展性

3. 编译 Java 程序的命令文件名是（　　　）。

A. java.Exe　　　　　　　　　　　　　B. java.C

C. javac.　　　　　　　　　　　　　　D. appletviewer.exe

4. 编译 Java 程序 filename.java 后，生成的程序是（　　　）。

A. filename.Html　　　　　　　　　　B. filename.jav.

C. filename.Class　　　　　　　　　　D. filename.Jar

二、填空题

1. _____语言是计算机唯一能够识别并直接执行的语言。

2. 开发与运行 Java 程序需要经过的 3 个主要步骤为_____、_____和_____。

3. Java 应用程序总是从主类的_____方法开始执行。

三、简答题

1. 计算机程序设计语言经历了哪些阶段？

2. Java 程序设计语言的特点有哪些？

3. JDK 的作用是什么，包含了哪些开发工具？

4. 简单描述 JAVA_HOME、Path 和 CLASSPATH 环境变量的作用和设置过程。

5. 简述 Java 的运行机制。

第 1 章习题答案

1.9 上机指导

1. 输入一个 Applet 源程序，学习编辑、编译、运行程序的方法。

简单的 Applet 小程序：

```java
// HelloWorldAppet.java
import java.awt.*;
import java.applet.*;
public class Hello WorldApplet extends Applet {
        public void paint(Graphics g) {
                g.drawString("Hello World in Applet!",20,20);
        }
    }
```

这个程序中没有实现 main( ) 方法，请补充完整并运行成功。

2. 利用记事本编写 Java 程序，要求输出以下内容。

"软件工程师的基本要求，树立软件产业界整体优良形象：

01　自觉遵守公民道德规范标准和中国软件行业基本公约。

02　讲诚信，坚决反对各种弄虚作假现象，忠实做好各种作业记录，不隐瞒、不虚构，对提交的软件产品及其功能，在有关文档上不作夸大不实的说明。

03　讲团结、讲合作，有良好的团队协作精神，善于沟通和交流。

04　有良好的知识产权保护观念，自觉抵制各种违反知识产权保护法规的行为，不购买和使用盗版的软件，不参与侵犯知识产权的活动，在自己开发的产品中不拷贝、复用未获得使用许可的他方内容。

05　树立正确的技能观，努力提高自己的技能，为社会和人类造福，绝不利用自己的技能去从事危害公众利益的活动。"

第2章 Java 基础

【学习目标】

1. 掌握 Java 的基本语法格式。
2. 掌握常量、变量的定义和使用。
3. 熟悉 Java 基本数据类型。
4. 掌握 Java 各种运算符。
5. 熟练掌握各种流程控制语句。
6. 掌握数组的定义与使用。

通过学习第 1 章内容，大家已对 Java 有了一些基本了解和认识，但现在还无法使用 Java 编写程序，其实所有的计算机编程语言都有一套属于自己的语法规则，Java 自然也不例外。本章将对 Java 的标识符、数据类型、变量、常量、运算符、表达式、控制语句和数组等基本知识进行介绍。通过对本章内容的学习，读者可以对 Java 有一个最基本的了解，并能够编写一些简单的 Java 应用程序。

2.1 Java 的基本语法

课程思政

无规矩不成方圆，国有国规，家有家规，Java 也是如此，需要我们遵守和规范使用 Java 的语法格式。

编写 Java 程序需要遵从一定的语法规则，如代码的书写、标识符的定义、关键字的使用等，本节将对 Java 的基本语法进行详细讲解。

2.1.1 Java 的基本语法格式

Java 是面向对象的程序设计语言，Java 程序的基本组成单元是类，类使用 class 关键字定义，初学者可以简单地把一个类理解为一个 Java 程序。类体又包括属性与方法两部分（本书将在后面章节逐一介绍）。每一个应用程序都必须包含一个 main() 方法，含有 main() 方法的类称为主类，下面举例说明类的定义格式。

【例 2-1】 在 Eclipse 中依次创建项目、包 F1 和类 Animal。

【解】 在类体中输入代码，实现在控制台上输出"你好，动物园，欢迎您的到来！"，代码如下：

```
package F1;
public class Animal{
        String s1="你好";
    public static void main(String[] args) {
            String s2="动物园,欢迎您的到来!";
            System.out.println(s1);
            System.out.println(s2);
        }
}
```

类的定义格式如下。

1）包声明

一个 Java 应用程序是由若干个类组成的，在例 2-1 中就是一个名为 Animal 的类，语句 package F1 为声明该类所在的包，package 为包的关键字。

2）声明成员变量和局部变量

通常将类的属性称为类的成员变量（全局变量），将方法中的属性称为局部变量。成员变量声明在类体中，局部变量声明在方法体中。成员变量和局部变量都有各自的应用范围。在例 2-1 中 s1 是成员变量，s2 是局部变量。

3）编写主方法——main( )方法

在 Java 中，main( )方法是类体中的主方法，是其应用程序开始执行的位置。该方法从 "｛" 开始，至 "｝" 结束。这个方法和 Java 中的其他方法有很大的不同，如方法的名字必须是 main，方法的类型必须是 public static void，方法的参数必须是一个 String[ ]类型的对象等。

4）导入 API 类库

在 Java 中可以通过 import 关键字导入相关的类。在 JDK 的应用程序接口（Application Programming Interface，API）中提供了 130 多个包，如 Java. lang、Java. util、Java. io 等。可以通过 JDK 的 API 文档来查看这些类，其中主要包括类的继承结构、类的应用、成员变量表、构造方法表等，并对每个变量的使用目的作了详细的描述，API 文档是程序开发人员不可或缺的工具。

5）控制台的输入和输出

控制台（Console）的专业名称是命令行终端，是无图形界面程序的运行环境，它会显示程序在运行时输入/输出的数据。在 Java 中，通常使用 System. out. println( )方法将需要输出的内容显示到控制台中。当然，控制台程序只是众多 Java 程序中的一类，本书前面章节的实例都是控制台程序。

例如，控制台在输入 "你好 动物园，欢迎您的到来!" 之后所显示的信息如图 2-1 所示。

在编写 Java 程序时需要注意以下几点。

（1）Java 程序代码可分为结构定义语句和功能执行语句，其中，结构定义语句用于声明一个类或方法，功能执行语句用于实现具体的功能。每条功能执行语句的最后必须用英文的分号（;）结束。

> 🖳 Problems @ Javadoc 🖳 Declaration
> <已终止> test [Java 应用程序] D:\Java课程
> 你好
> 动物园，欢迎您的到来!

图 2-1　执行效果是一个
控制台界面

（2）Java 是严格区分大小写的。在定义类时，不能将 class 写成 Class，否则编译器会报错。

（3）在编写 Java 程序时，为了便于阅读，通常会使用一种良好的格式进行排版，这样既有利于可读性，也使得代码整齐美观、层次清晰。常用的编排方式是一行只写一条语句，符号 "｛" 与语句同行，符号 "｝" 独占一行，示例代码如下：

```
public class Animal {
    public static void main(String[] args) {
            System.out.println("动物园,欢迎您的到来!");
    }
}
```

但这并不是必须的，也可以在两个单词或符号之间插入空格、制表符、换行符等任意的空白字符。例如，下面这段代码的编排方式也是可以的，但不提倡。

```
public class Animal{ public static void
main(String[]
args){ System.out.println("动物园,欢迎您的到来!");        }}
```

（4）Java 程序中一个连续的字符串不能分成两行书写。例如，下面这条语句在编译时将会报错。

```
System.out.println("动物园,
欢迎您的到来!");
```

（5）如果遇到的字符串比较长，可先将该字符串分成两个短的字符串，然后用"＋"将这两个字符串连起来，在"＋"处换行。例如，可以将上面的语句修改成如下形式：

```
System.out.println("动物园,"+
        "欢迎您的到来!");
```

2.1.2　Java 的注释

代码中的注释是程序设计者与程序阅读者之间的通信桥梁，也是程序代码可维护性的重要环节之一。在 Java 源程序文件的任意位置都可添加注释语句，Java 编译器不会编译注释中的文字，所有代码中的注释文字对程序不产生任何影响。本书建议读者养成在代码中添加注释的习惯。Java 提供了 3 种添加注释的方法，分别为单行注释、多行注释和文档注释。

1. 单行注释

"//"为单行注释标记，从符号"//"开始直到换行为止的所有内容均作为注释而被编译器忽略。其语法如下：

```
// 注释内容
```

例如，以下代码为声明的 String 型变量添加注释：

```
String    name;        // 定义 String 型变量用于保存姓名信息
```

2. 多行注释

"/ * */"为多行注释标记，符号"/ *"与"* /"之间的所有内容均为注释内容。注释中的内容可以换行。在此需要提醒两点：第一，在多行注释中可嵌套单行注释；第二，在多行注释中不可以嵌套多行注释。其语法如下：

```
/*
注释内容 1
注释内容 2
……
*/
```

3. 文档注释

文档注释是以"/ * *"开头，并在注释内容末尾以"* /"结束，一般用于方法或类。文档注释是对一段代码概括性的解释说明，可以使用 javadoc 命令将文档注释提取出来生成帮助文档。对于初学者而言，文档注释并不是很重要，了解即可。

2.1.3　标识符

标识符是除关键字之外的任何合法标识符，可以简单地理解为一个名字，它们由用户命名，是用来标识类名、变量名、方法名、数组名、文件名的有效字符序列。标识符的命名有着一定的规则，只有满足这些规则才会被编译器接受。下面是 Java 关于标识符的语法规则。

（1）标识符可以由字母、数字、下划线（_）、美元符号（$）组成，但是不能包含@、%、空格等其他的特殊符号，不能以数字开头。例如：aBC、min_value、$1、_endline。

（2）标识符不能是 Java 关键字和保留字，但可以包含关键字和保留字。例如：不可以使用 class 作为标识符，但是可以使用 Myclass 作为标识符。

（3）标识符严格区分大小写。例如：MYCLASS 和 myClass 就是不同的标识符。

（4）标识符的命名最好能反映其作用，做到"见名知义"，建议使用简明的英文单词或单词组合进行标识。例如：使用 userName 定义用户名，使用 password 定义密码。

标识符

（5）标识符不能是 true、false 和 null（尽管 true、false 和 null 不是 Java 关键字）。

（6）const 和 goto 是保留字，虽然在 Java 中还没有任何意义，但在程序中不能用来作为自定义的标识符。

除了上面列出的规则外，为了增强代码的可读性，建议初学者在定义标识符时还应该遵循以下规则。

（1）包名的所有字母一律小写，如 cn. example. test。

（2）类名和接口名每个单词的首字母都要大写，如 ArrayList、Object、MouseListener。

Java 的命名规范

（3）变量名和方法名的第一个单词首字母小写，从第二个单词开始每个单词首字母大写，如 studentNumber、setStudentNumber。

（4）常量名的所有字母都要大写，多个单词之间用下划线隔开，如 PI、WINDOW_HEIGHT。

2.1.4　关键字

关键字（Keyword）在 Java 中有特殊的含义和用途，通常用于表示数据类型、程序结构或修饰变量等，它们对编译器有特殊的含义。而保留字（Reserved Word）则是预留的关键字，它们虽然现在没有作为关键字，但在以后的升级版本中有可能成为关键字。保留字是 Java 已经定义过的，一些保留字可能没有相对应的语法，例如，const 和 goto 就是 Java 的保留字，但一直未被使用。在 Java 编程中，标识符是不能采用关键字和保留字的。Java 中的关键字如表 2-1 所示。

关键字和保留字

表 2-1　Java 中的关键字

分　类		关键字
类型相关	数据类型名	boolean、byte、short、int、long、char、float、double
	类型值	false、true、null
	类型定义	class、interface、enum
	与其他类型的关系	extends、implements
	对象引用	this、super
	对象创建	new
	返回类型	void

续表

分 类		关键字
修饰符	访问控制	private，protected，public
	属性控制	final，abstract，static
	浮点精度控制	strictfp
	本地方法	native
	序列化	transient
	多线程	synchronized，volatile
流程控制	分支	if，else，switch，case，default
	循环	for，do，while，break，continue
	异常处理	try，catch，finally，throw，throws
	其他	instanceof，assert，return
包相关		import，package
保留字		const，goto

2.2　变量与常量

2.2.1　变量的定义

在 Java 程序中，变量是指在程序的运行过程中其值会随时发生变化的量。在声明变量时都必须为其分配一个类型，在程序的运行过程中，变量空间内的值是发生变化的，这个内存空间就是变量的实质。为了操作方便，给这个空间取了个名字，称为变量名。但是，即使申请了内存空间，变量也不一定有值。要想让变量有值，就必须要放入一个值。在申请变量的时候，无论是什么样的数据类型，它们都会有一个默认的值，如整数型（int、byte、short、long）数据变量的默认值为 0，字符型（char）数据变量的默认值是 null，布尔型的数据变量的默认值为 false。

变量与常量

在 Java 中，使用变量之前需要先声明变量。变量声明通常包括 3 个部分：变量类型、变量名和初始值，其中变量的初始值是可选的。声明变量的语法格式如下：

```
type identifier[=value][,identifier[=value]…];
```

其中，type 是 Java 的基本数据类型，或者类、接口复杂类型的名称（类和接口将在本书后面的章节中进行介绍）；identifier（标识符）是变量的名称；=value 表示用具体的值对变量进行初始化，即把某个值赋给变量。

【例 2-2】在一个购票选项的类 Buyingtickets 中，声明变量。

【解】示例代码如下：

```
class Buyingtickets {                   // 创建一个购票选项的类
    double money=12.26;                 // 定义一个现金的变量 money，且值为 12.26
    int price=50;                       // 定义票价的变量 price，且值为 50
    double sum=0;                       // 定义总消费额的变量 sum，且初始化
}
```

2.2.2 变量的数据类型

Java 是一门强类型的编程语言，它对变量的数据类型有严格的限定。在定义变量时必须声明变量的数据类型，在为变量赋值时必须赋予与变量同一种类型的值，否则程序会报错。

在 Java 中，变量的数据类型分为基本数据类型和引用数据类型两种，其具体分类如图 2-2 所示。

变量的分类和整数型

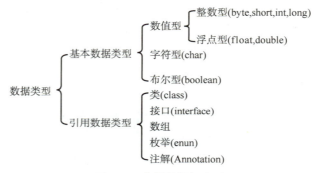

图 2-2　变量的数据类型

本节我们重点讲解基本数据类型。Java 提供了 8 种基本数据类型，包括数值型（4 个整数型 byte、short、int、long，2 个浮点型 float、double），字符型（char）和布尔型（boolean）。

1. 整数型

整数型用来存储整数数值，即没有小数部分的数值，可以是正数，也可以是负数。整数型数据在 Java 程序中有 3 种表示形式，分别为十进制、八进制和十六进制。

（1）十进制。十进制的表现形式大家都很熟悉，如 15、209、56。

（2）八进制。八进制必须以 0 开头，如 0123（转换成十进制数为 83）。

（3）十六进制。十六进制必须以 0x 开头，如 0x25（转换成十进制数为 37）。

整数型数据根据它所占内存大小的不同，可分为 byte、short、int 和 long 共 4 种类型。它们具有不同的取值范围，如表 2-2 所示。

表 2-2　整数型数据类型

数据类型	内存空间	取值范围
byte	8 bit（1 个字节）	$-2^7 \sim 2^7-1$
short	16 bit（2 个字节）	$-2^{15} \sim 2^{15}-1$
int	32 bit（4 个字节）	$-2^{31} \sim 2^{31}-1$
long	64 bit（8 个字节）	$-2^{63} \sim 2^{63}-1$

在表 2-2 中，内存空间是指不同类型的变量占用的内存大小，如一个 int 型的变量会占用 4 个字节大小的内存空间；取值范围是指变量存储的值不能超出的范围，如一个 byte 型的变量存储的值必须是 $-2^7 \sim 2^7-1$ 之间的整数。整数型变量定义的语法格式如下：

```
int x;                          // 定义 int 型变量 x
int x, y = 100;                 // 定义 int 型变量 x,y
int x = 400, y = - 470;         // 定义 int 型变量 x,y,并赋给初值
byte z = - 128, w = 126;        // 定义 byte 型变量 z,w,并赋给初值
long n = 21000000000000L;       // 定义 long 型变量 n,并赋给初值
long m = 175;                   // 定义 long 型变量 m,并赋给初值
```

在定义上述变量时，要注意变量的取值范围，超出取值范围就会出错。在为一个 long 型的变量赋值时，所赋值的后面要加上字母 L（或者小写字母 l），说明赋的值为 long 型。如果赋的值未超出 int 型的取值范围，则可以省略字母 L（或者小写字母 l）。

浮点型

2. 浮点型

浮点型表示有小数部分的数字。在 Java 中，浮点型分为单精度浮点型（float）和双精度浮点型（double），它们具有不同的取值范围，如表 2-3 所示。

表 2-3　浮点型数据类型

数据类型	内存空间	取值范围
float	32 bit（4 个字节）	$-3.403 \times 10^{38} \sim 3.403 \times 10^{38}$
double	64 bit（8 个字节）	$-1.798 \times 10^{308} \sim 1.798 \times 10^{308}$

在默认情况下，小数都被看作 double 型，若使用 float 型小数，则需要在小数后面添加 F 或 f。可以使用后缀 d 或 D 来明确表明这是一个 double 型数据，不加 d 不会出错，但声明 float 型变量时如果不加 f，系统会认为变量是 double 型而出错。浮点型变量定义的语法格式如下：

```
float x = 52.35f;               // 定义 float 型变量 x
double y1 = 10.15d;             // 定义 double 型变量 y1,并赋给初值
double y2 = 111.45;            // 定义 double 型变量 y2,并赋给初值
```

在定义上述变量时，要注意变量的取值范围，超出取值范围就会出错。

字符型

3. 字符型

1）char 型

char 型用于存储单个字符，占用 16 bit（2 个字节）的内存空间。在定义 char 型变量时，要以单引号表示，如 's' 表示一个字符，而 "s" 则表示一个字符串。

声明 char 型变量，代码如下：

```
char x = 'a';
```

由于字符 a 在 unicode 表中的排序位置是 97，因此允许将上面的语句写成：

```
char x = 97;
```

同 C 和 C++语言一样，Java 也可以把字符作为整数对待。由于 unicode 编码采用无符号编码，可以存储 65 536 个字符（0x0000~0xffff），因此 Java 中的字符几乎可以处理所有国家的语言文字。若想得到一个 0~65 536 之间的数所代表的 unicode 表中相应位置上的字符，也必须使用 char 型显式转换。

2）转义字符

有些字符（如回车符）不能通过键盘录入字符串中，针对这种情况，Java 提供了转义字符。转义字符是一种特殊的字符变量，它以反斜杠"\"开头，后跟一个或多个字符。转义字符具有特定的含义，不同于字符原有的意义，故称"转义"。Java 中的转义字符如表 2-4 所示。

表 2-4　Java 中的转义字符

转义字符	含　义
\ddd	1~3 位八进制数据所表示的字符，如\123
\uxxxx	4 位十六进制数据所表示的字符，如\u0046
\'	单引号字符
\\	反斜杠字符
\t	制表符，相当于按〈Tab〉键
\r	接受键盘输入，相当于按〈Enter〉键
\n	换行
\b	后退一格，相当于按〈Backspace〉键
\f	换页

将转义字符赋值给字符变量时，与字符常量值一样需要使用单引号，示例代码所下：

```
char c1=' \\';                // 将转义字符' \\' 赋值给变量 c1
char c2=' \u0046';            // 将转义字符' \u0046' 赋值给变量 c2
System.out.println(c1);       // 输出结果\
System.out.println(c2);       // 输出结果 F
```

4. 布尔型

布尔型又称逻辑型，通过关键字 boolean 来定义布尔型变量，只有 true 和 false 两个值，分别代表布尔逻辑中的"真"和"假"。布尔型不能与整数型进行转换。布尔型通常被用在流程控制中，作为判断条件。布尔型变量定义的语法格式如下：

布尔型

```
boolean b=true;              // 定义布尔型变量 b,并赋给初值 true
boolean a;                   // 定义布尔型变量 a
```

2.2.3　变量的类型转换

在程序中，经常需要对不同类型的数据进行运算，为了解决数据类型不一致的问题，需要对数据的类型进行转换。例如，一个浮点数和一个整数相加，必须先将两个数转换成同一类型。如果从低精度数据类型向高精度数据类型转换，则永远不会溢出，并且总是成功的；而把高精度数据类型向低精度数据类型转换时，则会有信息丢失，有可能失败。根据转换方式的不同，数据类型转换可分为自动类型转换和强制类型转换两种，下面分别进行讲解。

数据类型转换

1. 自动类型转换

自动类型转换也称为隐式类型转换，是指从低级类型向高级类型的转换，系统将自动执行，程序员无须进行任何操作。基本数据类型会涉及数据转换，不包括逻辑型和字符型，基本数据类型中，按照精度从低到高的顺序是：byte→short→int→long→float→double。

自动类型转换必须同时满足两个条件：一是两种数据类型彼此兼容；二是目标类型的取值范围大于源类型的取值范围。如下面的代码：

```
byte b=3;               // 声明 byte 型变量 b
int c=b;                // 将 b 赋值给 c
```

上面的代码中，将 byte 型变量 b 赋值给 int 型的 c，由于 int 型的取值范围大于 byte 型的取值范围，编译器在赋值过程中不会丢失数据，因此编译器能够自动完成这种转换，不报告任何错误。除了这种情况，还有很多类型之间可以进行自动类型转换，如表 2-5 所示。

表 2-5　自动类型转换规则

操作数 1 的数据类型	操作数 2 的数据类型	转换后的数据类型
byte、short、char	int	int
byte、short、char、int	long	long
byte、short、char、int、long	float	float
byte、short、char、int、long、float	double	double

2. 强制类型转换

强制类型转换也称为显式类型转换，当把高精度的变量的值赋给低精度的变量时，也就是这两种变量不兼容，或者目标类型取值范围小于源类型时，自动类型转换无法进行，这时就需要进行强制类型转换。其语法格式如下：

```
目标类型 变量=(目标类型)值
```

下面通过几种常见的强制类型转换的代码进行说明：

```
int a=(int)5.23 ;       // 此时输出 a 的值为 5
long b=(long)45.25f ;   // 此时输出 b 的值为 45
int c=(int)'d' ;        // 此时输出 c 的值为 100
byte f=(byte)129;       // 此时输出 f 的值为 - 127
```

执行强制类型转换时，可能会导致精度损失。除 boolean 类型以外其他基本类型都能以强制类型转换的方法实现转换。当把整数赋值给一个 byte、short、int、long 型变量时，不可以超出这些变量的取值范围，否则必须进行强制类型转换。例如：byte f=（byte）129。

2.2.4　变量的作用域

前文介绍过变量需要先定义后使用，但这并不意味着定义的变量在之后所有语句中都可以使用。变量需要在它的作用范围内才可以被使用，这个作用范围称为变量的作用域。根据作用域的不同，可将变量分为成员变量和局部变量两种。

1. 成员变量

成员变量是指在类体中所定义的变量，它在整个类中都有效。成员变量的有效性与其在类体中书写的先后位置无关。成员变量又分为实例变量和类变量（又称静态变量）。在声明成员变量时，用关键字 static 给予修饰的变量称为类变量，否则称为实例变量。示例代码如下：

```java
class Buyingtickets {
    float sum;                  // 实例变量
    static byte price;          // 类变量
}
```

在 Buyingtickets 类中，sum 是实例变量，而 price 是类变量。需要注意的是，static 需放在变量的类型的前面。

2. 局部变量

在类的方法体中定义的变量称为局部变量。局部变量只在当前代码块中有效。

在类的方法中声明的变量，包括方法的参数，都属于局部变量。局部变量只在当前定义的方法内有效，不能用于类的其他方法中。方法参数在整个方法内有效，方法内的局部变量从声明它的位置之后开始有效。

【例 2-3】 在 Buyingtickets 类中，声明两个局部变量。

【解】 示例代码如下：

```java
class Buyingtickets {                              // 创建一个购票选项的类
    public static void main(String[] args) {
        int peopleNo=30;                           // 局部变量,作用域为整个 main()方法
        if (peopleNo>=30) {
            int y=0;                               // 局部变量,作用域为 if 语句块
            System.out.println(y);
        }
        System.out.println(x);
    }
}
```

在上述代码中，定义的两个变量 peopleNo、y 均为局部变量，其中 peopleNo 的作用域是整个 main( )方法，而 y 的作用域仅仅局限于 if 语句块。

【注意】 如果局部变量的名字与成员变量的名字相同，则成员变量被隐藏，即这个成员变量在这个方法内暂时失效。如果想在该方法中使用被隐藏的成员变量，必须使用 this 关键字（在 3.2 节还会详细讲解 this 关键字）。

从第 3 章往后，对于变量的声明、作用域和使用方法等更多内容都会通过大量实例进行进一步讲解。

2.2.5 Java 中的常量

常量（Constant）是指在程序运行期间其值不能被修改的量，具体可以分为两种：字面常量和 final 常量。

1. 字面常量

字面常量无须声明，可在代码中直接书写出来，如 123、-5、3.14、'a'、'我'、"Helloworld!"

等。字面常量也称为直接常量，简称为常量。

2. final 常量

final 常量是指以 final 关键字修饰的变量，它只能被赋值一次，且以后不允许再被赋值，因此，也被称为最终变量。final 常量的声明格式如下：

```
[修饰符]final 类型名 常量名[=常量值];
[修饰符]final 类型名 常量名 1[=常量值 1] [,常量名 2 [=常量值 2]…];
```

示例代码如下：

```
final double PI=3.14;
final char MALE='M' , FEMALE ='F';
finale int LOGIN_WINDOW_HEIGHT=200;
```

说明：

① 建议 final 常量名全部使用大写字母，若有多个单词，则用下划线连接；

② 可以在声明 final 常量时赋值，也可以在后面某处赋值；

③ 一经赋值，以后即使将同样的值赋给 final 常量也是不允许的。

2.3 运算符

运算符是程序设计中重要的构成元素之一，可以细分为赋值运算符、算术运算符、关系运算符、逻辑运算符、条件运算符和位运算符。本节将详细讲解 Java 中运算符的基本知识。

2.3.1 赋值运算符

赋值运算符以符号"＝"表示，它是一个二元运算符（对两个操作数作处理），其功能是将右边操作数所含的值赋给左边的操作数。Java 中的赋值运算符及用法如表 2-6 所示。

表 2-6 Java 中的赋值运算符及用法

运算符	运算	范例	结果
=	赋值	a=4；b=3；	a=4；b=3；
+=	加等于	a=4；b=3；a+=b；	a=7；b=3；
−=	减等于	a=4；b=3；a−=b；	a=1；b=3；
* =	乘等于	a=4；b=3；a * =b；	a=12；b=3；
/=	除等于	a=6；b=3；a/=b；	a=2；b=3；
%=	模等于	a=6；b=3；a%=b；	a=0；b=3；

【注意】左边的操作数必须是一个变量，而右边的操作数则可以是常量、变量或表达式的值。

2.3.2 算术运算符

Java 中的算术运算符主要有+（加）、−（减）、＊（乘）、／（除）、%（求余），它们都是二元运算符。另外，还有一些一元运算符，如++（自增）和−−（自减）运算符。Java 中的算术运算符及其用法如表 2-7 所示。

算术运算符

在算术运算符中比较难以理解的是"++"和"−−"运算符，下面对这两个运算符作一个较为详细的介绍。

表 2-7　Java 中的算术运算符及其用法

运算符	运算	范例	结果
+	正号	+3	3
−	负号	a＝2；−a；	−2
+	加法	6＋4	10
−	减法	6−4	2
＊	乘法	6＊4	24
／	除法	6／6	1
%	取余	6 % 5	1
++	自增（前）	a＝2；b＝++a；	a＝3；b＝3；
++	自增（后）	a＝2；b＝a++；	a＝3；b＝2；
−−	自减（前）	a＝2；b＝−−a；	a＝1；b＝1；
−−	自减（后）	a＝2；b＝a−−；	a＝1；b＝2；

自增、自减运算符可以放在操作元之前，也可以放在操作元之后。操作元必须是一个整数型或浮点型变量。自增、自减运算符的作用是使变量的值加 1 或减 1。放在操作元前面的自增、自减运算符，会先将变量的值加 1（减 1），然后再使该变量参与表达式的运算。放在操作元后面的自增、自减运算符，会先使变量参与表达式的运算，然后再将该变量加 1（减 1）。示例代码如下。

第一种情况——前缀式：

```
int a＝2;              //变量 a 的初始值为 2
int b＝++a(--a);        //先将 a 的值加（减）1,然后赋给 b
```

第二种情况——后缀式：

```
int a＝2;              //变量 a 的初始值为 2
int b＝a++(a--);        //先将 a 的值赋给 b,再将 a 的值加（减）1
```

关系运算符

2.3.3 关系运算符

关系运算实际上就是比较运算，将两个值进行比较，判断比较的结果是否符合给定的条件，如果符合，则表达式的结果为 true，否则为 false。比较运算符通常作为判断的依据用在条件语句中。

Java 中的关系运算符都是二元运算符，由关系运算符组成的关系表达式的计算结果为逻辑型。Java 中的关系运算符及其用法如表 2-8 所示。

表 2-8　Java 中的关系运算符及其用法

运算符	运算	范例	操作数据	结果
<	小于	'a' <'b'	整数型、浮点型、字符型	true
<=	小于等于	3.2<=2.8	整数型、浮点型、字符型	false
>	大于	3>2	整数型、浮点型、字符型	true
>=	大于等于	3>=2	整数型、浮点型、字符型	true
==	等于	3==2	基本数据类型、引用型	false
!=	不等于	3!=2	基本数据类型、引用型	true

【注意】 在比较运算中，不能将比较运算符"=="误写成赋值运算符"="。

2.3.4　逻辑运算符

Java 中的逻辑运算符包括 &/&&（逻辑与）、｜/｜｜（逻辑或）和！（逻辑非）等，逻辑运算符的操作数必须是 boolean 型的数据。在逻辑运算符中，除了！是一元运算符外，其余都是二元运算符。Java 中的逻辑运算符及其用法如表 2-9 所示。

逻辑运算符

表 2-9　Java 中的逻辑运算符及其用法

a	b	a&b	a&&b	a｜b	a｜｜b	！a	a^b
true	true	true	true	true	true	false	false
true	false	false	false	true	true	false	true
false	false	false	false	false	false	true	false
false	true	false	false	true	true	true	true

【例 2-4】分析逻辑与 && 和 & 的区别，示例代码如下：

```java
public static void main(String[] args) {
    int a=0;                                    // 定义变量a,初始值为0
    int b=0;
    int c=0;
    boolean y, n;                               // 定义布尔型变量y和n
    y=a>0&b++>1;                                // 逻辑运算符& 对表达式进行计算
    System.out.println("y 的值为 :"+y);
    System.out.println("b 的值为 :"+b);
    System.out.println("===================");
    n=a>0&&c++>1;                              // 逻辑运算符&& 对表达式进行计算
    System.out.println("n 的值为 :"+n);
    System.out.println("c 的值为 :"+c);
}
```

【解】运行结果如图 2-3 所示。

```
📖 Problems  @ Javadoc  🔈 Declaration
<已终止> t2 [Java 应用程序] D:\Java课程\ec
y的值为：false
b的值为：1
========================
n的值为：false
c的值为：0
```

图 2-3 【例 2-4】运行结果

逻辑运算符 && 和 & 都是逻辑与，从运行结果上看无法发现两者的区别，但是在程序运行过程中，& 其实完成了操作符两侧变量或表达式的判断，只有当操作符两侧的变量或表达式均为 true 时，结果才是 true，只要有一个为 false，结果即为 false。而在程序运行过程中，&& 只要遇到左侧变量或表达式为 false，便不再进行操作符右侧变量或表达式的判断，直接返回结果 false，这也是 && 又称为"短路与"的原因。

同样，|| 也称为"短路或"，只要 || 操作符左侧的结果为 true，便不再判断右侧变量或表达式的值，直接返回结果 true。

在使用逻辑运算符的过程中，需要注意以下几个细节。

（1）逻辑运算符可以对结果为布尔值的表达式进行运算，如 x>3&&y!=0。

（2）运算符"^"表示异或操作，当运算符两边的布尔值相同时（都为 true 或都为 false），其结果为 false。当两边表达式的布尔值不相同时，其结果为 true。

2.3.5 条件运算符

条件运算符是一种特殊的运算符，也被称为三元运算符。它与前面所讲解的运算符有很大不同，与后面讲解的 if 语句有相似之处。条件运算符的目的是决定把哪个值赋给前面的变量。在 Java 中使用条件运算符的语法格式如下：

条件运算符

```
<布尔表达式> ？value1 : value2
```

如果布尔表达式的结果为 true，就返回 value1 的值；如果布尔表达式的结果为 false，则返回 value2 的值。示例代码如下：

```
int a=3;
int b=5;
int c=(a>b)? 10:100;            // 结果为 100
```

按照条件运算符的计算规则，执行后 c 的值为 100。

2.3.6 位运算符

位运算符除"按位与"和"按位或"运算符外，其他只能用于处理整数的操作数，运算结果是整数型数据。整数型数据在内存中以二进制的形式表示，如 int 型变量 7 的二进制表示是

00000000 00000000 00000000 00000111。左边最高位是符号位，最高位是0表示正数，若为1表示负数。负数采用补码表示，如-8的二进制表示为11111111 11111111 11111111 11111000。这样就可以对整型数据进行按位运算。

位运算符

1. "按位与" 运算符 （&）

"按位与" 运算符 "&" 为二元运算符，其运算法则是：先将参与运算的数转换成二进制数，然后低位对齐，高位不足补0，如果对应的二进制位都是1，则结果为1，否则结果为0。示例如图2-4所示。

按照 "按位与" 运算符的计算规则，3&5的结果是1。

2. "按位或" 运算符 （|）

"按位或" 运算符 "|" 为二元运算符，其运算法则是：先将参与运算的数转换成二进制数，然后低位对齐，高位不足补0，对应的二进制位只要有一个为1，则结果为1，否则结果为0。示例如图2-5所示。

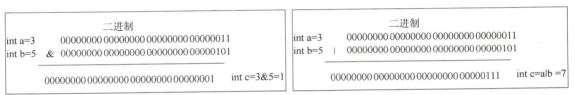

图2-4　"按位与" 的计算方法　　　　图2-5　"按位或" 的计算方法

按照 "按位或" 运算符的计算规则，3|5的结果是7。

3. "按位异或" 运算符 （^）

"按位异或" 运算符 "^" 为二元运算符，其运算法则是：先将参与运算的数转换成二进制数，然后低位对齐，高位不足补0，如果对应的二进制位相同，则结果为0，否则结果为1。示例如图2-6所示。

按照 "按位异或" 运算符的计算规则，3^5的结果是6。

4. "按位取反" 运算符 （~）

"按位取反" 运算符 "~" 为一元运算符，其运算法则是：先将参与运算的数转换成二进制数，然后把各位的1改为0，0改为1。示例如图2-7所示。

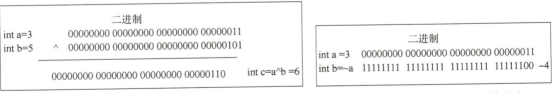

图2-6　"按位异或" 的计算方法　　　　图2-7　"按位取反" 的计算方法

按照 "按位取反" 运算符的计算规则，~3的结果是-4。

5. "右移位" 运算符 （>>）

"右移位" 运算符 ">>" 为二元运算符，其运算法则是：先将参与运算的数转换成二进制数，然后所有位置的数统一向右移动对应的位数，低位移出（舍弃），高位补符号位（正数补0，负数补1）。示例如图2-8所示。

按照"右移位"运算符的计算规则，3>>1 的结果是 00000000　00000000　00000000　00000001，转换成十进制数为 1。

6. "左移位"运算符（<<）

"左移位"运算符"<<"为二元运算符，其运算法则是：先将参与运算的数转换成二进制数，然后所有位置的数统一向左移动对应的位数，高位移出（舍弃），低位的空位补 0。示例如图 2-9 所示。

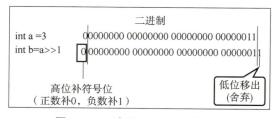

图 2-8　"右移位"的计算方法　　　　　　图 2-9　"左移位"的计算方法

按照"左移位"运算符的计算规则，3<<1 的结果是 00000000　00000000　00000000　00000110，转换成十进制数为 6。

7. "无符号右移位"运算符（>>>）

"无符号右移位"运算符">>>"为二元运算符，其运算法则是：先将参与运算的数转换成二进制数，然后所有位置的数统一向右移动对应的位数，低位移出（舍弃），高位补 0。示例如图 2-10 所示。

图 2-10　"无符号右移位"的计算方法

运算符的优先级

按照"无符号右移位"运算符的计算规则，3>>>1 的结果是 00000000　00000000　00000000　00000001，转换成十进制数为 1。

2.3.7　运算符的优先级

在对一些比较复杂的表达式进行运算时，要明确表达式中所有运算符参与运算的先后顺序，通常把这种顺序称为运算符的优先级。如果两个运算符有相同的优先级，那么左边的表达式要比右边的表达式先被处理。Java 中运算符的优先级如表 2-10 所示。

表 2-10　Java 中运算符的优先级

优先级	描述	运算符
1	括号	（）
2	正负号	+、-
3	一元运算符	++、--、！

续表

优先级	描述	运算符
4	乘除取余	*、/、%
5	加减	+、-
6	移位运算	>>、>>>、<<
7	比较大小	<、>、>=、<=
8	比较是否相等	==、!=
9	按位与运算	&
10	按位异或运算	^
11	按位或运算	|
12	逻辑与运算	&&
13	逻辑或运算	||
14	三元运算符	?:
15	赋值运算符	=

在学习过程中，读者没有必要刻意记忆运算符的优先级。编写程序时，尽量使用括号"（）"实现想要的运算顺序，以免产生错误的运算顺序。

2.4 选择结构语句

选择结构语句可根据不同的条件执行不同的语句，包括 if 条件语句与 switch 语句。

2.4.1 if 条件语句

if 条件语句按照语法格式可细分为 3 种形式，以下是这 3 种形式的详细讲解。

1. if 语句

if 语句是单分支语句，即根据一个条件来控制程序执行的流程。其语法格式如下：

选择结构语句

```
if(条件表达式){
    语句块;
}
```

在 if 语句中，关键字 if 后面的一对（）内的表达式的值必须是布尔型，当值为 true 时，执行紧跟着的语句块，结束当前 if 语句的执行；当值为 false 时，结束当前 if 语句的执行。语句块中如果只有一个语句，可以不用{}括起来，但为了增强程序的可读性最好不要省略。if 语句流程图如图 2-11 所示。

【例 2-5】在动物园购票系统中，创建购票人数和消费额的类 Spend。

【解】示例代码如下：

```java
public class Spend {                                    // 创建购票人数和消费额的类 Spend
    public static void main(String[] args) {
        int price=50;                                   // 定义成人票票价 50 元/张
        int peopleNo=32;                                // 定义变量购票人数
        if(peopleNo>=30) {                              // 判断是否满足购买团体票的条件
            double sum=peopleNo*(price*0.5);
            System.out.println("你购买了"+peopleNo+"张票,共消费"+sum+"元");
        }
    }
}
```

运行结果如图 2-12 所示。

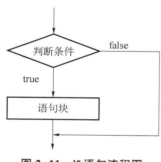

图 2-11 **if** 语句流程图

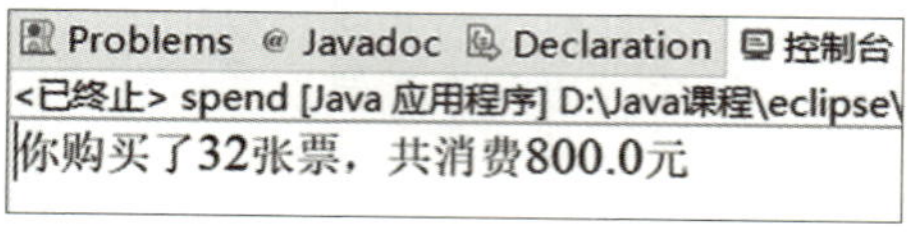

图 2-12 【例 2-5】运行结果

2. if…else 语句

if…else 语句是指如果满足某种条件，就进行某种处理，否则就进行另一种处理。其语法格式如下：

```java
if(条件表达式) {
    语句块 1;
} else {
    语句块 2;
}
```

在 if…else 语句中，关键字 if 后面的一对() 内的表达式的值必须是布尔型，当值为 true 时，执行紧跟着的语句块 1，结束当前 if…else 语句的执行；当值为 false 时，则执行关键字 else 后面的语句块 2，结束当前 if…else 语句的执行。if…else 语句流程图如图 2-13 所示。

【例 2-6】将例 2-5 用 if…else 语句编写。

【解】示例代码如下：

```java
public class Spend {                                    // 创建购票人数和消费额的类 Spend
    public static void main(String[] args) {
        int price=50;                                   // 定义成人票票价 50 元/张
        int peopleNo=2;                                 // 定义变量购票人数
        if (peopleNo>=30) {                             // 判断是否满足购买团体票的条件
            double sum=peopleNo*(price*0.5);
```

```
            System.out.println("你购买了"+peopleNo+"张票,共消费"+sum+"元");
        } else {
            System.out.println("对不起,不能享受团购价优惠!");
        }
    }
}
```

运行结果如图 2-14 所示。

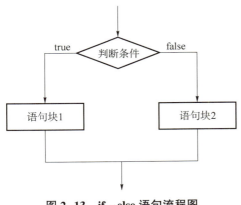

图 2-13　if…else 语句流程图

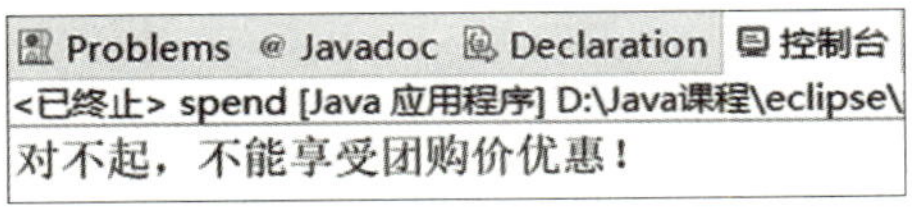

图 2-14　【例 2-6】运行结果

3. if…else if…else 语句

if…else if…else 语句用于对多个条件进行判断,根据判断结果进行多种不同的处理。其语法格式如下:

```
if( 条件表达式 1){
    语句块 1;
} else if( 条件表达式 2){
    语句块 2;
}
…
else if( 条件表达式 n){
    语句块 n;
} else {
    语句块 n+1;
}
```

在 if…else if…else 语句中,if 以及多个 else if 后面的一对( )内的表达式的值必须是布尔型。程序在执行 if…else if…else 语句时,按照该语句中表达式的顺序,首先计算第一个表达式的值,如果计算结果为 true,则执行紧跟着的语句块 1,结束当前 if…else if…else 语句的执行;如果计算结果为 false,则继续计算第二个表达式的值;以此类推,如果所有的判断条件都为 false,则意味着所有条件均不满足,执行 else 后面{}中的语句块n+1。if…else if…else 语句流程图如图 2-15所示。

【例 2-7】在动物园购票系统中,创建一个购票优惠方案的类 Program。

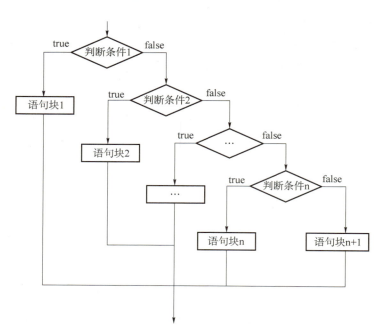

图 2-15   if…else if…else 语句流程图

【解】示例代码如下：

```java
public class Program {                                  // 创建一个购票优惠方案的类 Program
    public static void main(String[] args) {
        int price = 5;
        int peopleNo = 10;
        double ay;
        System.out.println("请输入你能享受的购票方案:");
        Scanner input = new Scanner(System.in);
        int plan = input.nextInt();                     // 输入第几个方案
        if (plan == 1) {
            pay = peopleNo*price;                       // 成人票,原价
            System.out.println("你选择的是方案一,需要支付"+pay+"元");
        } else if (plan == 2) {
            pay = peopleNo*price*0. 5;                  // 学生票,享受半价
            System.out.println("你选择的是方案二,享受半价,需支付"+pay+"元");
        } else if (plan == 3) {
            pay = peopleNo*price*0. 8;                  // 军人票,打 8 折
            System.out.println("你选择的是方案三,享受八折,需支付"+pay+"元");
        } else {
            System.out.println("您好,欢迎光临,您享受免费入园!");
        }
    }
}
```

运行结果如图 2-16 所示。

```
Problems @ Javadoc Declaration 控制台
<已终止> program2 [Java 应用程序] D:\Java课程\eclip
请输入你能享受的购票方案：
3
你选择的是方案三,享受八折，需支付40.0元
```

图 2-16 【例 2-7】运行结果

2.4.2 switch 语句

在 Java 中，除了 if 语句和 if…else 语句之外，还有一个常用的多分支开关语句，那就是 switch 语句。switch 语句也是一种很常用的选择语句，与 if 条件语句不同，它只能对某个表达式的值作出判断，从而决定程序执行哪一段代码。

从例 2-7 的代码来看，由于 if…else if…else 语句判断条件比较多，实现起来代码过长，不便于阅读，因此 Java 提供了 switch 语句实现这种需求，switch 语句使用 switch 关键字描述一个表达式，使用 case 关键字描述和表达式结果比较的目标值，当表达式的值和某个目标值匹配时，就执行对应 case 下的语句。其语法格式如下：

```
switch(表达式){
    case 常量值 1:
            语句块 1
            break;
    case 常量值 2:
            语句块 2
            break;
    …
    case 常量值 n:
        语句块 n
            break;
    default:
        语句块 n+ 1
}
```

switch 语句中表达式的值必须是整数型（byte、short、int）、字符型（char）或字符串型，而不能是浮点型或 long 型。对应的"常量值 1"到"常量值 n"必须也是相应的整数型（byte、short、int）、字符型（char）或字符串型，而且要互不相同。

switch 语句首先计算表达式的值，如果表达式的值和某个 case 后面的常量值相等，就执行该 case 里的若干个语句，直到碰到 break 语句为止。如果某个 case 中没有使用 break 语句，一旦表达式的值和该 case 后面的常量值相等，程序不仅执行该 case 里的若干个语句，而且继续执行后续的 case 里的若干个语句，直到碰到 break 语句为止。若 switch 语句中的表达式的值不与任何 case 后面的常量值相等，则执行 default 后面的若干个语句。switch 语句中的 default 是可选的，如果它不存在，并且 switch 语句中表达式的值不与任何 case 后面的常量值相等，那么 switch 语句就不会进行任何处理。

【例 2-8】 用 switch 语句改写例 2-7 的类 Program。

【解】示例代码如下：

```java
public class Program {                              // 创建一个购票优惠方案的类 Program
    public static void main(String[] args) {
        int price = 5;
        int peopleNo = 10;
        double pay;
        System.out.println("请输入你能享受的购票方案:");
        Scanner input = new Scanner(System.in);
        int plan = input.nextInt();                 // 输入第几个方案
        switch (plan) {                             // 采用 switch 语句判断选择哪种购买方案
          case 1:
              pay = peopleNo*price;                 // 成人票,原价
              System.out.println("你选择的是方案一,需要支付"+pay+"元");
              break;
          case 2:
              pay = peopleNo*price*0.5;             // 学生票,享受半价
              System.out.println("你选择的是方案二,享受半价,需支付"+pay+"元");
              break;
          case 3:
              pay = peopleNo*price*0.8;             // 军人票,打 8 折
              System.out.println("你选择的是方案三,享受八折,需支付"+pay+"元");
              break;
          default:
              System.out.println("您好,欢迎光临,您享受免费入园!");
        }
    }
}
```

运行结果如图 2-17 所示。

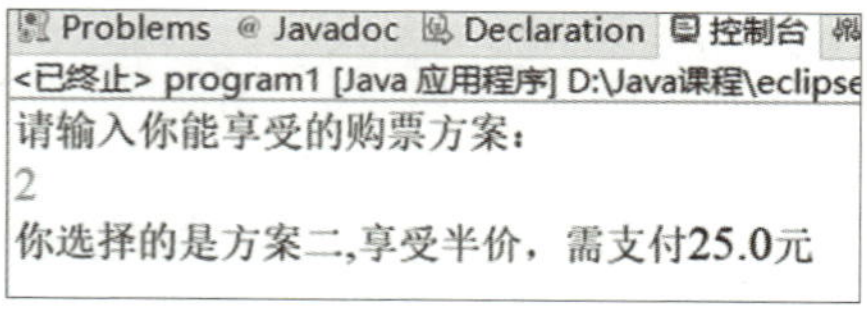

在使用 switch 语句时需要注意以下几点。

（1）在 switch 语句中，可以没有 break 这个关键字，但是 break 语句在 switch 语句中十分重要，如果 switch 遇到 break，程序会自动结束 switch 语句；如果没有 break，程序将自行运行，一直到程序结束，可能会发生意外。具体代码如下：

图 2-17　【例 2-8】运行结果

```java
switch (plan) {                             // 采用 switch 语句判断选择哪种购买方案
    case 1:
        System.out.println("你选择的是方案一,需要支付"+pay+"元");
    case 2:
        System.out.println("你选择的是方案二,享受半价,需支付"+pay+"元");
        break;
    case 3:
        System.out.println("你选择的是方案三,享受八折,需支付"+pay+"元");
```

```
            break;
        default:
            System. out. println ("  您好，欢迎光临，您享受免费入园!" );
        }
```

运行结果如图2-18所示。

（2）若case语句后没有执行的代码时，即使条件为true，也会忽略掉不会执行。具体代码如下：

```
switch (plan) {                               // 采用switch语句判断选择哪种购买方案
    case 1:
    case 2:
    case 3:
        pay=peopleNo*price*0.8;               // 军人票,打8折
        System.out.println("你选择的是方案三,享受八折,需支付"+pay+"元");
        break;
    default:
        System.out.println("您好,欢迎光临,您享受免费入园!");
    }
```

运行结果如图2-19所示。

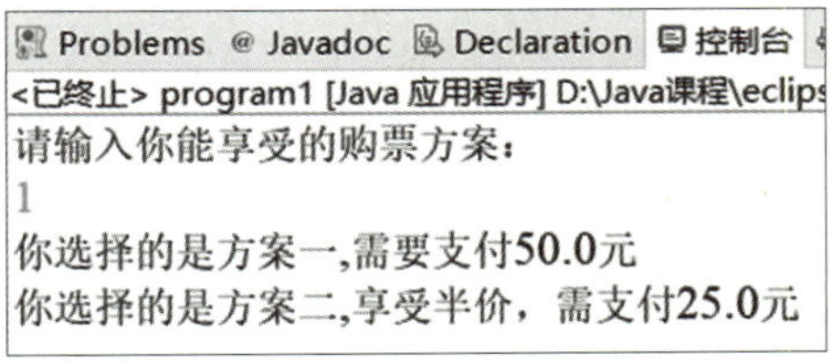

图2-18 运行结果（1） 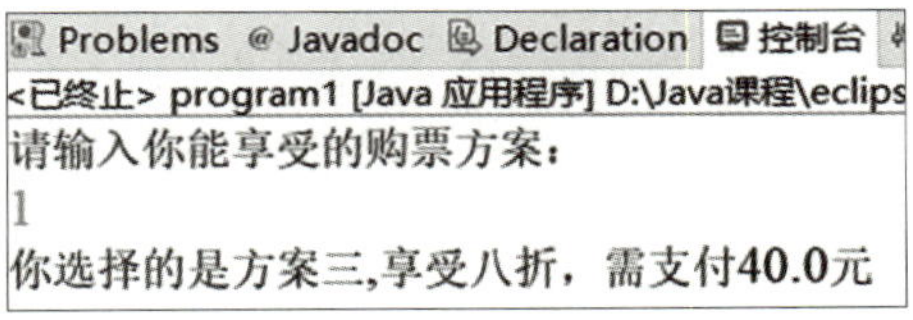   图2-19 运行结果（2）

（3）default可以位于switch语句的任意位置，如果switch后的表达式与case后面的常量值对应上，则从该case语句向下执行，直到程序结束为止。若下面没有相对应的程序，则从default开始执行，直到程序结束为止。

2.5 循环结构语句

循环结构语句就是在满足一定条件的情况下反复执行某一个操作。在Java中提供了3种常用的循环结构语句，分别是while循环语句、do…while循环语句和for循环语句，下面分别进行介绍。

2.5.1 while循环语句

while循环语句与选择结构语句类似，都是根据判断条件决定是否执行{}内的语句块。区别

在于，while 循环语句会反复地进行条件判断，只要条件成立，就会执行{}内的语句块，直到条件不成立，while 循环结束。其语法格式如下：

```
while(条件表达式){
    语句块;
}
```

当条件表达式的返回值为 true 时，则执行"{}"中的语句块，当执行完"{}"中的语句块后，重新判断条件表达式的返回值，直到条件表达式返回的结果为 false 时，退出循环。while 循环语句执行流程如图 2-20 所示。

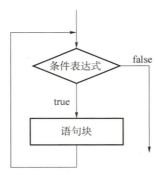

图 2-20　while 循环语句执行流程

循环结构语句

【例 2-9】用 while 循环语句实现输出购票总费用。

【解】示例代码如下：

```
public static void main(String[] args) {
    int sum=0,i=0;
    int price=5;                // 门票单价 5 元
    while (i<7){                // 循环条件
        sum+=price;            // 求出总消费额
        i++;
    }
    System.out.println("总消费额为 :"+sum);
}
```

2.5.2　do…while 循环语句

do…while 循环语句与 while 循环语句类似，其语法格式如下：

```
do{
    语句块;
}while(条件表达式);
```

它们之间的区别是 while 循环语句先判断条件是否成立，再执行循环体，而 do…while 循环语句则先执行一次循环体后，再判断条件是否成立。即 do…while 循环语句中"{}"中的语句块至少要被执行一次。do…while 循环语句执行流程如图 2-21 所示。

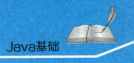

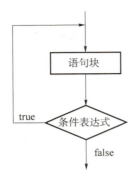

图 2-21 do…while 循环语句执行流程图

【例 2-10】用 do…while 循环语句改写例 2-9。

【解】示例代码如下：

```
public static void main(String[] args) {
        int sum=0,i=0;
        int price=5;                        // 门票单价 5 元
        do {
                sum=sum+price;              // 求出总消费
                i++;
        } while (i<7);                      // 循环条件
        System.out.println("总消费额为："+sum);
}
```

2.5.3 for 循环语句

for 循环语句可细分为 for 语句和 foreach 语句。

1. for 语句

for 语句是功能最强，使用最广泛的一个循环语句，其语法格式如下：

```
for( 表达式 1; 表达式 2; 表达式 3){
    语句块;
}
```

for 语句中 3 个表达式之间用 ";" 分开，它们的具体含义如下。

表达式 1：初始化表达式，通常用于给循环变量赋初值。

表达式 2：条件表达式，它是一个布尔表达式，只有值为 true 时才会继续执行 for 语句中的语句块。

表达式 3：更新表达式，用于改变循环变量的值，避免死循环。

for 语句执行流程如图 2-22 所示。

for 语句的执行流程如下。

（1）循环开始时，首先计算表达式 1，完成循环变量的初始化工作。

（2）计算表达式 2 的值，如果值为 true，则执行语句块，否则不执行语句块，跳出循环语句。

（3）执行完一次循环后，计算表达式 3，改变循环变量的状态。

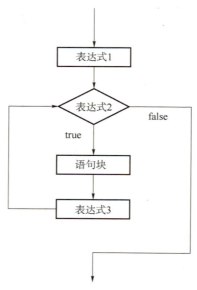

图 2-22　for 语句执行流程

（4）转入步骤（2）继续执行。

【例 2-11】用 for 语句改写例 2-9。

【解】示例代码如下：

```java
public static void main(String[] args) {
        int sum=0;
        int price=5;                    // 门票单价 5 元
        for (int i=0; i<7; i++) {
            sum=sum+price;              // 求出总消费
        }
        System.out.println("总消费额为："+sum);
}
```

2. foreach 语句

foreach 语句是 for 语句的特殊简化版本，不能完全取代 for 语句，但任何 foreach 语句都可以改写为 for 语句。foreach 并不是一个关键字，只是习惯上将这种特殊的 for 语句格式称为 foreach 语句。foreach 语句一般用于遍历数组和集合。其语法格式如下：

```java
for( type itr- var : collection) {
    statement- block;
}
```

语法详解如下。

（1）for 为 Java 中的关键字。

（2）type：变量的数据类型，注意必须与集合 collection 中存储的元素类型相同（或相互兼容）。

（3）itr-var：迭代变量名，不需要初始化。

（4）collection：集合对象，如数组对象。

（5）statement-block：引用了迭代变量名 itr-var 的循环语句块。

foreach 语句的执行过程：从集合 collection 的开始依次遍历到集合 collection 的结束，一次只访问集合中的一个元素，随着循环的迭代会依次取出集合中的下一个元素并存储到itr-var这个变量中，然后执行循环语句块 statement-block，直到集合 collection 中的所有元素都获取出来为止。

【例 2-12】 用 foreach 语句，实现输出购票系统中的方案须知。

【解】 示例代码如下：

```
public class testForeach {
    public static void main(String[] args) {
        System.out.println("∞ ∞ ∞ ∞ ∞ ∞ ∞ ∞ ∞ ∞ ∞ ∞ ∞ ∞ ∞ ∞ ");
        System.out.println("\t\t 购 票 系 统");
        System.out.println("∞ ∞ ∞ ∞ ∞ ∞ ∞ ∞ ∞ ∞ ∞ ∞ ∞ ∞ ∞ ∞ ");
        System.out.println("购票方案须知：");
        ArrayList<String> arr=new ArrayList<>();
        arr. add("1.成人，每人 5 元");
        arr. add("2.学生凭学生证者，享受半价");
        arr. add("3.现役军人凭军人证者，享受八折");
        for (String k : arr) {                    // 遍历集合 arr,输出购票方案
            System.out.println(k);
        }
    }
}
```

运行结果如图 2-23 所示。

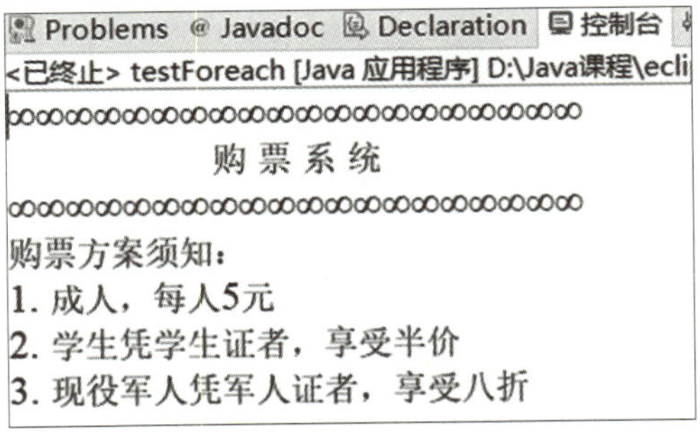

图 2-23 【例 2-12】运行结果

2.5.4 循环嵌套

所谓循环嵌套就是循环语句的循环体中包含另外一个循环语句。Java 支持循环嵌套，如 for 循环嵌套语句、while 循环嵌套语句，也支持二者的混合嵌套。

【例 2-13】 用 for 循环嵌套语句打印购票须知表头。

【解】 示例代码如下：

```
public static void main(String[] args) {
    for (int i=1; i<=2; i++) {          // 第一重循环
        for (int j=1; j<=10; j++) {      // 第二重循环
```

```
                System.out.print("* ");
            }
            System.out.println();
        }
        System.out.println("购票方案须知:");
        ArrayList<String>arr = new ArrayList<>();
        arr.add("1.成人,每人5元");
        arr.add("2.学生凭学生证者,享受半价");
        arr.add("3.现役军人凭军人证者,享受八折");
        for (String k : arr) {// 遍历键的集合
            System.out.println(k);
        }
    }
}
```

运行结果如图 2-24 所示。

```
Problems  @ Javadoc  Declaration  控制台
<已终止> n29 [Java 应用程序] D:\Java课程\eclipse\plu
**********
**********
购票方案须知:
1. 成人,每人5元
2. 学生凭学生证者,享受半价
3. 现役军人凭军人证者,享受八折
```

图 2-24 【例 2-13】运行结果

2.5.5 跳转语句

跳转语句用来实现循环语句执行过程中的流程转移,如 switch 语句中用到的 break 语句就是一种跳转语句。在 Java 中,经常使用的跳转语句主要包括 break 语句、continue 语句和 return 语句,此处介绍前两种。

跳转语句

1. break 语句

在选择结构语句和循环语句中都可以使用 break 语句。当它出现在 switch 语句中时,用于终止某个 case 并跳出 switch 结构;当它出现在循环语句中时,用于强行跳出循环体,不再执行循环体中 break 后面的语句;当它出现在循环嵌套中的内层循环时,它的作用是跳出内层循环。若想使用 break 语句跳出外循环,则需要在外循环中使用 break 语句。

【例 2-14】测试 break 语句在程序中的作用。

【解】示例代码如下:

```
public static void main(String[] args) {
    for (int i=0; i<=5; i++) {
        System.out.print(i);
        if (i==3) {
            break;
```

```
        }
        System.out.println("，执行我的时候，我还不满足跳出 break 语句的条件。");
    }
    System.out.println("，运行我的时候，说明已满足 3 的条件了，我已跳出循环。");
}
```

运行结果如图 2-25 所示。

2. continue 语句

continue 语句只能用在循环语句中，否则将会出现编译错误。它的作用是终止本次循环，即不再执行本次循环体中 continue 后面的语句，而转入进行下一次循环。

【例 2-15】 测试 continue 语句在程序中的作用。

【解】 示例代码如下：

```
public static void main(String[] args) {
    int sum=0;
    for (int i=1;i<6;i++) {
        if (i%2==0) {
            continue;
        }
        sum+=i;
    }
    System.out.println("求 1~6 之间的所有奇数之和为："+sum);
}
```

运行结果如图 2-26 所示。

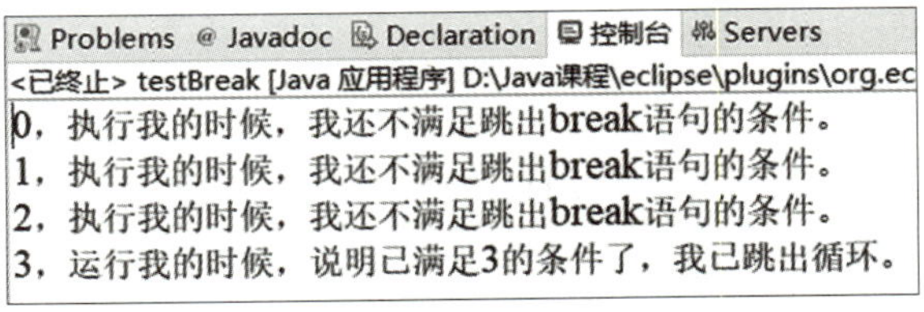

图 2-25 【例 2-14】运行结果 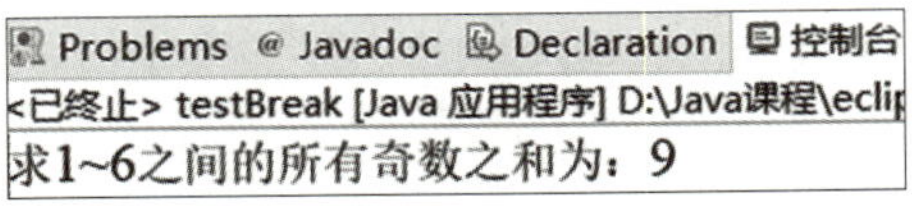 图 2-26 【例 2-15】运行结果

2.6 数组

在解决实际问题的过程中，往往需要处理大量相同类型的数据，而且这些数据被反复使用。这种情况下，可以考虑使用数组来处理这种问题。例如，在统计动物园的动物种类有哪些时，假设有 50 种动物，按照前面所学的知识需要声明 50 个变量分别存储这 50 种动物的名称，这样做就会比较麻烦。我们可以使用一个数组来存储这 50 种动物的种类名称。在 Java 中，数组是指一组类型相同的数据的集合。数据类型可以是基本数据类型，也可以是引用数据类型。当数组元素的类型仍然是数组时，就构成了多维数组。本节将对数组进行详细讲解。

2.6.1　数组的定义

数组是相同类型的变量按顺序组成的一种复合数据类型，这些相同类型的变量称为数组的元素或单元。数组通过数组名加索引来使用数组的元素，索引从 0 开始。

数组的概念

1. 声明数组

声明数组包括声明数组的名字、数组元素的数据类型。其格式有以下两种：

数组的元素数据类型　　数组名称[];

或　数组的元素数据类型[]　数组名称;

数组的元素类型可以是 Java 中的任何一种类型。例如，声明一个 String 类型的数组：

String zoo[];

或　String[] zoo;

以上代码声明了一个变量 zoo，该变量的类型为 String[ ]，即声明了一个 String 类型的数组。变量 zoo 会占用一块内存单元，它没有被分配初始值，如图 2-27 所示。

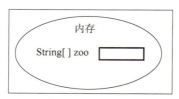

图 2-27　变量 zoo 的内存状态

一维数组的内存解析

2. 创建数组

声明数组仅仅是给出了数组名字和元素的数据类型，要想真正使用数组，还必须为它分配内存空间，即创建数组。在 Java 中使用 new 关键字来为数组分配内存空间。其语法格式如下：

数组名 =new 数据类型[数组长度];

例如：

zoo =new String[5];

也可以在声明数组时就为它分配内存空间，其语法格式如下：

数据类型　数组名[]=new 数据类型[数组长度];

其中，"数组长度"就是数组中能存放的元素个数，是大于 0 的整数。

例如：

String zoo[]=new String[5];

上述代码创建了一个数组，将数组的地址赋值给变量 zoo。在程序运行期间可以使用变量 zoo 引用数组，这时变量 zoo 在内存中的状态会发生变化，如图 2-28 所示。

图 2-28 描述了变量 zoo 引用数组的情况。该数组中有 5 个元素，初始值都为 null，这是因为当数组被成功创建后，如果没有给数组元素赋值，则数组中元素会被自动赋予一个默认的初始值，根据元素数据类型的不同，默认初始值也是不一样的，如表 2-11 所示。数组中的每个元素

都有一个下标（索引），可以通过 zoo［0］，zoo［1］，…，zoo［4］ 的形式访问数组中的元素。需要注意的是，数组中最小的下标是 0，最大的下标是"数组的长度-1"。

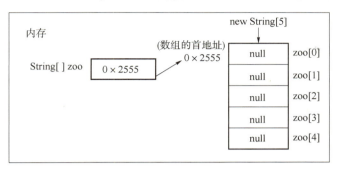

图 2-28　变量 zoo 在内存中的状态变化

表 2-11　不同数据类型的数组元素的默认初始值

数据类型	默认初始值
byte、short、int、long	0
float、double	0.0
char	一个空字符，即' \ U0000'
boolean	false
引用数据类型	null，表示变量不引用任何对象

如果在使用数组时，不想使用这些默认初始值，也可以为这些元素赋值。下面就给大家介绍两种赋值的方式。

3. 数组的初始化

初始化数组是指分别为数组中的每个元素赋值。初始化的方式分为动态初始化和静态初始化两种。

一维数组的初始化

1）静态初始化

静态初始化是指在定义数组的同时就为数组的每个元素赋值。其有两种格式：

```
        数据类型[] 数组名=new 数据类型[] {元素 1,元素 2…};
    或   数据类型[] 数组名={元素 1,元素 2…};
```

例如：

```
        String[] zoo=new String[] {"panda","monkey","cat"};
    或   String[] zoo={"panda","monkey","cat"};
```

上面的两种方式都可以实现数组的静态初始化，但是为了简便，建议采用第二种方式。

2）动态初始化

在定义数组时只指定数组的长度，由系统自动为元素赋初值的方式称为动态初始化。数组元素在数组中按照一定的顺序排列编号，首元素的下标规定为 0，因此数组下标依次为 0，1，2，3，…。数组中的每个元素都可以通过下标进行访问，例如：zoo［0］="panda" 表示数组的第一个元素是 panda。其格式如下：

```
    数组名[ 下标 ]=元素值;
```

2.6.2 数组的常见操作

在编写程序时，数组应用得非常广泛，灵活地使用数组对实际开发很重要。本小节将对数组的常见操作（如 length 的使用、数组的遍历、最值的获取、Arrays 类的使用等）进行详细讲解。

1. length 的使用

数组的元素的个数称为数组的长度。对于一维数组，"数组名字 . length" 的值就是数组中元素的个数；对于二维数组，"数组名字 . length" 的值是它含有的一维数组的个数。

例如：

```
int[] a=new int[5] ;
float[][] b=new float[1][3] ;
```

其中，a. length 的值是 5，b. length 的值是 1。

一维数组的调用

一维数组的长度与遍历

2. 数组的遍历

在操作数组时，经常需要依次访问数组中的每个元素，即数组的遍历。

【例 2-16】 用 for 循环语句遍历数组。

【解】 示例代码如下：

```
public static void main(String[] args) {
        int price[]={2,4,3,5,7};                    // 创建一维数组
        for(int i=0;i<price.length; i++) {          // 用 for 循环语句遍历数组
            System.out.println("第"+(i+1)+"次，购买了"+price[i]+"张票");
        }
    }
```

3. 最值的获取

在操作数组时，经常需要获取数组中元素的最值。

如何获取数组中元素的最大值呢？示例代码如下：

```
public static void main(String[] args) {
        int[] arr = {4,5,1,2,3};
        int max=arr[0];
        for(int i=0;i<arr. length;i++){
            if(arr[i]>max){
                max=arr[i];
                System.out.println("该数组中最大值为:"+max);
            }
        }
    }
```

4. Arrays 类的使用

Arrays 类主要包含用来操作数组的排序、搜索、复制等方法，常用方法如表2-12 所示。

表 2-12　Arrays 类的常用方法

常用方法	内容
binarySearch(int[ ]a, int key)	搜索指定的 int 型数组 a，以获得指定的值 key
binarySearch(int[ ]a, int fromIndex, int toIndex, int key)	搜索指定的 int 型数组 a 的范围，以获得指定的值 key
copyOf(int[ ] original, int newLength)	复制指定的数组，以使副本具有指定的长度
copyOfRange(int[ ] original, int from, int to)	将指定数组的指定范围复制到一个新数组
sort(int[ ] a)	对指定的 int 型数组 a 按数字升序进行排序
sort(int[ ] a, int fromIndex, int toIndex)	对数组 a 按升序排序，范围为(fromIndex, toIndex)
toString(int[ ] a)	返回指定数组内容的字符串表示形式

Arrays 类的常用方法的示例代码如下：

```java
public static void main(String[] args) {
        int[] arr = { 4, 5, 1, 2, 3 };
        System.out.println("原数组的顺序为:"+Arrays.toString(arr));
        System.out.println("=========================");
        Arrays.sort(arr);
        System.out.println("排序后的数组为:"+Arrays.toString(arr));
        System.out.println("=========================");
        int index = Arrays. binarySearch(arr, 5);
        System.out.println("查找数组 arr 中元素为 3 的索引位置是:"+index);
        System.out.println("=========================");
        int[] cO = Arrays.copyOf(arr, 3);
        System.out.println("复制后的新数组为:"+Arrays.toString(cO));
    }
```

运行结果如图2-29 所示。

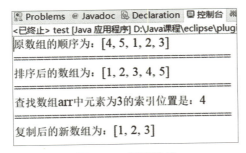

图 2-29　运行结果

Arrays 类的使用

2.6.3 二维数组

二维数组可以看作特殊的一维数组，在二维数组中元素的访问也是通过索引的方式。因此，二维数组的创建同样有以下 3 种方式。

二维数组的概念和
初始化

（1）第一种方式：

数据类型[][] 数组名 =new 数据类型[行的个数][列的个数];

例如：

int[][] arr=new int[3][4];

上面的代码相当于定义了一个 3×4 的二维数组，即 3 行 4 列的二维数组，如图 2-30 所示。

图 2-30　二维数组 arr[3][4]

二维数组的长度

（2）第二种方式：

数据类型[][] 数组名 =new 数据类型[行的个数][ ];

例如：

int [][] arr=new int[3][ ];

上面的代码与第一种方式类似，只是数组中每个元素的长度不确定，如图 2-31 所示。

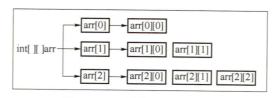

图 2-31　二维数组 arr[3][ ]

（3）第三种方式：

数据类型[][] 数组名 ={{第 0 行初始值},{第 1 行初始值},…,{第 n 行初始值}};

例如：

int [][] arr={{1,2},{3,4,5},{6,7,8,9}};

上面的二维数组 arr 中定义了 3 个元素，这 3 个元素都是数组，分别为 {1, 2}，{3, 4, 5}，

{6，7，8，9}，如图 2-32 所示。

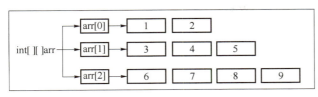

图 2-32 二维数组 arr

二维数组的遍历

【例 2-17】实现输出一个 3 行 4 列且所有元素为"＊"的矩阵。

【解】示例代码如下：

```java
public static void main(String[] args) {
    String s[][]=new String[3][4];        // 定义一个 3 行 4 列的二维数组
    for(int i=0;i<s.length; i++) {
        for(int j=0; j<s[i].length; j++) {
            s[i][j]="*";
            System.out.print(s[i][j]);
        }
        System.out.println();
    }
}
```

运行结果如图 2-33 所示。

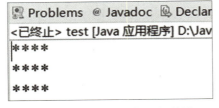

图 2-33 【例 2-17】运行结果

二维数组的调用

2.7 本章小结

本章主要介绍了 Java 的基础知识。首先介绍了 Java 的基本语法，包括 Java 程序的基本格式、注释、标识符等；其次介绍了 Java 中的变量和运算符；接着介绍了选择结构语句、循环结构语句和跳转语句；最后介绍了数组，包括数组的定义、数组的常见操作、多维数组。通过对本章内容的学习，读者应该掌握 Java 程序的基本语法格式，变量和运算符的使用，流程控制语句的使用，以及数组的声明、初始化和使用等，为后面学习做好铺垫。

2.8　本章习题

一、选择题

1. 下列叙述错误的是（　　　）。

A. System 是关键字

B. _class 可以作为标识符

C. 对于 int a[ ]＝new int[3]，a.length 的值为 3

D. float[5]是正确的数组声明

2. 下列叙述正确的是（　　　）。

A. 5.0/2+10 的结果是 double 型数据

B. （int)5.8+1.0 的结果是 int 型数据

C. '苹' +' 果' 的结果是 char 型数据

D. （short)10+' a' 的结果是 short 型数据

3. 若有 int[ ]a＝{1,2,3,4,5}，则数值为 5 的表达式是（　　　）。

A. a[5]　　　　　　B. a[4]＋1　　　　　C. a[4]　　　　　　　D. a[5]－1

4. Java 数值数据类型能自动转换，按从左到右的转换依次是（　　　）。

A. byte →int→short→long→float→double

B. byte →short→int→float→long→double

C. byte →short→int→long→float→double

D. short →byte→int→long→float→double

5. 在 switch(expression) 语句中，expression 的数据类型不能是（　　　）。

A. byte　　　　　　　　B. long　　　　　　　　C. char　　　　　　　　D. int

二、填空题

1. Java 中的 int 型数据所占的二进制位数是＿＿＿＿＿＿。

2. 将 long 型数据转换为较短的 int 型数据，要进行＿＿＿＿＿＿转换。

3. 若 int[ ][ ] arr ＝ new int[4][5]；则 arr.length 和 arr[3].length 的值分别是＿＿＿＿＿和＿＿＿＿＿。

4. 下列程序段执行后，r 的值是＿＿＿＿＿＿。

```
int x=5, y=10, r=5;
    switch(x+y) {
    case 15:r+=x; break;
    case 20:r- = y; break;
    case 25:r*= x/y; break;
    default:r+=r; break;
    }
```

5. 下列程序段执行后，t5 的值是＿＿＿＿＿＿。

```
int t1=5, t2=6, t3=7, t4, t5;
    t4=t1<t2 ? t1 : t2;// 5
    t5=t4<t3 ? t4 : t3;// 5
    System.out.println(t5);
```

三、简答题

1. Java 中用户标识符的命名规则是什么？

2. Java 具有哪些基本类型，各自占用多少字节？

3. 简述跳转语句 break 和 continue 的功能和区别。

4. Java 中字符数组与字符串有什么区别？

四、编程题

1. 编写一个程序，求 1! +2! +…+10! 的值。

2. 编写一个程序，按升序输出 int[ ] 型数组{9，5，8，6，1，2，7}中的所有元素。

3. 编写一个程序，逆序输出整数 156 783。

4. 求所有水仙花数（如下图所示），水仙花数是 3 位数，其个位、十位、百位的立方之和等于该数。

5. 编写打折计价程序：购买商品 2 000 元以上 8 折，1 000 元以上 8.5 折，500 元以上 9 折，少于 500 元不打折。

6. 编写统计平均成绩的程序：创建包含 10 个元素的整数型数组，存放 10 个学生的成绩分数，运行时列出所有元素值，并统计平均值。

2.9　上机指导

自动售货机为客户提供各种饮料。饮料的价格有 3 种：3 元、4 元和 5 元。用户投入 3 元钱，可以选择"康师傅矿泉水""冰露矿泉水"和"恒大矿泉水"三者之一。用户投入 4 元钱，可以选择"冰红茶""青梅绿茶"和"可口可乐"三者之一。用户投入 5 元钱，可以选择"咖啡""奶茶"和"气泡水"三者之一。编写程序，模拟用户向自动售货机投入钱币，得到一种饮料。

第 2 章习题答案

第 3 章　面向对象基础

【学习目标】

1. 理解面向对象设计思想。
2. 掌握类和对象的概念。
3. 掌握面向对象的特性——封装、继承、多态。

3.1 面向对象思想概述

3.1.1 面向对象设计思想

在现实世界中，人类的各种认识活动的承载体就是对象。这些对象存在于自然界中，而且可以被分类、描述、组织、组合、操纵和创建。因此，为计算机软件的创建提出面向对象的观点也不足为奇了。这种模型化世界的抽象方法，有助于我们更好地理解和探索这个世界。早期的面向结构的分析和设计思想主要是围绕着实现处理功能来构造系统的，存在着导

面向对象基础概述

致系统不稳定、难以修改以及很难重用的弊端。随着软件规模的扩大和复杂度的增加，在软件业界提出了一种面向对象（Object Oriented，OO）的软件开发模式。面向对象技术尽可能地模拟人类习惯的思维方式，使开发软件的方法和过程尽可能地接近人类认识世界、解决问题的方法和过程，因而这种开发模式受到人们普遍的关注，并得到了迅速推广和普及。面向对象方法强调从问题域的概念到软件程序和界面的直接映射，满足了人们快速、可靠地设计软件产品的需求。心理学的研究也表明，把客观世界看成对象更接近人类的自然思维。软件的需求变动往往是与功能相关的变动，而其功能的执行者——对象，通常是稳定的。另外，面向对象的一个重要特性是支持和鼓励软件工程实践中的信息隐藏、数据抽象和封装，这非常有利于实现软件的可靠性、扩充性和易维护性。面向对象是一种符合人类思维习惯的编程思想。现实生活中存在各种形态不同的事物，这些事物之间存在着各种各样的联系。在程序中使用对象来映射现实中的事物，使用对象的关系来描述事物之间的联系，这种思想就是面向对象。

3.1.2 面向对象与面向过程

面向对象是相对于面向过程而言的。面向过程强调的是功能行为，以函数为最小单位，考虑怎么做。面向对象将功能封装进对象，强调具备了功能的对象，以类/对象为最小单位，考虑谁来做。

下面通过一个人想吃炒白菜的例子来说明面向过程和面向对象的实现方式的区别，具体如表3-1所示。

表 3-1　面向过程和面向对象实现炒白菜

面向过程	面向对象
人｛ 洗菜（白菜）｛ 自己洗白菜 ｝ 炒菜（白菜）｛ 自己炒白菜 ｝ ｝ 盛菜（白菜）｛ 自己盛白菜 ｝	人｛ 做菜（服务员，厨师）｛ 服务员.点菜（白菜） 厨师.做菜（白菜） 服务员.端菜（白菜） ｝ ｝ 服务员｛ 点菜（菜名） 端菜（菜名） ｝ 厨师｛ 做菜（菜名） ｝

3.1.3　面向对象的特性

提到面向对象，自然会想到面向过程，面向过程就是分析出解决问题所需要的步骤，然后用函数把这些步骤一一实现，使用的时候依次调用就可以了。面向对象则是把构成问题的事务按照一定规则划分为多个独立的对象，然后通过调用对象的方法来解决问题。当然，一个应用程序会包含多个对象，通过多个对象的相互配合来实现应用程序的功能，这样当应用程序功能发生变动时，只需要修改个别的对象就可以了，从而使代码更容易得到维护。面向对象的特性主要可以概括为封装性、继承性和多态性，下面针对这3种特性分别进行简单介绍。

面向对象三大特性

1. 封装性

封装是面向对象的核心思想，在面向对象设计中，把对象的数据和对数据的操作封装在同一个结构中，这就是面向对象的封装性。将对象的数据字段封装在对象的内部，外部程序只能通过正确的方法才能访问要读写的数据字段。利用封装性，可以隐藏实现的细节，这样使得程序设计更容易理解，程序的体系结构更直观，也更有利于团队开发。将对象的属性和行为封装起来，不需要让外界知道具体实现细节，这就是封装思想。例如，用户想吃炒白菜，只需要说吃什么菜就可以，无须知道白菜是如何炒的。

2. 继承性

课 程 思 政

在生活中，我们也一样需要继承和学习他人的优点，才能拓展我们的眼界和思维。

继承性主要描述的是类与类之间的关系，通过继承，可以在无须重新编写原有类的情况下对原有类的功能进行扩展。例如，有一个动物类，该类中描述了动物的普通特性和功能，而大象的类中不仅应该包含动物的普通特性和功能，还应该增加大象特有的功能。这时，可以让大象类继承动物类，在大象类中单独添加大象特性就可以了。继承不仅增强了代码的复用性，提高了开发效率，还为程序的维护扩展提供了便利。

3. 多态性

多态性指的是在程序中允许出现重名现象，它指在一个类中定义的属性和方法被其他类继承后，它们可以具有不同的数据类型或表现出不同的行为，这使得同一个属性和方法在不同的类中具有不同的语义。例如，当动物吃东西时，同样是吃东西，熊猫吃的是竹子而老虎吃的是肉，不同的对象所表现的行为是不一样的。

上面只是对这 3 个特性进行了简要介绍，后续章节将对面向对象的这 3 个特性进行详细的讲解。

3.2　Java 中的类和对象

面向对象技术在软件开发中可以实现代码重用，提高开发效率，并使系统维护更加容易，因而适用于完成复杂的任务。在现实生活中，我们可以把具有相似特征的事物归为一类，例如，我们可以把所有的学校（小学、中学、大学等）归为学校类，把锅、碗、盆等归为炊具类。在面向对象的程序设计技术中，类是对具有相同属性和相同操作的一组相似对象的描述。从另一个角度来看，对象就是类的一个实例。在面向对象的程序设计中，可以将对象定义为一个封装了状态和行为的实体，或者说数据结构（属性）和操作。状态实际上是为执行行为而必须存在于对象之中的数据、信息。对象的接口是指对象能够响应的消息的集合。消息是对象通信的方式，因而也是获得功能的方式。对象接到发给它的消息后或者执行某个内部操作，或者再去调用其他对象的操作。类是可用于产生对象的模板，所有对象都是类的实例。这里可以使用蓝图作类比：类是蓝图，对象就是基于该蓝图的建筑。大部分情况下，更改一个对象中的数据并不会更改其他任何对象中的数据。面向对象的编程思想主要是为了让程序中对事物的描述与该事物在客观现实中的形态保持一致。为此，面向对象的思想中提出了两个概念，即类和对象。其中，类是对某一类事物的抽象描述，而对象用于表示现实中该类事物的个体。接下来通过一个现实中的例子来描述类与对象的关系，如图 3-1 所示。

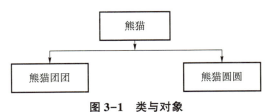

图 3-1　类与对象

在图 3-1 中，可以将熊猫看作一个类，将团团、圆圆看作对象，从团团、圆圆和熊猫之间的关系便可以看出类与对象之间的关系。类用于描述多个对象的共同特征，它是对象的模板。对象用于描述现实中的个体，它是类的实例。从图 3-1 中可以明显看出对象是根据类创建的，并且一个类可以对应多个对象。

3.2.1　类的定义

类是对象的抽象，它用于描述一组对象的共同特征和行为。现实生物世界中的细胞是由细胞核、细胞质构成的，Java中用类来描述事物也是如此。类由成员变量和成员方法组成，其中成员变量用于描述对象的特征，也被称作属性；成员方法用于描述对象的行为，可简称为方法。类定义的语法格式如下：

```
修饰符 class 类名[extends 父类名][implements 接口名] {
属性声明；
方法声明；
}
```

在上述语法格式中，class 前面的修饰符可以是 public，也可以不写（默认）；class 之后是定义的类名，类名首字母要大写，并且其命名要符合标识符的命名规则；extends 和implements是可选项，均为 Java 中的关键字，其中 extends 用于说明所定义的类继承于哪个父类，implements 关键字用于说明当前类实现了哪些接口（这两个关键字将在下一章详细讲解，这里了解即可）；{}中的内容是类体，即需要在类中编写的内容，它主要包括类的成员变量和成员方法。下面通过定义动物类的例子来说明如何定义一个类，实现代码如下：

```
public class Animal {
    // 属性
    private String category = "食草";
    public String getCategory() {
        return category;
    }
    public void setCategory(String category) {
        this.category = category;
    }
    // 功能
    public void introduce();
    {System.out.print("我是"+category+"动物");
    }
}
```

上述代码定义了一个类，其中 public 是修饰符，Animal 是类名，category 是成员变量，introduce( )是成员方法。

3.2.2　对象的创建、使用、销毁

在声明对象时，只是在内存中为其建立一个引用，并置初值为 null，表示不指向任何内存空间。声明对象以后，需要为对象分配内存，这个过程也称为实例化对象。应用程序想要完成具体的功能，仅有类是不够的，还需要创建实例对象。在 Java 程序中可以使用 new 关键字来创建对象，语法格式如下：

```
类名 对象名称=new 类名();
```

下面通过定义动物类对象例子来说明对象的创建，实现代码如下：

```
Animal animal = new Animal();
```

上述代码中，new Animal()用于创建Animal类的一个实例对象，Animal animal则是声明了一个Animal类型的变量animal。中间的等号用于将Animal对象在内存中的地址赋值给变量animal，这样变量animal便持有了对象的引用。在内存中变量animal和对象之间的引用关系如图3-2所示。

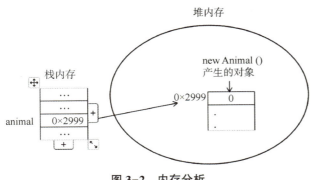

图3-2　内存分析

对象的创建、使用和销毁

从图3-2可以看出，在创建Animal对象时，程序会占用两块内存区域，分别是栈内存和堆内存。其中Animal类型的变量animal被存放在栈内存中，它是一个引用，会指向真正的对象；在创建Animal对象后，可以通过对象的引用来访问对象所有的成员，语法格式如下：

```
对象引用.对象成员
```

接下来通过一个例子来说明如何访问对象的成员，实现代码如下：

```
class Chapter3_1 {
public static void main(Stirng[] args) {
    Animal animal1 = new Animal();
    Animal animal2 = new Animal();
    animal1.setCategory("食肉");
    animal1.introduce();
    animal2.introduce();
    }
}
```

运行结果如图3-3所示。

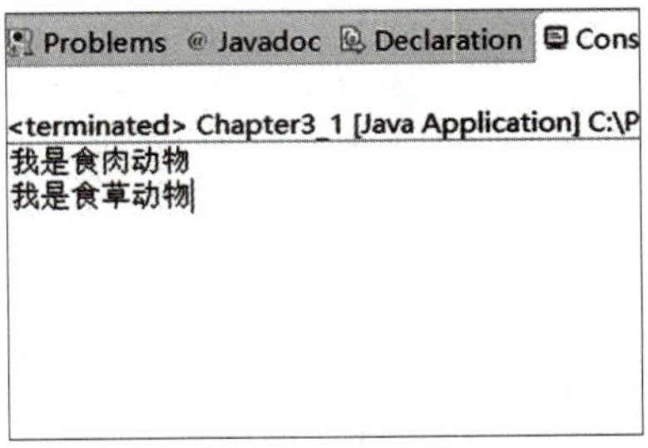

上述代码中，animal1、animal2分别引用了Animal类的两个实例对象。从图3-3所示的运行结果可以看出，animal1和animal2对象在调用introduce()方法时，打印的结果不同。这是因为animal1对象和animal2对象是两个完全独立的个体，它们分别拥有各自的category属性，对animal1对象的category属性进行赋值并不会影响到animal2对象category属性的值。程序运行期间，animal1、animal2引用的对象在内存中的状态如图3-4所示。

图3-3　运行结果

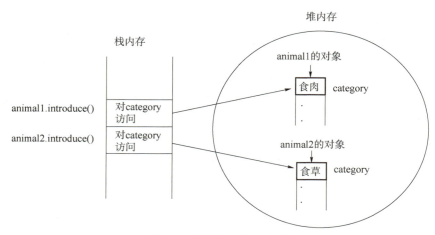

图 3-4　对象使用内存分析

当不存在对一个对象引用时，该对象就成为一个无用对象。Java 的垃圾收集器会自动扫描对象的动态内存，把没有引用的对象作为垃圾收集并释放。

3.2.3　构造方法

从前面所学到的知识可以发现，实例化一个类的对象后，如果要为这个对象中的属性赋值则必须通过直接访问对象的属性或调用 setXxx() 方法的方式才可以。如果需要在实例化对象的同时就为这个对象的属性进行赋值，则可以通过构造方法来实现。构造方法是类的一个特殊成员，它会在类实例化对象时被自动调用。本小节将介绍构造方法的具体用法。构造方法是一种特殊的方法，其主要功能是用来在创建对象时初始化对象，即为对象成员变量赋初始值，当使用 new 运算符创建对象时，JDK 会自动调用无参构造方法。Java 中每一个类都有构造方法，如果没有定义构造方法，JDK 就会自动创建无参构造方法。

构造方法有以下特征。

（1）构造方法具有和类相同的名称。

（2）构造方法不能声明返回值类型。

（3）构造方法不能被 static、final、synchronized、abstract、native 修饰。

构造方法的主要作用是完成对象的初始化，当创建一个类实例对象时，构造方法就会被自动调用。例如，我们规定每个"熊猫"一出生就必须先"洗澡"，则可以在"熊猫"的构造方法中加入完成"洗澡"的程序代码，于是每个"熊猫"一出生就会自动完成"洗澡"，程序就不必在每个"熊猫"刚出生时一个一个地给它们"洗澡"了。

构造方法的语法格式如下：

```
修饰符 类名(参数列表) {
    初始化语句;
}
```

下面通过创建 Animal 的构造方法例子帮助大家理解，示例代码如下：

```
public class Animal {
private String category;
// 构造方法
```

```
public Animal() {
category="食草";
    }
}
```

创建 Animal 对象后，category 初始化为"食草"。

根据参数不同，构造方法分为隐式无参构造方法和显式有参构造方法。

构造方法注意事项。

（1）Java 中，每个类都至少有一种构造方法。

（2）默认构造方法的修饰符与所属类的修饰符一致。

（3）一旦显式定义了构造方法，则系统不再提供默认构造方法。

（4）一个类可以创建多个构造方法。

（5）父类的构造方法不可被子类继承。

3.2.4　this 关键字

Java 中为解决变量的命名冲突和不确定性问题，引入关键字 this 代表当前对象。通过 this 关键字可以明确访问类的成员变量，解决与局部变量冲突的问题，下面通过一个具体例子说明，代码如下：

```
Class Animal {
    private String category;
    public Animal(String category) {
            this.category=category;}
    public String getCategory() {
            return this.category;
        }
}
```

在上面的代码中，构造方法的参数被定义为 category，它是一个局部变量，在类中还定义了一个成员变量，名称也是 category。在构造方法中如果使用 category，则是访问局部变量，但如果使用 this.category，则是访问成员变量。

构造方法是在实例化对象时被 Java 虚拟机自动调用的，在程序中不能像调用其他方法一样去调用构造方法，但可以在一个构造方法中使用"this（［参数 1，参数 2…］）"的形式来调用其他的构造方法。下面通过一个具体例子说明，代码如下：

```
public class Panda {
    private int age;
    public Panda() {
        System.out.println("无参构造方法");
    }
    public Panda(int age) {
        this();
        this.age=age;
    }
}
```

不能在一个类的两个构造方法中使用 this 互相调用，下面的写法编译会报错：

```java
public class Dragon {
    public Dragon() {
        this(10);
    }
    public Dragon(int age) {
        this();
    }
}
```

在构造方法中，使用 this 调用构造方法的语句必须位于第一行，且只能出现一次。下面的写法是非法的：

```java
public Dragon() {
    int age=1;
    this(name);        // 调用构造方法不在第一行,编译报错
}
```

3.2.5 方法的重载

在同一个类中，允许存在一个以上的同名方法，只要它们的参数个数或者参数类型不同即可，与返回值类型无关，只看参数列表，且参数列表必须不同（即参数个数或参数类型不同）。调用时，根据方法的参数列表的不同来区别。

下面通过一个例子来说明方法的重载，代码如下：

```java
public class Chapter3_2{
    public void add(int a,int b){
        int c=a+b;
        System.out.println("两个整数"+a+"与"+b+"相加等于"+c);
    }
    public void add(float a,float b) {
        float c=a+b;
        System.out.println("两个浮点数"+a+"与"+b+"相加等于"+c);
    }
    public static void main(String[] args) {
        Chapter3_2 overload=new Chapter3_2();
        overload.add(1, 1);
        overload.add(1. 1f, 1. 1f);
    }
}
```

运行结果如图 3-5 所示。

```
Problems @ Javadoc Declaration Search Console Spring Annotations
<terminated> Chapter3_2_Overload [Java Application] C:\Program Files\Java\jre1.8.0_231\bi
两个整数1与1相加等于2
两个浮点数1.1与1.1相加等于2.2
```

图 3-5 不同类型两数相加

3.3 封装

现实生活中我们想要看电视，只需要按一下遥控器就可以了，不需要知道电视机的构造原理，同样地，程序设计也需要这个特性。

3.3.1 为什么需要封装

封装是面向对象编程的核心思想。将对象的属性和行为封装起来，其载体就是类，类通常对客户隐藏其内部的实现细节，这就是封装的思想。在客观世界中，这样的例子非常多。例如，我们在使用手机时，只需要了解手机的各个接口哪个是充电的、哪个是插入耳机的，会使用手机打电话、上网、听歌，无须了解手机内部构造是怎样的，更不需要了解手机的电路板是如何设计的；我们在使用计算机时，只需要使用手指敲击键盘就可以实现一些功能，无须知道计算机内部是如何工作的，即便可能了解计算机的工作原理，但在使用计算机时也并不完全依赖于计算机工作原理这些细节。

采用封装的思想保证了类的内部数据结构的完整性，应用该类的用户不能轻易地直接操作此数据结构，只能操作类允许公开的数据。这样就避免了外部操作对内部数据的影响，提高了程序的可维护性。封装还可以提高程序的内聚性，降低耦合度，提高系统的可扩展性。

3.3.2 访问控制符

访问控制符用于限制其他类对该类成员的访问。Java 中有 4 种访问控制符，分别为 private、default、protected、public。使用访问控制符可以让其他类访问该类成员的权限降到最低，从而提高数据的安全性。不同访问控制符的访问范围如表 3-2 所示。

表 3-2　不同访问控制符的访问范围

访问控制符	类内部	同一个包	不同包的子类	同一个工程
private	Yes			
default	Yes	Yes		
protected	Yes	Yes	Yes	
public	Yes	Yes	Yes	Yes

（1）private：用 private 修饰的类成员称为私有成员，只能在声明该成员的类中使用，不能在类外使用，一般通过本类中的公有方法进行访问。如果类的成员用 private 访问控制符来修饰，则只能被该类的其他成员访问，其他类无法直接访问。类的良好封装就是通过 private 关键字来实现的。

（2）default（默认）：如果一个类或者类的成员不使用任何访问控制符修饰，则称它为默认访问控制级别，这个类或者类的成员只能被本包中的其他类访问。

（3）protected：修饰的类成员称为保护成员，可以被 3 种类使用，分别是该类本身、同一包中的类、不同包中的子类。

（4）public：是公共的，被 public 所修饰的成员可以在任何类中被访问。public 修饰的类叫公有类。在一个 Java 文件中只能有一个 public 类型的类。

3.3.3　封装的实现

类的封装，是指将对象的状态信息隐藏在对象内部，不允许外部程序直接访问对象的内部信息，必须要通过该类所提供的方法来实现对内部信息的操作访问。在定义一个类时，将类中的属性私有化，即使用 private 关键字来修饰，私有属性只能在它所在的类中被访问，如果外界想要访问私有属性，需要提供一些使用 public 修饰的公有方法，其中包括用于获取属性值的 getXxx（）方法和设置属性值的 setXxx（）方法。

下面通过一个例子说明封装的实现方式，代码如下：

```java
public class Monkey {
    private int age;
    public int getAge() {
        return age;
    }
    public void setAge(int age) {
        this.age = age;
    }
}
public class Chapter3_3 {
    public static void main(String[] args) {
        Monkey monkey = new Monkey();
        monkey.setAge(1);
        // monkey.age = 2;           // 不能访问私有属性
        System.out.println("猴子的年龄是" + monkey. getAge());
    }
}
```

通过上面例子可以知道 age 属性访问的修饰符是 private，不能被外部类访问，只能通过公有方法访问。

3.4　继承

3.4.1　继承的实现

生活中也有很多继承的例子，如兔子和羊属于草食动物类，豹和狼属于肉食动物类，草食动物和肉食动物又都属于动物类。父类更通用，子类更具体，虽然草食动物和肉食动物都属于动物，但是两者的属性和行为上有差别，所以子类具有父类的一般特性（包括属性和行为），以及

自身特殊的特性，具体如图 3-6 所示。

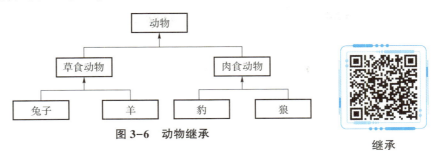

图 3-6 动物继承

继承的语法格式如下：

```
class subclass- name extends superclass- name {
        // 类体
}
```

Java 中父类通用，它具有更一般的特征和行为，较为抽象；子类具体，它除了具有父类的特征和行为之外，还具有自己的特征和行为。在继承关系中，父类和子类必须满足is-a的关系。父类又称为基类、超类，子类又称为派生类。如果子类没有写 extends，则默认该子类的父类为 Object。Java 中只支持单继承。子类不能继承父类中访问权限为 private 的成员变量和方法。通过继承，能够复用原有代码，节省编程时间，并能够减少程序代码出错的可能性。在 Java 编程语言中，通过继承可利用已有的类，并扩展它的属性和方法。这个已有的类可以是语言本身提供的或其他程序员编写的。它除了具有父类的特征和行为之外，还具有自己的特征和行为。Java 中所有的类（包括我们自己定义的类）都是直接或间接继承自 java. lang. Object 类。

在 Java 中，类的继承是指在一个现有类的基础上去构建一个新的类，构建出来的新类被称作子类，现有类被称作父类，子类会自动拥有父类所有可继承的属性和方法。在程序中，如果想声明一个类继承另一个类，需要使用 extends 关键字。接下来通过一个例子来说明子类是如何继承父类的，代码如下：

```
Class Animal {
        String name = "animal";
}
Class Wolf extends Animal {
        public void eat() {
        System.out.println(" 狼吃肉");
    }
}
Public class Chapter3_4 {
public static void main(String[] args) {
        Wolf wolf = new Wolf();
        wolf.eat();
        wolf.setName(" 狼");
        wolf.printname();
    }
}
```

运行结果如图 3-7 所示。

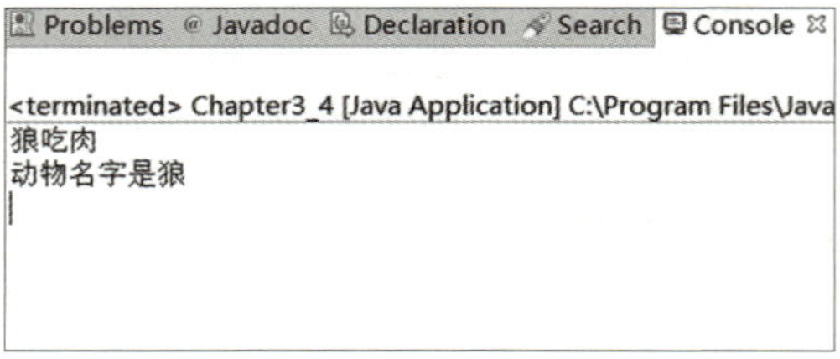

图 3-7 继承

上面例子中 Wolf 类通过 extends 关键字继承了 Animal 类，这样 Wolf 类就是 Animal 类的子类，子类在继承父类的时候，会自动拥有父类所有的成员。

3.4.2 方法的重写

在子类中可以根据需要对从父类继承的方法进行改造，称为方法的重写。

方法重写需要注意以下几点。

（1）子类重写的方法必须和父类被重写的方法具有相同的方法名称、参数列表。

（2）子类重写的方法的返回值类型不能大于父类被重写的方法的返回值类型。

（3）子类重写的方法使用的访问权限不能小于父类被重写的方法的访问权限，子类不能重写父类中声明为 private 权限的方法。

（4）子类与父类中同名同参数的方法必须同时声明为非 static 的（即为重写），或者同时声明为 static 的（不是重写），因为 static 方法是属于类的，子类无法覆盖父类的方法；

（5）子类方法抛出的异常不能大于父类被重写方法的异常。

下面通过一个例子说明重写的实现方法，代码如下：

```
Class Animal {
    public void shout() {
    System.out.println("动物叫声");
    }
}
Class Dog extends Animal {
    public void shout() {
    System.out.println("汪汪汪");
    }
}
Public class Chapter3_5 {
public static void main(String[] args) {
    Dog dog=new Dog();
    dog.shout();
    }
}
```

运行结果如图 3-8 所示

在上面的代码中，定义了 Dog 类并且继承自 Animal 类，在子类 Dog 中定义了一个 shout( ) 方法对父类的方法进行重写。从运行结果可以看出，在调用 Dog 类对象的 shout( ) 方法时，只会调用子类重写的该方法，并不会调用父类的 shout( ) 方法。子类重写父类方法时，不能使用比父类中被重写的方法更严格的访问权限。例如，父类方法访问权限是 public，则子类重写父类该方法的访问权限就不能是 private。

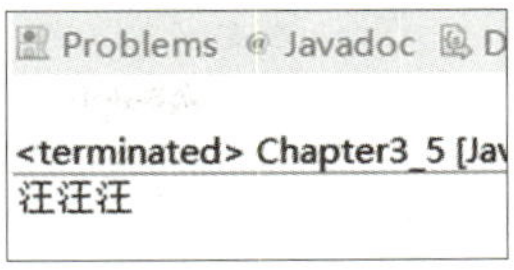

图 3-8　重写

3.4.3　super 关键字

在 Java 类中使用 super 来调用父类中的指定操作，super 可用于访问父类中定义的属性，super 可用于调用父类中定义的成员方法或在子类构造方法中调用父类的构造方法。

使用 super 关键字需要注意以下几点。

（1）当子类和父类出现同名成员时，可以用 super 表明调用的是父类中的成员。

（2）子类中所有的构造方法默认都会访问父类中空参数的构造方法。

（3）当父类中没有空参数的构造方法时，子类的构造方法必须通过 this （参数列表）或者 super （参数列表）语句指定调用本类或者父类中相应的构造方法，同时，只能"二选一"，且必须放在构造方法的首行。

（4）如果子类构造方法中既未显式调用父类或本类的构造方法，且父类中又没有无参的构造方法，则编译出错。

super 关键字访问父类的构造方法，语法格式如下：

```
super([参数 1,参数 2…])
```

下面通过一个例子说明 super 关键字用法，代码如下：

```
Class Animal {
    public void shout() {
    System.out.println("动物叫声");
    }
}
Class Dog extends Animal {
    public void shout() {
    super.shout();
    }
}
Public class Chapter3_5 {
public static void main(String[] args) {
    Dog dog=new Dog();
    dog.shout();
    }
}
```

在子类 Dog 的 shout( ) 方法中使用 super.shout( ) 调用了父类被重写的方法，子类通过 super 关键字可以成功调用父类成员方法。运行结果是父类 shout( ) 方法的内容"动物叫声"。

下面通过一个例子来说明如何使用 super 关键字来调用父类的构造方法，代码如下：

```java
public class Animal {
    static String category;
    private String age;
    private String name;
    public Animal(String category) {
        this.category=category;
        System.out.println("狗的种类是"+category);
    }
}
public class Dog extends Animal {
    public Dog() {
        super("藏獒");
    }
}
public class Chapter3_6 {
    public static void main(String[] args) {
        Dog dog=new Dog();
    }
}
```

运行结果如图 3-9 所示。

根据前面所学的知识，在创建 Dog 类对象时一定会调用 Dog 类的构造方法，从运行结果可以看出，Dog 类的构造方法被调用时，执行了内部的"super("藏獒")"方法，从而调用了父类的有参构造方法。需要注意的是，通过 super 调用父类构造方法的代码必须位于子类构造方法的第一行，并且只能出现一次，否则程序在编译期间就会报错。

将上面代码中 super("藏獒")注释掉，程序就会出现编译错误，如图 3-10 所示。

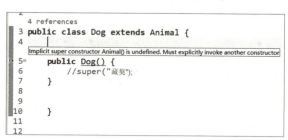

图 3-9　运行结果　　　　　图 3-10　修改代码后运行结果

从图 3-10 可以看出，程序编译出现错误，显示"lmplicit super constructor Animal() is unde-fined. Must explicitly invoke another constructor"（未定义隐式无参构造方法，必须显式地调用另一个构造方法）。出错的原因是，在子类的构造方法中一定会调用父类的某个构造方法。这时，可以在子类的构造方法中通过 super 关键字指定调用父类的哪个构造方法，如果没有指定，在实例化子类对象时，会默认调用父类无参的构造方法，而在上面代码中，父类 Animal 中只定义了有参构造方法，未定义无参构造方法，所以在子类默认调用父类无参构造方法时就会出错。

为了解决上述程序的编译错误，可以在子类中显式地调用父类中已有的构造方法，或者在父类中定义无参的构造方法。代码如下：

```java
public class Animal {
    static String category;
    private String age;
    private String name;
public Animal() {

}
    public Animal(String category) {
        this.category = category;
        System.out.println("狗的种类是"+category);
    }
}
public class Dog extends Animal {
    public Dog() {
        super("藏獒");
    }
    }
public class Chapter3_6 {
    public static void main(String[] args) {
        Dog dog = new Dog();
    }
}
```

3.4.4　static 关键字

当我们编写一个类时，其实就是在描述其对象的属性和行为，而并没有产生实质上的对象，只有通过 new 关键字才会产生对象，这时系统才会分配内存空间给对象，其方法才可以供外部调用。我们有时候希望无论是否产生了对象或无论产生了多少对象，某些特定的数据在内存空间里只有一份。例如，所有的熊猫属于食草这个类别，每一个熊猫都共享这个分类，不必在每一个熊猫的实例对象中都单独分配一个用于代表分类的变量。这个变量让所有熊猫对象共享。具体的内存分配如图 3-11 所示。

static 关键字

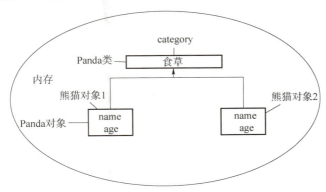

图 3-11　具体的内存分配

在一个 Java 类中，可以使用 static 关键字来修饰成员变量，该变量被称作静态变量。静态变量被所有实例共享，可以使用"类名．变量名"的形式来访问。接下来通过一个例子来实现图 3-11 描述的情况，代码如下：

```java
Class Panda {
static String category;
}
public class Chapter3_7 {
    public static void main(String[] args) {
        Panda panda1 = new Panda();
        Panda panda2 = new Panda();
        Panda. category = "食草";
        System.out.println("panda1 属于"+panda1.category+"类");
        System.out.println("panda2 属于"+panda2.category+"类");
    }
}
```

Panda 类中定义了一个静态变量 category，用于表示熊猫的种类，它被所有的实例所共享。由于 category 是静态变量，因此可以直接使用 Panda. category 的方式进行调用，也可以通过 Panda 的实例对象进行调用。将变量 category 赋值为"食草"，通过运行结果可以看出 Panda 类对象 panda1 和 panda2 的 category 属性值均为"食草"。

【注意】static 关键字只能用于修饰成员变量，不能用于修饰局部变量，否则编译会报错。

下面通过一个例子说明静态方法的调用，代码如下：

```java
public class Bear {
    private int id;
    private static int total = 0;
    public static void setTotalBear(int total) {
        // id++;
// this.total = total;                    // 在 static 方法中不能用 this, super
}
public static void say() {
        System.out.println("hi,我是北极熊");
    }
}
public class Chapter3_8 {
    public static void main(String[] args) {
        Bear.say();
        Bear bear = new Bear();
        bear.say();
    }
}
```

Bear 类中的 id++ 报错是因为在 static 方法内部只能访问类的 static 修饰的属性或方法，不能访问类的非 static 的结构。this. total = total 报错是因为不需要实例就可以访问 static 方法，因此 static 方法内部不能有 this。可以直接用 Bear 类调用静态方法 say。

在 Java 类中，使用一对大括号包围起来的若干行代码被称为一个代码块，用 static 关键字修饰的代码块为静态代码块。静态代码块的语法格式如下：

```
static{

}
```

当类被加载时，静态代码块会执行，由于类只加载一次，因此静态代码块也只执行一次，在程序中，通常会使用静态代码块来对类的成员变量进行初始化。下面通过一个例子来说明静态代码块的使用，代码如下：

```
Class Animal {
    Static {
                System.out.println("执行了 Animal 类中的静态代码块");
    }
}
public class Chapter3_10 {
    static {
        System.out.println("执行了测试类中的静态代码块");
    }
    public static void main(String[] args) {
        Animal animal1 = new Animal();
        Animal animal2 = new Animal();
    }
}
```

运行结果如图 3-12 所示。

```
Problems  Tasks  Console ☒  Terminal  Servers  Search  V
<terminated> Chapter3_10 [Java Application] C:\Program Files\Java\jdk1.8.0
执行了测试类中的静态代码块
执行了 Animal 类中的静态代码块
```

图 3-12   运行结果

从图 3-12 可以看出，程序中的两段静态代码块都执行了。使用 myeclipse 运行上面代码后，Java 虚拟机首先会加载类 Chapter3_10，在加载类的同时就会执行该类的静态代码块，紧接着会调用 main() 方法。在 main() 方法中创建了两个 Animal 对象，但两次创建对象的过程中，静态代码块中内容只输出了一次，这就说明静态代码块在类第一次使用时才会被加载，并且只会被加载一次。

3.4.5 final 关键字

在 Java 中声明类、变量和方法时，可使用关键字 final 来修饰，表示"最终的"。被 final 修饰的类、变量、方法有以下特性。

（1）final 标记的类不能被继承，提高了安全性和程序的可读性。

（2）final 标记的方法不能被子类重写。

（3）final 标记的变量称为常量，名称大写，且只能被赋值一次。

下面通过一个例子说明被 final 修饰的类的特性，代码如下：

final 关键字

```
final class Animal {
}
class Panda extends Animal {
}
```

由于 Animal 类被 final 关键字所修饰，因此，当 Panda 类继承 Animal 类时，编译出现了 Panda 类不能从最终类 Animal 进行继承的错误。由此可见，被 final 关键字修饰的类为最终类，不能被其他类继承。

下面通过一个例子说明被 final 修饰的方法不能被子类重写的特性，代码如下：

```
final class Animal {
    public final void shout() {
    finalSystem.out.println("动物叫声");
    }
}
class Panda extends Animal{
    public void shout(){
    System.out.println("熊猫叫声");
    }
}
```

Panda 类重写父类 Animal 中的 shout( )方法后，编译报错。这是因为 Animal 类的shout( )方法被 final 所修饰。由此可见，被 final 关键字修饰的方法为最终方法，子类不能对该方法进行重写。

下面通过一个例子说明被 final 修饰的变量只能被赋值一次的特性。也就是说 final 修饰的变量一旦被赋值，其值不能改变。如果再次对该变量进行赋值，则程序会在编译时报错。代码如下：

```
public class Chapter3_8 {
    public static void main(String[] args) {
    final int age = 1;
    age = 9;
    }
}
```

当对 age 重复赋值时，编译报错。原因在于变量 age 被 final 修饰。由此可见，被 final 修饰的变量为常量，它只能被赋值一次，其值不可改变。

3.5　本章小结

本章详细介绍了面向对象的基础知识。首先介绍了面向对象的思想。其次介绍了类的定义，对象的创建、使用、销毁，构造方法的定义和重载，this 关键字的使用，并学习了类的封装与使用。再次介绍了继承和方法的重写。最后介绍了 super、static、final 关键字的使用。熟练掌握好这些知识，有助于学习下一章的内容。深入理解面向对象的思想，对以后的实际开发至关重要。

3.6 本章习题

一、选择题

1. 在 Java 中，一个类可以有（   ）父类。

A. 1个　　　　　　B. 2个　　　　　　C. 3个　　　　　　D. 多个

2. （   ）关键字用于调用父类的构造方法。

A. new　　　　　　B. return　　　　　C. super　　　　　D. this

3. 下列代码

```
class A {
        int i;
        A(int i) {
                this.i=i;
        }
        class B extends A {
          Public static void main(String[] args) {
                B b=new B(1);
                System.out.println(b. i);
                }
        }
}
```

输出为（   ）。

A. 0　　　　　　　B. 1　　　　　　　C. 编译错误　　　　D. 运行时错误

4. 如果一个子类要继承父类，需要使用关键字（   ）。

A. extends　　　　B. return　　　　　C. super　　　　　D. this

二、分析题

分析输出结果，写出下列代码的输出结果。

```
package com.animal.ch3;
public class Father {
  public Father() {
        System.out.println("father create");
  }
}
package com.animal.ch3;
public class Child extends Father {
  public Child() {
        System.out.println("child create");
  }
  public static void main(String[] args) {
```

```
        Father f=new Father();
        Child child=new Child();
    }
}
```

3.7　上机指导

1. 定义 Animal 类，要求输出 Animal 类的属性（name、sex、age 等）和方法（shout、eat 等）。

2. 编写子类 Panda，继承父类 Animal，然后调用父类方法。

3. 子类 Panda 重写父类的 eat( ) 方法。

第 3 章习题答案

第4章 面向对象高级进阶

【学习目标】

1. 了解面向对象高级进阶部分所涉及的知识体系。
2. 理解抽象类、接口、多态、内部类、异常的概念。
3. 掌握抽象类和接口的定义及使用方法。
4. 掌握多态的应用。
5. 掌握自定义异常的使用方法。

4.1　抽象类和接口

在动物园管理系统中，有这样一个类——Animal，定义该类时，需要定义一些方法描述该类的行为特征，但有时这些方法的实现方式是无法确定的。例如，定义 Animal 类时，shout( ) 方法用于表示动物的叫声，但由于不同的动物叫声不同，因此在 shout( ) 方法中无法写出具体的实现过程。那么，该如何定义这类无法写出具体内容的方法呢？

抽象类的概念

通过观察客观世界，我们不难发现，当子类不断具体化时，父类似乎就不需要具体的方法了。以动物类 Animal 为例，子类包括老虎、犀牛、孔雀、大猩猩、猴子等多种动物，而作为父类的 Animal 中的 shout( ) 似乎不需要具体的实现过程。类似的情况还有很多，如人类，如果按照职业划分，人类可以派生出教师类、学生类、警察类、医生类……，每个子类中 job( ) 方法的具体实现会因为归属的子类不同而不同，此时父类中"人"的 job( ) 方法反而会显得无法编写具体代码。类似这样的现象就可以考虑将父类定义为抽象类。例如，可以将父类——动物类定义为抽象类，其中的 shout( ) 方法可以定义为抽象方法。

4.1.1　抽象类

抽象类语法格式如下：

```
public abstract class Animal {
    abstract void shout( );          // 定义抽象方法
}
```

abstract 是定义抽象类的关键字，使用 abstract 关键字定义的类称为抽象类，使用 abstract 关键字定义的方法称为抽象方法。

抽象方法没有方法体，即不需要"{}"，但在定义抽象方法时，必须以";"结束。抽象方法仅仅需要声明返回值类型、方法名称、形参等，本身没有任何意义，除非它被重写。而包含抽象方法的类必须定义为抽象类，但抽象类中可以不包含任何抽象方法。实际上抽象类除了被继承之外没有任何意义。

抽象类的语法

例如，Tiger 类继承于 Animal 类，由于 Animal 类是个抽象类，包含抽象方法 shout( )，如果 Tiger 类不是抽象类，那么必须重写 shout( ) 方法，代码如下：

```
class Tiger extends Animal {
    public void Shout() {
    System.out.println("老虎嗷的一声大叫");          // 实现父类的抽象方法 shout( )
    }
}
```

学习抽象类时需要注意以下几点。

（1）抽象类中，不一定包含抽象方法，但是有抽象方法的类必定是抽象类。

（2）抽象类不能实例化对象，因为抽象类中可能含有抽象方法，抽象方法没有方法体，不可以被调用。

（3）抽象类中，可以有构造方法，是供子类创建对象时，初始化父类成员使用的。

（4）继承抽象类的子类必须重写父类中所有的抽象方法，否则子类也需要声明为抽象类，最终必须有子类实现该父类的抽象方法，否则从最初的父类到最终的子类都不能创建对象，失去意义。

4.1.2　接口

接口是抽象类的延伸，可以将它看作一种特殊的抽象类，它不能包含普通方法，其内部所有的方法都是抽象方法，它将"抽象"进行得更为彻底。

在 JDK 8 中，对接口进行了重新定义，接口中除了抽象方法外，还可以有默认方法和静态方法（也叫类方法），默认方法使用 default 修饰，静态方法使用 static 修饰，这两种方法都允许有方法体。

接口一般表示一种功能。例如，每种动物都有繁衍后代的功能，不同的动物繁衍方式不同。因此，可以将繁衍功能定义为接口，不同的动物都可以

接口

实现该接口。接口是和类同一个层次的概念，除了具备抽象方法外，也可以包含常量。在继承体系中，一个类只能继承一个父类。而对于接口而言，一个类是可以实现多个接口的，这叫作接口的多实现。因此，可以理解为接口的存在扩展了继承体系。

接口使用 interface 关键字进行定义，其语法格式如下：

```
[修饰符] interface [接口名称] [extends 父接口 1,父接口 2…] {
    [public] [static] [final] 常量类型 常量名＝常量值；
    [public] [abstract] 方法返回值类型 方法名([参数列表])；
}
```

接口的定义说明如下。

（1）如果接口的权限修饰符为 public，那么该文件必须以接口名字命名。

（2）接口中的方法必须被定义为 public 或 abstract 形式，其他修饰权限不被 Java 编译器认可，即使不将该方法声明为 public 形式，也默认为 public。

【例 4-1】以繁衍后代为例，定义一个名为 Reproduce 的接口。

【解】示例代码如下：

```
public interface Reproduce {
    int age＝5;              // 定义一个整数型常量,需要进行初始化赋值
    void produce_baby();     // 接口内的方法,可以省略 abstract 关键字和 public 修饰符
}
```

一个类实现一个接口可以使用 implements 关键字，该类称为接口的实现类，定义实现类的语法格式如下：

```
[修饰符]   class 类名 [extends 父类名称] [implements 接口 1,接口 2…] {
}
```

【例 4-2】Tiger 类继承 Animal 类，实现 Reproduce 接口。

【解】示例代码如下：

```
public class Tiger extends Animal implements Reproduce {
    void shout() {
        System.out.println("老虎嗷的一声大叫");        // 实现父类中的抽象方法
    }
    public void produce_baby() {
        System.out.println("老虎胎生,产下小老虎");     // 实现接口中的抽象方法
    }
}
// 定义老虎类的测试类
public class TestTiger {
    public static void main(String[] args) {
        Tiger tiger = new Tiger();
        System.out.println(Reproduce.age);             // 调用接口中的常量
        tiger.shout();
        tiger.produce_baby();
    }
}
```

关于接口及其实现类的使用说明如下。

（1）JDK 8 之前，接口中的方法都必须是抽象方法。在调用抽象方法时，必须通过接口的实现类的对象才能调用实现方法。从 JDK 8 开始，接口中的方法除了包含抽象方法外，还包含默认方法和静态方法，默认方法和静态方法都可以有方法体，静态方法可以通过"接口.方法名"进行调用。具体介绍参看 static 关键字讲解。

（2）当一个类实现接口时，如果这个类是抽象类，只需要实现接口中的部分抽象方法即可，否则需要实现接口中的所有抽象方法。

（3）一个类可以通过 implements 关键字同时实现多个接口，被实现的多个接口之间要用英文逗号","隔开。

（4）接口之间可以使用 extends 关键字实现继承，而且一个接口可以同时继承多个接口。

（5）一个类在继承另一个类的同时还可以实现接口，但 extends 关键字必须位于 implements 关键字之前。

（6）接口中，无法定义成员变量，但是可以定义常量，其值不可以改变，默认使用 public static final 修饰。

（7）接口中，没有构造方法，不能创建对象。

（8）接口中，没有静态代码块。

在 Java 的面向对象体系中，如何看待和理解接口呢？我们知道，在 Java 中不允许多重继承，即一个子类的直接父类只能有一个。但使用接口就可以实现多重继承，因为一个类可以同时实现多个接口。

多重继承的语法格式如下：

class 类名 extends 父类 implements 接口1,接口2,…,接口 n

当一个子类在继承父类和实现接口的时候，一定是先写继承，再写实现。

另外，一个接口可以继承另一个接口，代码如下：

```
interface intf1 {
}
Interface intf2 extends intf1 {
}
```

4.2 多态

4.2.1 多态概述

多态是继封装、继承之后，面向对象的第三大特性。

生活中，如跑的动作，小猫、小狗和大象，跑起来是不一样的。再如飞的动作，昆虫、鸟类和飞机，飞起来也是不一样的。可见，同一行为，通过不同的事物，可以体现出不同的形态。多态，描述的就是这样的状态。

在 Java 中，多态是指父类对象应用于子类的特征，通俗地讲，多态是指不同类的对象在调用同一个方法时所呈现的多种不同行为。以动物类 Animal 为例，老虎、狮子、大象都是它的子类，由这些子类构造出来的对象必定可以当作老虎、狮子、大象看待，也具备相应的行为特征。那它们能不能当作"动物"看待呢？答案当然是可以的。老虎是动物，这是毋庸置疑的。因此，老虎可以调用父类 Animal 的 shout() 方法，同样，狮子也可以。但不同的动物调用 shout() 方法，产生的行为是不一样的。像这样的不同类的对象在调用同一个方法时所呈现的多种不同行为，就是多态。换言之，用父类引用指向不同子类对象，调用同一个方法产生的行为是不同的。

通常来说，在一个类中定义的属性和方法被其他类继承或重写后，当把子类对象直接赋值给父类引用变量时，相同引用类型的变量调用同一个方法将呈现出多种不同形态。通过多态，可以消除类之间的耦合关系，大大提高了程序的可扩展性和可维护性。

多态简介

4.2.2 多态的编码形式

多态实现的前提是继承或者实现接口（二者选其一），其次要有方法的重写，主要体现同一个方法的不同实现，不重写方法则无意义。也就是说，Java 的多态性是由类的继承、方法重写以及父类引用指向子类对象体现的。由于一个父类可以有多个子类，多个子类都可以重写父类的方法，并且多个不同子类的对象也可以指向同一个父类，这样，程序只有在运行时才知道具体代表的是哪个子类对象，这就体现了多态性。

多态的语法格式如下：

```
父类类型 变量名=new 子类构造方法;
变量名.方法名();
```

父类类型：子类对象继承的父类类型，或者实现的父接口类型。

以 Animal、Tiger、Elephant 类为例，介绍多态的使用方式。

（1）定义父类 Animal 为抽象类，包含两种抽象方法，代码如下：

```
abstract class Animal {
    // 抽象方法
    void shout();            // 大叫
    void eat();              // 吃东西
}
```

（2）定义子类 Tiger，继承父类 Animal，并实现 shout( ) 和 eat( ) 方法，代码如下：

```
class Tiger extends Animal {
    public void shout() {
        System.out.println("老虎咆哮");
    }
    public void eat() {
        System.out.println("老虎吃肉!");
    }
}
```

（3）定义子类 Elephant，继承父类 Animal，并实现 shout( ) 和 eat( ) 方法，代码如下：

```
ciass Elephant extends Animal {
    public void shout() {
        System.out.println("大象长鸣");
    }
    public void eat() {
        System.out.println("大象吃水果!");
    }
}
```

（4）定义测试类，使用多态形式调用 shout( ) 方法，代码如下：

```
public class Test {
    public static void main(String[] args) {
        Animal a1 = new Tiger();
        Animal a2 = new Elephant ();
        a1.shout();
        a2.shout();
    }
}
```

运行结果如图 4-1 所示。

在上述代码中，可以看到 Tiger 类和 Elephant 类的实例对象都指向了父类 Animal，并调用了 shout( ) 方法，程序在编译时自动识别具体的子类对象，有选择性地调用对应的 shout( ) 方法，得到对应的行为结果，这就是 Java 中的多态在代码中的体现。

```
<已终止> TestTiger [Java 应用程序] C:\Program Files\Java\jd
老虎咆哮
大象长鸣
```

图 4-1 多态使用方式运行结果

【注意】当使用多态方式调用方法时，首先检查父类中是否有该方法，如果没有，则编译错误；如果有，则执行的是子类重写方法。

如果将上述的代码改成下面这种方式，可不可以呢？

```
public class Test {
    public static void main(String[] args) {
        Tiger tiger=new Tiger();
        Elephant elephant=new Elephant();
        tiger.shout();
        elephant.shout();
    }
}
```

两段代码作对比，发现运行结果一样。哪段代码写法上更好一些呢？

在继承关系中，利用多态，可以将 new 实例对象的代码左边统一起来，统一使用父类引用即可，解决方法同名的问题，这种写法会使代码看起来更加简洁、清晰，让程序变得更加灵活，提高程序的可维护性。

实际开发的过程中，父类类型作为方法形式参数，传递子类对象给方法，进行方法的调用，更能体现出多态的扩展性与便利。

【例4-3】定义饲养员 Breeder 类，包含 feed( ) 方法，该方法的形参为动物类对象。

【解】示例代码如下：

```
class Breeder {    // 饲养员类
    // 方法重构:通过更改方法形参实现
    // 第一种喂养方法:只饲养老虎
    public void feed(Tiger tiger) {
        tiger.eat();
    }
    // 方法重构
    // 第二种喂养方法:只饲养大象
    public void feed(Elephant elephant) {
        elephant.eat();
    }
}
```

上面代码容易产生冗余，如果子类动物种类过多，需要写很多 feed( ) 方法。如果利用多态，只需将 feed( ) 方法中的参数设置为 Animal 类对象即可，代码如下：

```
class Breeder {
    // 第三种喂养方法:通用饲养动物类及其子类
    public void feed(Animal animal) {
        animal.eat();
    }
}
```

在调用 feed( ) 方法时，编译器只需要自动识别父类引用变量指向的是哪个子类对象，就能调用对应子类中的 eat( ) 方法。对应的测试类代码如下：

```
public class TestBreeder {
    public static void main(String[] args) {
```

```
Breeder breeder = new Breeder();
    breeder.feed(new Tiger());
// 代码简写,相当于 Animal a1 = new Tiger();breeder.feed(a1);
    breeder.feed(new Elephant());
    }
}
```

4.2.3　向上转型和向下转型

在 Java 编程中会经常遇到对象类型的转换,主要包括向上转型和向下转型两种操作。以上内容讲到的多态——将父类引用指向子类对象,即子类对象可以当作父类看待,就是向上转型,如下面两行代码:

```
Animal an1 = new Tiger( );        // 将 Tiger 类对象当作 Animal 类型使用
Animal an2 = new Elephant( );     // 将 Elephant 类对象当作 Animal 类型使用
```

向上转型是从一个较具体的类转换成较抽象的类,因此向上转型一定是安全的、正确的。因为你可以说老虎、大象是动物,但不能说动物一定是老虎、大象。在 Java 中,将子类对象当作父类使用时不需要任何显示声明。但要注意不能通过父类引用变量调用子类特有的方法,不然会产生编译错误。

向上转型

如果在代码中已经使用了多态,此时又需要让父类引用变量调用子类特有方法,该如何处理呢?这就需要对已有的父类引用进行还原,即向下转型操作。当在程序中使用向下转型操作时,必须使用显式类型转换,向编译器指明父类对象通过下面的代码可以将向上转型的 an1、an2 对象还原成本来的 Tiger 类型和 Elephant 类型。代码如下:

```
Tiger tiger = (Tiger) an1;
Elephant elephant = (Elephant) an2;
```

还原后的 tiger 对象可以调用 Tiger 类特有的方法。

对象的向下转型其实是一个还原动作,在进行向下转型时,一定要注意以下两点。

(1)必须保证对象创建的时候就是老虎、大象,才能向下转型成为老虎、大象。

(2)如果对象创建的时候不是老虎或大象,现在非要向下转型成为老虎或大象,就会产生 ClassCastException 异常。这种情况类似于下面的代码:

向下转型

```
int num1 = (int)10. 0;        // 这种强制转换是允许的
int num2 = (int)10. 5;        // 这种情况不可以,会产生精度损失
```

在学习此项内容时,可以参考数据的强制类型转换,这两者有一定的相似之处。因为类也属于数据类型的一种,是引用类型。

4.2.4　instanceof 关键字

在上一小节中,向下还原时最重要的是要还原正确,即本来是老虎,就要还原成老虎,不能

把老虎还原成大象。为了确保还原操作的正确性，Java 提供了 instanceof 关键字，帮助判断父类对象是否为子类对象的实例。

instanceof 的语法格式如下：

instanceof 关键字

> myobject instanceof ExampleClass

myobject：某类的对象引用。

ExampleClass：某个类。

使用 instanceof 关键字的表达式返回值为布尔值。如果返回值为 true，说明 myobject 对象是 ExampleClass 的实例对象；如果返回值为 false，说明 myobject 对象不是 ExampleClass 的实例对象。

【例 4-4】 对例 4-3 中的 feed(Animal animal) 利用 instanceof 关键字判断饲养的是哪种动物。

【解】 示例代码如下：

```java
public class TestBreeder {
    public static void main(String[] args) {
        Breeder breeder = new Breeder();
        Animal an1 = new Tiger();
        if (an1 instanceof Tiger) {    // 通过 instanceof 判断 an1 是否是 Tiger 类对象
            System.out.println("饲养员喂养老虎");
        }
        else {
            System.out.println("饲养员喂养大象");
        }
        breeder. feed(a1);
    }
}
```

 ## 4.3　内部类

前面曾学习过在一个文件中定义两个类，但其中的任何一个类都不在另一个类内部，实际上在 Java 中，是允许在一个类的内部再定义一个类的，位于外部的类称为外部类，位于内部的类则称为内部类。在学习时，我们该如何理解内部类呢？例如，身体可以构成一个类，而心脏也可以构成一个类，但心脏是无法单独存在的，必须归属于某一个身体才有意义。处理类似这样的问题时，就可以把身体定义成外部类，心脏定义成内部类。

内部类

在实际开发过程中，根据内部类的位置、修饰符和定义方法的不同，将其分为 4 种形式：成员内部类、局部内部类、匿名内部类和静态内部类。本节将对这 4 种内部类进行详细讲解。

4.3.1　成员内部类

在一个类中，除了可以定义成员变量、成员方法外，还可以定义内部类，这样的内部类位于另一个类的内部和方法的外部。这种内部类和成员变量、成员方法地位相同，因此也被称为成员内部类。成员内部类是外部类的一个成员，所以可以有 4 个修饰符：private、public、default（默认）和 protected。同时，它可以用 static、final 关键字修饰。成员内部类具有类的特点，用 abstract 修饰，定义为抽象类；可以有构造器，定义属性和方法。

在成员内部类中，可以访问外部类的成员变量和成员方法；在外部类中，也可以访问成员内部类的变量和方法。

【例 4-5】定义一个外部类 Body，在其内部定义一个成员内部类 Heart。

【解】示例代码如下：

```java
public class Body {
    String name;                        // 成员变量
    int i=10;                           // 成员变量
    public void method() {              // 成员方法
        System.out.println("我是外部类的方法");
        new Heart().beat();             // 在外部类的成员方法中调用内部类的成员方法 beat( )
    }
    class Heart {                       // 成员内部类
        int i=20;                       // 成员内部类的成员变量
        public void beat( )             // 成员内部类的成员方法
            int i=30;
            System.out.println("心脏怦怦跳!");
            System.out.println(i);          // i 是局部变量 30
            System.out.println(this. i);    // i 是内部类的成员变量 20
            System.out.println(Body. this. i);  // 外部类的成员变量 10
        }
    }
}
```

测试类代码如下：

```java
public class TestDemo1 {
    public static void main(String[] args) {
        // 调用内部类 Heart 的 beat()——间接访问方式
        Body b=new Body();
        b.method();
    }
}
```

运行结果如图 4-2 所示。

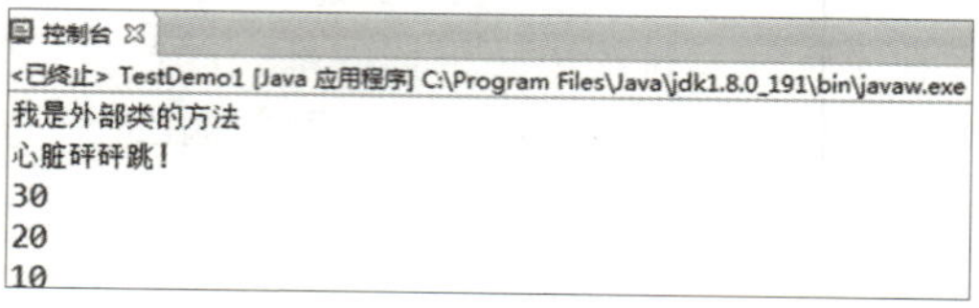

在上述测试代码中，对成员内部类的使用采用的是间接方式，即在外部类的成员方法中，使用了"内部类对象.成员方法"的形式，那么可以在 main( ) 方法中，通过直接调用"外部类对象.成员方法"的方式访问其成员内部类。

另一种访问成员内部类的方式是直接方式，也称为公式法，直接套用公式即可访问成员内部

图 4-2 　【例 4-5】运行结果

类。内部类的实例一定要绑定在外部类的实例上，如果从外部类中初始化一个内部类对象，那么内部类对象就会绑定在外部类对象上。内部类初始化方式与其他类初始化方式相同，都是使用new 关键字。公式的语法格式如下：

> 外部类名称.内部类名称 对象名＝new 外部类名称().new 内部类名称()

对上面的测试类可以进行如下的修改：

```
    public static void main(String[] args) {
// 外部类名称.内部类名称 对象名＝new 外部类名称().new 内部类名称()——直接访问
        Body.Heart bh＝new Body().new Heart();
        bh.beat();
    }
}
```

此段代码的运行结果与图 4-2 一样。

4.3.2 局部内部类

局部内部类，也叫方法内部类，定义在外部类的成员方法的内部，它的地位和成员方法中的局部变量一样，其有效范围仅限于方法内部，因此称为局部内部类。

局部内部类可以访问外部类的所有成员变量和方法，但局部内部类中的变量和方法只能在该局部内部类的方法中进行访问。

以如下代码说明局部内部类的定义和使用方法：

```
public class OuterClass {
    int m＝0;
    void test1() {
        System.out.println("我是外部类成员方法 1");
    }
    void test2() {
        class Inner {          // 局部内部类,位于外部类的成员方法 test2()中
            int n＝1;          // 局部内部类的成员变量
            void show() {
                System.out.println("我是局部内部类成员方法,m:"+m);
                test1();       // 在局部内部类中直接调用外部类的成员变量和方法
            }
        }
        // 在创建局部内部类的方法内部,调用局部内部类的变量和方法
        Inner in＝new Inner();
        System.out.println("n:"+in.n);
        in.show();
    }
}
```

运行结果如图 4-3 所示。

在上述代码中，定义了一个外部类 OuterClass，在该类中定义了成员变量 m、成员方法 test1

（）和 test2（），并在成员方法 test2（）中定义了一个
局部内部类 Inner，该局部内部类中也定义了一个成
员变量 n 和一个 show（）方法，并在 show（）方法中测
试对外部类的成员变量和成员方法的调用，发现可
以采用直接调用方式。而在 test2（）方法中调用局部
内部类 Inner 的成员变量和成员方法，需要通过构造

```
控制台 ⌧
<已终止> TestDemo1 [Java 应用程序] C:\Program Files\Java\jdk1.8.0_191\bin\ja
n:1
我是局部内部类成员方法，m: 0
我是外部类成员方法1
```

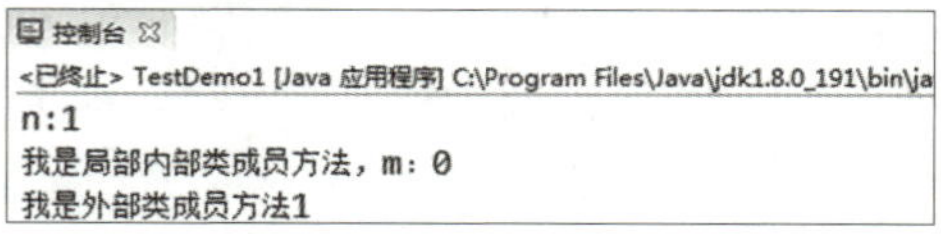

图 4-3　局部内部类代码运行结果

局部内部类 Inner 的对象，利用"对象.成员变量""对象.成员方法"的形式才能对局部内部类的
变量和方法进行访问。

4.3.3　匿名内部类

在实际开发中，局部内部类使用得并不多，较常使用的是匿名内部类。匿名内部类其实就是
没有名称的内部类，在调用包含有接口类型参数的方法时，通常为了简化代码，不会创建一个接
口的实现类作为方法参数传入，而是直接通过匿名内部类的形式传入一个接口类型参数，在匿
名内部类中直接完成接口中方法的实现。也就是说，调用的方法的参数是一个接口类型，除了可
以传入一个参数接口实现类，还可以使用匿名内部类实现接口来作为该方法的参数。

创建匿名内部类的基本语法格式如下：

```
new 父接口( ) {
    // 匿名内部类实现部分
}
```

以如下代码说明匿名内部类的定义和使用方法：

```java
interface shoutGN {
    void shout();
}
public class TestNMNBL {
    public static void main(String[] args) {
        // TODO 自动生成的方法存根
        final String name="熊大";
        // 定义匿名内部类作为参数传递给 animalShout( )方法
        animalShout(new shoutGN() {
            public void shout() {
                // TODO 自动生成的方法存根
                System.out.println(name+"爱咆哮~~");
            }
        });
    }

    // 定义静态方法 animalShout(),接收接口类型参数
    public static void animalShout(shoutGN an) {
        an.shout();
    }
}
```

在上述代码中，调用 animalShout(shoutGN an) 方法时需要一个 shoutGN 接口类型的参数，在 main()方法中就采用了匿名内部类方式实现 shoutGN 接口并作为参数传入。

匿名内部类对于初学者而言较难理解，一般采用两步完成匿名内部类的编写，具体操作如下。

（1）调用 animalShout()方法时，在方法的参数位置上写 new 关键字，然后按下〈Alt+/〉键，使用代码补齐快捷方法，就会提示使用匿名内部类，按下〈Enter〉键表示确认即可。也可以自行编写代码，写下 new shoutGN(){}，相当于创建了一个实例对象，并将对象作为参数传给 animalShout()方法。在 new shoutGN()后面有一对大括号，表示创建的对象作为接口 shoutGN 的子类实例，该子类是匿名的。具体代码如下：

```
animalShout(new shoutGN() {});
```

（2）在大括号中编写匿名内部类的实现代码，具体代码如下：

```
animalShout(new shoutGN() {
            public void shout() {
                    // TODO 自动生成的方法存根
                    System.out.println(name+"爱咆哮～～");
            }
    });
```

这样，便完成了匿名内部类的编写。对于初学者而言，不要求完全掌握这种写法，建议采用代码自动补齐方式书写，只需要尽可能理解匿名内部类语法即可。

4.3.4 静态内部类

在内部类前面添加修饰符 static，这个内部类就变为静态内部类了。一般 static 修饰的变量、方法、类，其生命周期要比非静态的变量、方法、类长一些。在一个静态内部类中可以声明静态成员，也可以访问外部类的静态成员，但不能访问外部类的非静态成员，因此静态内部类在程序开发中比较少见。

通过外部类访问静态内部类成员时，可以跳过外部类直接通过内部类访问静态内部类成员。创建静态内部类对象的基本语法格式如下：

```
外部类名.静态内部类名 变量名=new 外部类名.静态内部类名()
```

以如下代码说明静态内部类的定义和使用方法：

```
class Outer {
        static int m=0;                  // 定义外部类静态变量 m
        static class Inner {
            void show() {
                    // 静态内部类访问外部类静态成员变量
                    System.out.println("外部类静态变量 m="+m);
            }
        }
}
// 定义测试类
public class Example4_8 {
```

```
    public static void main(String[] args) {
        // 静态内部类可以直接通过外部类创建
        Outer.Inner inner = new Outer.Inner();
        inner.show();
    }
}
```

运行结果如图4-4所示。

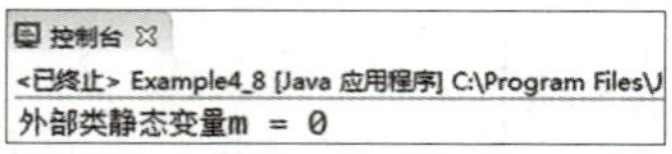

在上述代码中，定义了一个外部类Outer，并在该类中定义了静态成员变量m和静态内部类Inner；在静态内部类Inner中，编写了show()方法来测试对外部类中的静态变量的访问；在测试类中，套用创建静态内部类对象公式完成对静态内部类中show()方法的调用。

图4-4　静态内部类代码运行结果

4.4　Java 异常处理

在程序设计和运行过程中，发生错误是不可避免的，错误可能产生于程序员没有预料到的各种情况，或者是超出了程序员可控范围的环境因素，如用户的坏数据、企图打开一个根本不存在的文件、数组下标越界等。尽管Java在设计方面已经提供了便于写出整洁、安全的代码方法，编写代码时编辑器也能及时显示编写错误提示，但程序被迫停止的错误仍然无法避免。为此，Java提供了异常处理机制来帮助程序员检查可能出现的错误，从而保证程序的可读性和可维护性。

Java 异常处理

4.4.1　什么是异常

> **课程思政**
>
> 　　工作学习中，我们都难免出错。出错并不可怕，能够提前预见可能会出现的错误，并正确处理才是最重要的。就像Java的异常处理机制一样，要保证程序是安全可靠的。

在Java中，这种在程序运行时可能会发生的一些错误称为异常。异常是一个在程序执行期间发生的事件，它中断了正在执行的程序的正常指令流。

接下来通过案例认识什么是异常，数组下标越界异常的代码如下：

```
public class Example4_9 {
    public static void main(String[] args) {
        int a[] = new int[5];
        System.out.println(a[5]);
    }
}
```

运行结果如图 4-5 所示。

```
控制台 ⊠                                                    ▨ ✖ ☇ | 📑 ⬚ 🖳 📑 | 📇 🔳 ▾ 🔲 ▾ ⌐ ▾ ⊐ ▾
<已终止> Example4_9 [Java 应用程序] C:\Program Files\Java\jdk1.8.0_191\bin\javaw.exe（2021年8月5日 上午11:36:38）
Exception in thread "main" java.lang.ArrayIndexOutOfBoundsException: 5
         at com.book_exceptioneg.java.Example4_9.main(Example4_9.java:9)
```

图 4-5　数组下标越界运行结果

通过图 4-5 可以看出，程序运行后没有出现正常运行结果，而是抛出了一个在 main() 方法线程中产生的异常，异常类型为 "java. lang. ArrayIndexOutOfBoundsException"，后面的 "5" 表明出现此异常的线程位于第 5 行；引发此异常行为的语句出现在包名为 "com. book _ exceptioneg. java" 中的类 "Example4_9" 中的 main() 方法内，代码位于第 9 行。

4.4.2　异常的类型

在 Java 中提供了大量的异常类，这些类都继承于 java. lang. Throwable 类。Throwable 类异常体系结构如图 4-6 所示。

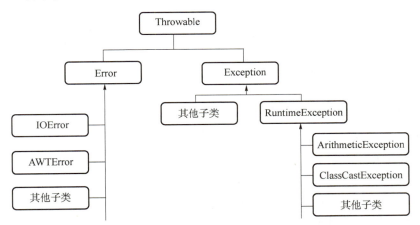

图 4-6　Throwable 类异常体系结构

从图 4-6 可以看出，Throwable 类有两个直接子类 Error 和 Exception。Error 类称为错误类，它表示 Java 运行时产生的系统内部错误或资源耗尽错误，是比较严重的，仅依赖修改程序代码是不能恢复执行的，如系统崩溃、虚拟机错误等；Exception 类称为异常类，它表示程序本身可以处理的错误。通常在程序开发过程中进行的异常处理，都是针对 Exception 类及其子类而言的。

在实际开发中，有些异常发生在程序编译阶段，这些异常必须进行处理，否则程序无法执行，这类异常称为编译时异常，也叫 checked 异常。另外，一些在程序运行时产生的异常，在编写代码阶段不需要进行异常处理，依然可以正常通过编译，这类异常称为运行时异常，也叫 un-checked 异常。

1. 编译时异常

在 Exception 类的子类中，除了 RuntimeException 类及其子类之外，其他子类都是编译时异常。其特点是在程序代码编译过程中，编译器会对代码进行检查，如果出现较为明显的异常就会爆红线提示，此时必须对异常进行处理，否则程序无法通过编译。

2. 运行时异常

RuntimeException 类及其子类都是运行时异常，在程序运行时由 Java 虚拟机进行捕获并处理，在代码编写时没有错误提示，只在运行过程中可能报错。运行时异常一般是由程序中的逻辑错误引起的，在程序运行时无法恢复。例如，前文中的数组下标越界异常。

常见的运行时异常有多个，如表 4-1 所示。

表 4-1　常见的运行时异常

异常类名称	异常类说明
ArithmeticException	算术异常（如除数为 0）
IndexOutOfBoundsException	数组下标越界异常
ArrayStoreException	数组中包含不兼容的值抛出的异常
NullPointerException	空指针异常
IllegalArgumentException	非法参数异常
SecurityException	字符串转换为数字抛出的异常
IOException	安全性异常
NegativeArraySizeException	数组长度为负数产生的异常

4.4.3　异常处理

为了保证程序能够正常、有效地执行，Java 提供了一些异常处理方式——异常捕获。异常捕获的结构由 try、catch、finally（非必需的）3 个部分组成，其语法格式如下：

```
try {
    // 可能发生异常的语句
}catch(Exception 类或其子类 e) {
    // 对捕获的异常进行处理
}
…
finally {
    // 程序块
}
```

try 语句块内存放的是可能会发生异常的代码语句，catch 语句块位于 try 语句块后面，用来激发被捕获的异常。当 try 中的语句块发生了异常，系统会将这个异常的信息封装成一个异常对象，传递给 catch() 语句块，catch(Exception 类或其子类 e) 的参数指明了 catch 语句块能够接收的异常类型。finally 语句块是异常处理结构的最后执行部分，无论 try 中的语句块是否发生异常、如何退出，最终都将执行 finally 中的语句块。

【例 4-6】针对前文的数组下标越界异常，使用 try-catch-finally 进行异常捕获。

【解】示例代码如下：

```
public class Examle4_10 {
    public static void main(String[] args) {
```

```
    try {      // 可能会产生异常的语句块
        int a[]=new int[5];
        System.out.println(a[5]);
    } catch (IndexOutOfBoundsException e) {
            // 捕获到数组下标越界异常后的处理语句
        System.out.println("捕获到数组下标越界异常");
        e.printStackTrace();// 输出异常类型
    }finally {
            // 无论前面的语句如何执行,这条语句都必须执行
        System.out.println("program over ");
    }
}
```

运行结果如图 4-7 所示。

```
控制台 ⊠
<已终止> Example4_10 (1) [Java 应用程序] C:\Program Files\Java\jre1.8.0_311\bin\javaw.exe (2022年6月23日 下午10:11:55)
捕获到数组下标越界异常
java.lang.ArrayIndexOutOfBoundsException: 5
        at com.four.ljj.Example4_10.main(Example4_10.java:7)
program over
```

图 4-7　【例 4-6】运行结果

从图 4-7 可以看到，经过异常捕获后，程序输出了最后的提示信息 "program over"，没有因为异常而终止。在 catch 语句块中采用 printStackTrace( ) 方法，主动输出异常的类型、性质、栈层次及异常出现在程序的位置。除了这种方式之外，也可以采用 getMessage( ) 方法输出错误性质，或者采用 toString( ) 方法给出异常的类型与性质。

另外需要说明一下，以下 4 种特殊情况是不会执行 finally 中的语句块的。

（1）在 finally 语句块中产生了异常。

（2）在前面的代码中使用了 System. exit( ) 退出程序。

（3）程序所在的线程死亡。

（4）关闭 CPU。

4.4.4　throws 关键字

除了采用 try-catch-finally 语句捕获异常外，也可以采用 throws 关键字抛出异常，一般用在声明方法时，指出方法中可能会抛出的异常。如果方法中存在多个异常，可用逗号分隔开。这类异常一般是不急于处理的，从当前方法中抛出，让后续的调用者在使用时再进行异常处理。基本语法格式如下：

```
[修饰符] 返回值类型 方法名([参数类型 参数名 1…])throws 异常类 1,异常类 2 {
    // 方法体
}
```

【例 4-7】定义一个 divide（int x，int y）方法，利用 throws 抛出异常。

【解】示例代码如下：

```
public class Example4_11 {
    // 实现两个数相除,使用 throws 抛出异常
    public static int divide(int x,int y) throws Exception {
        int result = x / y;
        return result;
    }
    public static void main(String[] args) {
        // TODO 自动生成的方法存根
        int res = divide(5, 0);
        System.out.println(res);
    }
}
```

在编写上述代码时,会产生编译错误,结果如图 4-8 所示。

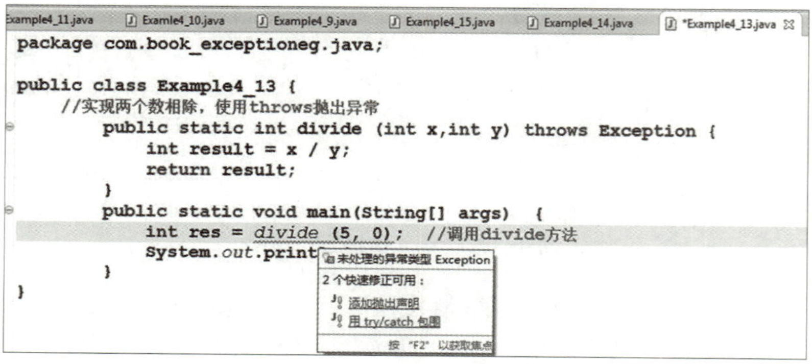

图 4-8 【例 4-7】产生的编译错误

在调用 divide( )方法时,由于该方法声明时抛出了异常,因此必须进行处理,否则就会发生编译错误。从图 4-8 可以看出,Eclipse 编辑器给出了两种修正方式,一是采用 throws 关键字抛出异常,二是利用 try-catch 进行异常捕获。下面分别通过案例对两种修正方式进行演示。

【例 4-8】采用 try-catch 捕获异常。

【解】示例代码如下:

```
public class Example4_12 {
    // 实现两个数相除,使用 throws 抛出异常
    public static int divide(int x,int y) throws Exception {
        int result = x/y;
        return result;
    }
    public static void main(String[] args) {
        int res;
        try {
            res = divide(5,0);              // 调用 divede()方法
            System.out.println(res);
        } catch (Exception e) {
```

```
                System.out.println("捕获到的异常信息为:"+e. getMessage());
        }
    }
}
```

运行结果如图 4-9 所示。

由于使用了 try-catch 语句对 divide( )方法抛出的异常进行了异常捕获处理,因此程序可以正常通过编译并执行。

【例 4-9】采用 throws 方式抛出异常,进行异常处理。

控制台 ⊠
<终止> Example4_11 [Java 应用程序] C:\Program Files
捕获到的异常信息为: / by zero

图 4-9 【例 4-8】运行结果

```
public class Example4_13 {
    // 实现两个数相除,使用 throws 抛出异常
    public static int divide(int x,int y) throws Exception {
        int result=x/y;
        return result;
    }
    public static void main(String[] args) throws Exception {
        int res=divide(5,0);          // 调用 divide()方法
        System.out.println(res);
    }
}
```

运行结果如图 4-10 所示。

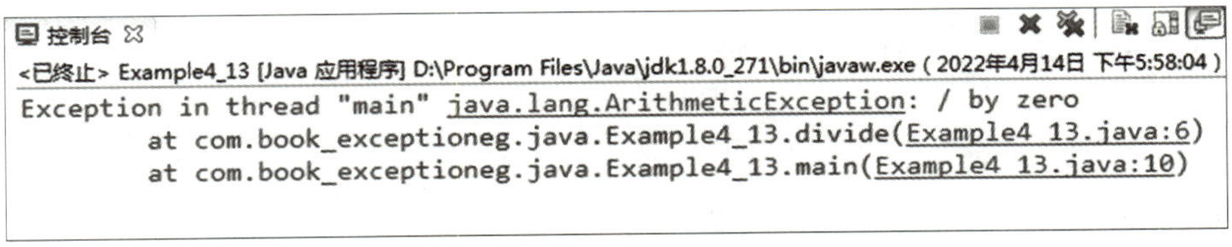

控制台 ⊠
<已终止> Example4_13 [Java 应用程序] D:\Program Files\Java\jdk1.8.0_271\bin\javaw.exe (2022年4月14日 下午5:58:04)
Exception in thread "main" java.lang.ArithmeticException: / by zero
        at com.book_exceptioneg.java.Example4_13.divide(Example4_13.java:6)
        at com.book_exceptioneg.java.Example4_13.main(Example4_13.java:10)

图 4-10 【例 4-9】运行结果

在例 4-9 中,调用 divide( )方法时,没有对异常进行处理而是继续使用 throws 关键字抛出异常,从运行结果可以看出,程序虽然通过了编译,但在运行时因为没有对产生的算术异常进行处理,最终导致程序终止运行。

4.4.5 throw 关键字

抛出异常时还可以使用 throw 关键字。与 throws 不同的是,throw 通常用于方法体中,并且抛出的是一个异常对象,而 throws 用在方法声明时,指明方法可能抛出的多个异常对象。

程序在执行到 throw 语句时立即终止,它后面的语句都不再执行。通过 throw 抛出异常后,如果想在上一级代码中捕获并处理异常,则需要在抛出异常的方法中使用 throws 关键字,并在方法声明时指明要抛出的异常。如果要捕捉 throw 抛出的异常,则必须使用 try-catch 语句块。

使用 throw 关键字抛出异常的语法格式如下:

```
[修饰符] 返回值类型 方法名([参数类型 参数名1…])throws 抛出的异常类 {
    // 方法体
    throw new Exception 类或其子类构造方法；
}
```

【例4-10】 编写程序介绍 throw 关键字的使用方法。

【解】 示例代码如下：

```java
public class Example4_14 {
    // 定义计算购票价格 pay_Price()方法,参数为购买门票的人数
    public static int pay_Price(int pnum) throws Exception {
        int price=0;
        if (pnum<0) {
            // 当购买门票人数为负数时,抛出异常
            throw new Exception("输入的购票人数为负数,必须是正整数!");
        } else {
            price=pnum*20;
            return price;
        }
    }
    public static void main(String[] args) {
        int num=0;
        System.out.print("请输入需要购买门票的人数:");
        Scanner scan=new Scanner(System.in);
        num=scan.nextInt();
        // 利用 try-catch 语句捕获异常
        try {
            System.out.println("应付门票金额为:"+pay_Price(num));
        } catch (Exception e) {
            // 对捕获到的异常进行处理
            System.out.println("捕获的异常信息为:"+e.getMessage());
        }
    }
}
```

运行结果如图4-11所示。

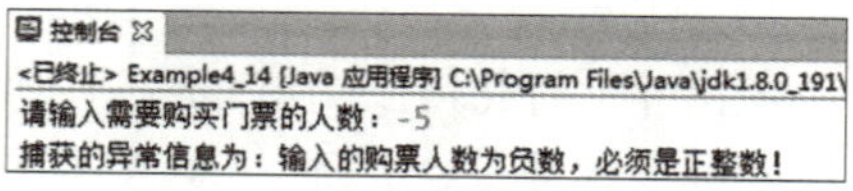

在上述代码中，pay_Price()方法中对输入的购票人数进行了逻辑判断，虽然输入的人数为负数在语法上可以通过编译，且程序可以正常运行，但不符合现实情况，因此需要在方法中对人数的正负进行判断，当人数小于0时，使用 throw 抛出异常，并指定异常提示信息，

图4-11 【例4-10】运行结果

同时在声明该方法时使用 throws 抛出异常。在 main()方法中对 pay_Price()方法进行调用时，进一步使用 try-catch 语句块对异常进行处理。即使输入的购票人数为-5，程序也能输出捕获到的异常信息，并正常运行结束。

4.4.6 自定义异常

上一小节 throw 关键字主要用于抛出用户自定义异常。一般情况下，使用 Java 内置的异常类可以描述在编程中出现的大部分异常情况。除此之外，用户需要根据项目的实际需要继承 Exception 类完成自定义异常。

在程序中使用自定义异常类，一般可以分为以下几个步骤。

（1）创建自定义异常类。

（2）在方法体中用 throw 关键字抛出异常对象。

（3）如果在当前抛出异常的方法中处理异常，可以使用 try-catch 语句块捕获异常并处理，否则在方法的声明处利用 throws 关键字指明要抛出传递给方法调用者的异常，继续进行下一步操作。

（4）在方法的调用者中使用 try-catch 语句块捕获异常并处理，如果仅使用 throws 抛出异常，程序会因为出现异常而终止执行。

【例 4-11】 对例 4-10 调用者使用 throws 抛出异常。

【解】 示例代码如下：

```java
public class Example4_15 {
    // 定义计算购票价格 pay_Price()方法,参数为购买门票的人数
    public static int pay_Price(int pnum) throws Exception {
        int price=0;
        if (pnum<0){
            // 当购买门票人数为负数时,抛出异常
            throw new Exception("输入的购票人数为负数,必须是正整数!");
        } else {
            price=pnum*20;
            return price;
        }
    }
    public static void main(String[] args) throws Exception {
    // 在调用者方法声明处使用 throws 抛出异常
        int num=0;
        System.out.print("请输入需要购买门票的人数:");
        Scanner scan=new Scanner(System.in);
        num=scan.nextInt();
        System.out.println("应付门票金额为:"+pay_Price(num));
    }
}
```

运行结果如图 4-12 所示。

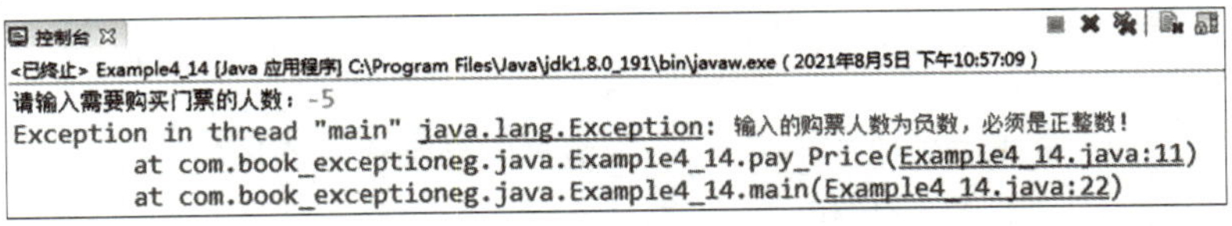

控制台 ⊠
<已终止> Example4_14 [Java 应用程序] C:\Program Files\Java\jdk1.8.0_191\bin\javaw.exe (2021年8月5日 下午10:57:09)
请输入需要购买门票的人数: -5
Exception in thread "main" java.lang.Exception: 输入的购票人数为负数,必须是正整数!
        at com.book_exceptioneg.java.Example4_14.pay_Price(Example4_14.java:11)
        at com.book_exceptioneg.java.Example4_14.main(Example4_14.java:22)

图 4-12 【例 4-11】运行结果

通过上述运行结果可以看出，使用 throws 关键字可以让程序通过编译，但如果输入的购票人数为负数，还是会导致程序无法正常执行，会抛出自定义异常对象。

异常使用的原则：Java 异常强制用户去考虑程序的健壮性和安全性。异常处理不应用来控制程序的正常流程，其主要作用是捕获程序在运行时发生的异常并进行相应的处理。编写代码处理某个方法可能会出现的异常时，可以遵循以下几条原则。

（1）在当前方法声明中使用 try-catch 语句块捕获异常。

（2）一个方法被覆盖时，覆盖它的方法必须抛出相同的异常或者异常的子类。

（3）如果父类抛出多个异常，则覆盖方法必须抛出那些异常的一个子集，不能抛出新的异常。

4.5　本章小结

本章内容涵盖了 Java 中面向对象的高级进阶部分内容，较第 3 章面向对象基础内容而言，整体知识难度更大。作为初学者，在学习本章时，要多通过代码编写练习，加深对抽象类、接口等概念的理解，对多态的应用要灵活掌握。多态在实际开发中应用非常广泛，多态用得好，可以大幅度提升代码的可扩展性和灵活性。内部类部分主要需要掌握匿名内部类的写法，其他可以作为了解，拓展 Java 宽度。作为一名合格的程序员，在开发过程中要考虑周全，对于可能出现的所有情况都要提前进行全盘考虑，因此必须要掌握异常的处理机制，保证程序的正常执行。

4.6　本章习题

一、选择题

1. 下面（　　）关键字是定义抽象类的。

A. throw　　　　　　B. private　　　　　　C. abstract　　　　　　D. public

2. 一般将可能会产生异常的代码放在（　　）语句块。

A. try　　　　　　B. finally　　　　　　C. catch　　　　　　D. throws

3. （　　）扩展了 Java 中类继承上的单一性原则。

A. 多态　　　　　　B. 抽象类　　　　　　C. 异常　　　　　　D. 接口

4. 如果一个类位于另一个类的成员方法内部，这个类称为（　　）。

A. 成员内部类　　　B. 局部内部类　　　C. 静态内部类　　　D. 匿名内部类

5. 在一个方法体内，如果要抛出异常，应该使用（　　）。

A. try　　　　　　B. throw　　　　　　C. catch　　　　　　D. throws

二、填空题

1. 一个类如果实现一个接口，那么它就需要实现接口中定义的全部_____，否则该类必须定义成_____。

2. 定义一个类时，如果前面使用_____关键字修饰，那么该类不可以被继承。

3. 接口中只能定义_____和_____。

4. 异常处理结构是_____。

三、简答题

1. 简述什么是多态。

2. 简述抽象类和接口的区别。

3. 简述 Java 中的异常以及分类，如何处理异常？

4. 简述常见的内部类。

4.7　上机指导

1. 定义项目经理类：属性——姓名、工号、工资、奖金；行为——work( )方法。定义程序员类：属性——姓名、工号、工资；行为——work( )方法。要求：向上抽取一个父类，让这两个类都继承这个父类，共有的属性写在父类中，子类重写父类中的方法。并编写测试类，完成对两个子类的测试。

第4章习题答案

2. 利用接口作参数，写个计算器，能完成加减乘除运算。要求：

（1）定义一个接口 Compute，含有一个方法 int computer(int n, int m)；

（2）设计 4 个类分别实现此接口，完成加减乘除运算；

（3）设计一个类 UseCompute，类中含有方法：public void useCom(Compute com, int one, int two)，此方法能够用传递过来的对象调用 computer( )方法完成运算，并输出运算的结果。

3. 编写一个自定义异常类 MyException，再编写一个类 Student，该类有一个产生异常的方法 speak(int m)。要求参数 m 的值大于 1 000 时，方法抛出一个 MyException 对象。最后编写主类，在主方法中创建 Student 对象，让该对象调用 speak( )方法，利用 try-catch 语句块捕获异常并处理。

第5章 Java 中的常用类

【学习目标】

1. 了解 Math、Random 类的使用。
2. 掌握 Date、Calendar 类的使用。
3. 掌握 DateFormat、SimpleDateFormat、DecimalFormat 类的使用。
4. 掌握 String、StringBuffer、StringBuilder 类的应用。
5. 掌握 StringBuffer 类和 StringBuilder 类的区别。
6. 掌握包装类的用法。

5.1 Math 类

java.lang.Math 类是数学操作类，提供了一系列用于数学运算的静态方法，包括求绝对值、三角函数等。Math 类中有两个静态常量 PI 和 E，分别代表数学常量 π 和 e。由于 Math 类比较简单，因此初学者可以通过查看 API 文档来学习其具体用法，下面通过一个例子帮助大家了解 Math 类的常用方法，代码如下：

```java
public class Chapter5_1 {
    public static void main(String[] args) {
        System.out.println("计算绝对值的结果:"+Math.abs(- 1));
        System.out.println("求大于参数的最小整数:"+Math.ceil(5.6));
        System.out.println("求小于参数的最大整数:"+Math.floor(- 5.6));
        System.out.println("求小数进行四舍五入的结果:"+Math.round(- 5.6));
        System.out.println("求 a 的 b 次方:"+Math.pow(2,3));
        System.out.println("生成一个大于等于 0.0 小于 1.0 随机值:"+Math.random());
        System.out.println("求两数的较大值"+Math.max(1, 2));
        System.out.println("求两数的较小值"+Math.min(1, 2));
    }
}
```

运行结果如图 5-1 所示。

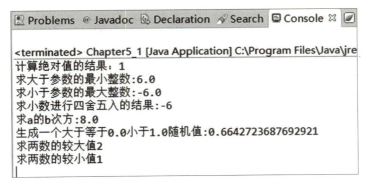

图 5-1　Math 类常用方法代码运行结果

上文对 Math 类的常用方法进行了演示。从运行结果可以看出每个方法的作用。需要注意的是，round( )方法用于对某个小数进行四舍五入，此方法会将小数点后面的数字全部忽略，返回一个 int 值；而 ceil( )方法和 floor( )方法返回的都是 double 型的数，这个数在数值上等于一个整数。

5.2 Random 类

java.util.Random 类可以在指定的取值范围内随机产生数字。在 Random 类中提供了两个构造方法，如表 5-1 所示。

表 5-1　Random 类的构造方法

方法声明	功能描述
Random( )	用于创建一个伪随机数生成器
Random(long seed)	使用一个 long 型的 seed 种子创建伪随机数生成器

其中，第一个构造方法是无参的，通过它创建的 Random 实例对象每次使用的种子是随机的，因此每个对象所产生的随机数不同。如果希望创建的多个 Random 实例对象产生相同序列的随机数，则可以在创建对象时调用第二个构造方法，传入相同的种子即可。接下来首先采用第一种构造方法来产生随机数，代码如下：

```java
public class Chapter5_2 {
    public static void main(String[] args) {
        Random r=new Random();
        for(int x=0;x<9;x++) {
            System.out.println(r.nextInt(100));
        }
    }
}
```

第一次运行结果如图 5-2 所示，第二次运行结果如图 5-3 所示。

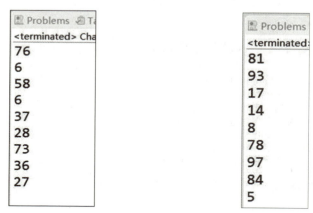

图 5-2　第一次运行结果　　　　图 5-3　第二次运行结果

从运行结果可以看出，上面代码运行两次产生的随机数序列是不一样的。这是因为当创建 Random 的实例对象时，没有指定种子，系统会以当前时间戳作为种子，产生随机数。

接下来将上面代码稍作修改，采用表 5-1 中的第二种构造方法产生随机数，代码如下：

```java
public class Chapter5_2 {
    public static void main(String[] args) {
        Random r=new Random(100);
        for(int x=0;x<9;x++) {
            System.out.println(r.nextInt(100));
```

第一次运行结果如图 5-4 所示，第二次运行结果如图 5-5 所示。

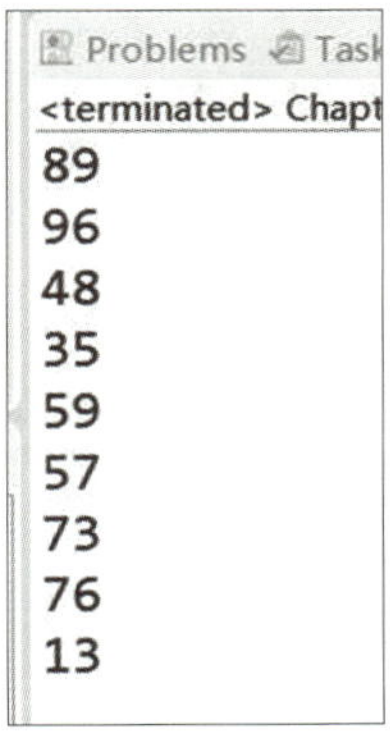

Problems	Task
\<terminated\> Chapt

89
96
48
35
59
57
73
76
13

图 5-4 第一次运行结果

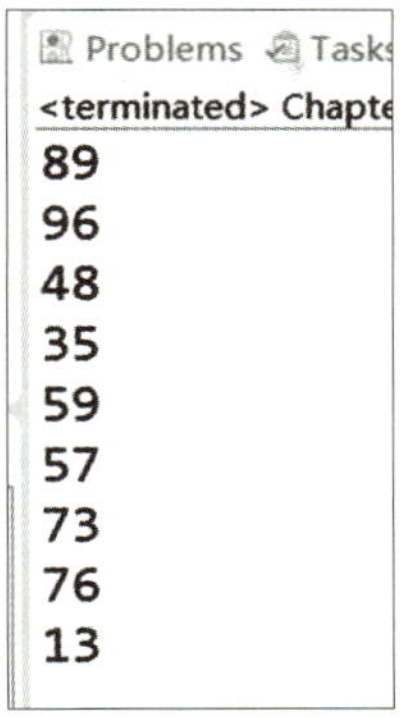

Problems	Task
\<terminated\> Chapte

89
96
48
35
59
57
73
76
13

图 5-5 第二次运行结果

从运行结果可以看出，当创建 Randon 类的实例对象时，如果指定了相同的种子，则每个实例对象产生的随机数具有相同的序列。

相对于 Math 类的 random( )方法而言，Random 类提供了更多的方法来生成各种伪随机数，不仅可以生成整数类型的随机数，还可以生成浮点类型的随机数。Random 类的常用方法如表 5-2所示。

表 5-2　Random 类的常用方法

方法声明	功能描述
boolean nextBoolean( )	随机生成 boolean 类型的随机数
double nextDouble( )	随机生成 double 类型的随机数
float nextFloat( )	随机生成 float 类型的随机数
int nextInt( )	随机生成 int 类型的随机数
int nextInt(int n)	随机生成 0~n 之间 int 类型的随机数
long nextLong( )	随机生成 long 类型的随机数

其中，Random 类的 nextDouble( )方法返回的是 0.0 和 1.0 之间 double 类型的值，next Float( )方法返回的是 0.0 和 1.0 之间 float 类型的值，nextInt(int n)返回的是 0（包括）和指定值 n（不包括）之间的值。接下来通过一个案例来说明这些方法的使用，代码如下：

```java
public class Chapter5_3 {
    public static void main(String[] args) {
        Random random = new Random();
        System.out.println("int 类型随机数:"+random.nextInt());
        System.out.println("0 到 100 之间随机数:"+random.nextInt(100));
        System.out.println("float 类型随机数:"+random.nextFloat());
        System.out.println("double 类型随机数:"+random.nextDouble());
    }
}
```

运行结果如图 5-6 所示。

从运行结果可以看出，上面代码中通过调用 Random 类不同的方法分别产生了不同类型的随机数。

图 5-6 Random 类常用方法代码运行结果

5.3　日期与时间类

在 Java 程序中，针对日期类型的操作提供了 3 个类，分别是 java.util.Date、java.util.Calendar 和 java.text.DateFormat，本节将围绕这 3 个类进行详细讲解。

5.3.1　Date 类

java.util.Date 类表示特定的瞬间，精确到毫秒。下面通过一个例子帮助大家理解 Date 类的常用方法，代码如下：

```
public class Chapter5_4 {
    public static void main(String[] args) {
        Date date = new Date();
        System.out.println(date);
        /*getTime()方法返回自 1970 年 1 月 1 日 00:00:00 GMT 已经过去了多少毫秒，返回一个 long 类型的时间戳*/
        System.out.println(date.getTime());
        /*获得年份（注意年份要加上 1900，这样才是日期对象 date 所代表的年份）*/
        int year = date.getYear()+1900;
        // 获得月份（注意月份要加 1，这样才是日期对象 date 所代表的月份）
        int month = date.getMonth()+1;
        // 获得日期
        int day = date.getDate();
        // 获得小时
        int hour = date.getHours();          // 不设置默认为 0
        // 获得分钟
        int minute = date.getMinutes();
        // 获得秒
        int second = date.getSeconds();
        System.out.println("年"+year+"月"+month+"日"+day+"时"+hour+"分"+minute+"秒"+second);
        /*在使用 Date(int year, int month, int date)构造方法时，year 参数需要理想年 1900，参数 year 是实际需要代表的年份减去 1900，参数 month 是实际需要代表的月份减去 1 以后的值*/
        Date date1 = new Date(116, 5, 21);
        Date date2 = new Date(121, 1, 9);
        /*comparison 一个 int 类型的小于 0 的值，date1 早于作为 compareTo()方法参数的 date2*/
```

```
            int comparison = date1.compareTo(date2);
            System.out.println(comparison);
    }
}
```

运行结果如图 5-7 所示。

运行结果中，第一行返回当前时间，第二行输出用的是 getTime( ) 方法返回自 1970 年 1 月 1 日 00：00：00 GMT 已经过去了多少毫秒，返回一个 long 类型的时间戳。第三行利用 getYear( ) 方法、getMonth( ) 方法、getDate( ) 方法、getHours( ) 方法、getMinutes( ) 方法、getSeconds( ) 方法返回年、月、日、时、分、秒。最后一行输出是利用 compareTo( ) 方法对两个日期进行比较，返回整数值。

```
Problems  @ Javadoc  Declaration  S

<terminated> Chapter5_3 [Java Application]
Fri Aug 06 14:03:08 CST 2021
1628229788572
年2021月8月6时14分3秒8
-1
```

图 5-7　Date 类常用方法代码运行结果

5.3.2　Calendar 类

java.util.Calendar 是一个抽象基类，主要用于完成日期字段之间相互操作的功能。使用 Calendar.getInstance( ) 方法获取实例。

Calendar 类为操作日期和时间提供了大量的方法，下面列举一些常用方法，如表 5-3 所示。

表 5-3　Calendar 类的常用方法

方法声明	功能描述
int get(int field)	返回指定日历字段的值
void add(int field, int amount)	根据日历规则，为指定的日历字段增加或减去指定时间
void set(int field, int value)	为指定日历字段设置指定值
void set(int year, int month, int date)	设置 Calendar 对象的年、月、日 3 个字段的值
void set(int year, int month, int date, int hourOfDay, int minute, int second)	设置 Calendar 对象的年、月、日、时、分、秒 6 个字段的值

表 5-3 中，大多方法都用到了 int 类型的参数 field，该参数需要接收 Calendar 类中定义的常量值，这些常量值分别表示不同的字段，如 Calendar.YEAR 用于表示年份，Calendar.MONTH 用于表示月份，Calendar.SECOND 用于表示秒等。其中，在使用 Calendar.MONTH 字段时尤其要注意，月份的起始值是从 0 开始而不是 1，比如现在是 4 月份，得到的 Calendar.MONTH 字段的值则是 3。

下面通过一个例子帮助大家理解 Calendar 类的常用方法，代码如下：

```
public class Chapter5_5 {
    public static void main(String[] args) {
        Calendar calendar = Calendar.getInstance();
            // 现在是哪一年
        String year = String.valueOf(calendar.get(calendar.YEAR));
            // 现在是几月份
```

```
        String month＝String.valueOf(calendar.get(calendar.MONTH)+1);
            // 现在是月份的第几天
        String day＝String.valueOf(calendar.get(calendar.DAY_OF_MONTH));
            // 现在是星期几
        String week＝String.valueOf(calendar.get(calendar.DAY_OF_WEEK)- 1);
         System.out.println("现在时间是："+year+"年"+month+"月"+day+"日，星期"+week);
            // 今天是几号
        System.out.println("今天是"+calendar.get(calendar.DATE)+"号");
            // 今天是一月的第几天
        System.out.println("今天是一月的第"+calendar.get(calendar.DAY_OF_MONTH)+"天");
        int day_week＝calendar.get(calendar.DAY_OF_WEEK)- 1;
            // 从星期天开始计算,如果今天星期1,那么返回2
        System.out.println("今天周"+day_week);
            // 现在是几点(12 小时制)
        System.out.println("现在是"+calendar.get(calendar.HOUR)+"点");
            // 现在是几点(24 小时制,一般使用这个属性赋值)
        System.out.println("现在是"+calendar.get(calendar.HOUR_OF_DAY)+"点");
            // 当前毫秒
        System.out.println("当前毫秒"+calendar.get(calendar.MILLISECOND));
            // 当前分钟
        System.out.println("当前分钟"+calendar.get(calendar.MINUTE));
            // 当前秒数
        System.out.println("当前秒"+calendar.get(calendar.SECOND));
            // 现在是一个月中的第几周
        System.out.println("现在是一个月中的第"+calendar.get(calendar.WEEK_OF_MONTH)+"周");
            // 现在是一个年中的第几周
        System.out.println("现在是一年中的第"+calendar.get(calendar.WEEK_OF_YEAR)+"周");
        int month_year＝calendar.get(calendar. MONTH)+1;
            // 月份获取需要 +1，那么，赋值时需要-1
        System.out.println("现在是一年中的第"+month_year+"月");
    }
}
```

运行结果如图 5-8 所示。

上面代码中，调用 Calendar 类的 getInstance( )方法创建一个代表默认时区内当前时间的 Calendar 对象。然后，调用该对象的 get(int field)方法，通过传入不同的常量字段值来分别得到日期、时间各个字段的值。特别需要注意的是，获取的 Calendar.MONTH 字段值需要加 1 才表示当前时间的月份。

在程序中除了要获得当前计算机的时间，也会经常设置或修改某个时间，例如：一个熊猫园建设项目的开始时间为 2008 年 8 月 8 日，假设要 30 天后竣工，此时要想知道熊猫园竣工日期是哪天，就需要先将日期设定在开始的那天，然后对日期的天数进行增加。接下来就通过调用 Calendar 类的 set( )和 add( )方法来实现上述过程，代码如下：

```
public class Chapter5_12 {
    public static void main(String[] args) {
        Calendar calendar=Calendar.getInstance();
        calendar.set(2019,7,8);
        calendar.add(Calendar.DATE,30);
        int year=calendar.get(Calendar.YEAR);
        int month=calendar.get(Calendar.MONTH)+1;
        int date=calendar.get(Calendar.DATE);
        System.out.println("熊猫园竣工日期为:"+year+"年"+month+"月"+date+"日");
    }
}
```

运行结果如图5-9所示。

图5-8 Calendar类常用方法代码运行结果

图5-9 运行结果

上面代码中调用Calendar的set()方法将日期设置为2008年8月8日，然后调用add()方法在Calendar.Date字段上增加30，从第9行的打印结果可以看出，增加30天的日期为2019年9月7日。值得注意的是，Calendar.Date表示的是天数，当天数累加到当月的最大值时，如果再继续累加一次，就会从1开始计数，同时月份值会加1，这和算术运算中的进位有点类似。

Calendar有两种模式：日历字段的lenient模式（默认模式）和non-lenient模式。当Calendar处于lenient模式时，它的字段可以接收超过允许范围的值，当调用get(int field)方法获取某个字段值时，Calendar会重新计算所有字段的值，将字段的值标准化。换句话说，在lenient模式下，允许出现一些数值上的错误，如月份只有12个月，取值为0~11，但在这种模式下，月份值指定为13也是可以的。当Calendar处于non-lenient模式时，如果某个字段的值超出了它允许的范围，程序将会抛出异常。接下来通过一个例子来演示这种异常情况，代码如下：

```
public class chapter5_13 {
    public static void main(String[] args) {
        Calendar calendar=Calendar.getInstance();
        calendar.set(Calendar.MONTH,13);
        System.out.println(calendar.getTime());
        calendar.setLenient(false);
        calendar.set(Calendar.MONTH,13);
```

```
                System.out.println(calendar.getTime());
        }
    }
```

运行结果如图 5-10 所示。

图 5-10　运行结果

从图 5-10 的运行结果可以看出，上面代码中的第 5 行代码可以正常地输出时间值，而第 8 行代码在输出时间值时报错。出现这种现象的原因在于，Calendar 类默认使用 lenient 模式，上面代码中当调用 Calendar 的 set( ) 方法将 MONTH 字段设置为 13 时，会发生进位，YEAR 字段加 1，然后 MONTH 字段变为 1，图 5-10 的第 1 行是 "Feb 07" （2 月 6 日）。当第 6 行代码调用 Calendar 的 setLenient(false) 方法开启 non-lenient 模式后，同样地设置 MONTH 字段为 13，会因为超出了 MONTH 字段 0~11 的范围而抛出异常。

5.4　格式化类

5.4.1　DateFormat 类

在 5.3.1 小节中学习了 Date 类用于表示日期和时间，在例程中打印 Date 对象时都是以默认的英文格式输出日期和时间，如果要将 Date 对象表示的日期以指定的格式输出，如以中文格式输出，就需要用到 DateFormat 类。DateFormat 类专门用于将日期格式化为字符串或者将用特定格式显示的日期字符串转换成一个 Date 对象。DateFormat 是抽象类，不能被直接实例化，但它提供了静态方法，通过这些方法可以获取 DateFormat 类的实例对象，并调用其他相应的方法进行操作。DateFormat 类的常用方法如表 5-4 所示。

表 5-4　DateFormat 类的常用方法

方法声明	功能描述
static DateFormat getDateInstance( )	用于创建默认语言环境和格式化风格的日期格式器
static DateFormat getDateInstance(int style)	用于创建默认语言环境和指定格式化风格的日期格式器

续表

方法声明	功能描述
static DateFormat getDateTimeInstance( )	用于创建默认语言环境和格式化风格的日期/时间格式器
static DateFormat getDateTimeInstance(int dateStyle, int timeStyle)	用于创建默认语言环境和指定格式化风格的日期/时间格式器
String format(Date date)	将一个 Date 格式化为日期/时间字符串
Date parse(String source)	将给定字符串解析成一个日期

表 5-4 中，列出了 DateFormat 类的 4 种静态方法，这 4 种方法都是用于获得 DateFormat 类的实例对象，每种方法返回的对象都具有不同的作用，它们可以分别对日期或者时间部分进行格式化。在 DateFormat 类中定义了 4 种常量值用于作为参数传递给这些方法，包括 FULL、LONG、MEDIUM 和 SHORT。FULL 常量用于表示完整格式，LONG 常量用于表示长格式，MEDIUM 常量用于表示普通格式，SHORT 常量用于表示短格式。接下来通过一个例子针对表 5-4 中的方法进行演示，代码如下：

```
public class Chapter5_14 {
    public static void main(String[] args) {
        Date date = new Date();
        DateFormat fullFormat = DateFormat.getDateInstance(DateFormat.FULL);
        DateFormat longFormat = DateFormat.getDateInstance(DateFormat.LONG);
        DateFormat mediumFormat = DateFormat.getDateTimeInstance(DateFormat.MEDIUM,DateFormat.MEDIUM);
        DateFormat shortFormat = DateFormat.getDateTimeInstance(DateFormat.SHORT, DateFormat.SHORT);
        System.out.println("当前日期的完整格式为:"+fullFormat.format(date));
        System.out.println("当前日期的长格式为:"+longFormat.format(date));
        System.out.println("当前日期的普通格式为:"+mediumFormat.format(date));
        System.out.println("当前日期的短格式为:"+shortFormat.format(date));

    }
}
```

运行结果如图 5-11 所示。

```
Problems  Tasks  Console  Terminal  Serv
<terminated> Chapter5_14 [Java Application] C:\Program
当前日期的完整格式为：2021年12月7日 星期二
当前日期的长格式为：2021年12月7日
当前日期的普通格式为：2021-12-7 14:59:34
当前日期的短格式为：21-12-7 下午2:59
```

图 5-11 运行结果

上面代码中演示了 4 种格式下时间和日期格式化输出的效果，其中调用 getDateInstance() 方法获得的实例对象用于对日期部分进行格式化，getDateTimeInstance() 方法获得的实例对象可以对日期和时间部分进行格式化。

DateFormat 中还提供了一种 parse(String source)方法，能够将一个字符串解析成 Date 对象，但是它要求字符串必须符合日期/时间的格式要求，否则会抛出异常。接下来通过一个案例来演示 parse()方法的使用，代码如下：

```java
public class Chapter5_15 {
    public static void main(String[] args) throws Exception {
        DateFormat df1 = DateFormat.getDateInstance(DateFormat.LONG);
        String d1 = "2021 年 8 月 9 日";
        System.out.println(df1.parse(d1));
    }
}
```

运行结果如图 5-12 所示。

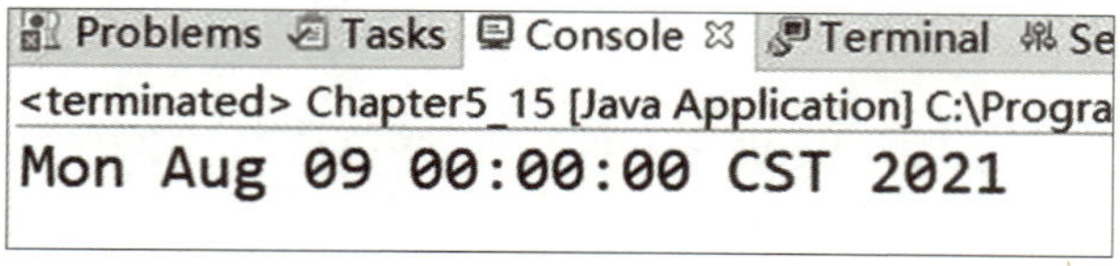

```
Problems  Tasks  Console    Terminal   Se
<terminated> Chapter5_15 [Java Application] C:\Progra
Mon Aug 09 00:00:00 CST 2021
```

图 5-12 运行结果

上述代码使用 LONG 样式常量创建了一个 DateFormat 对象，然后调用 parse()方法与它格式对应的时间字符串 "2021 年 8 月 9 日" 解析成了 Date 对象。

5.4.2 SimpleDateFormat 类

java.text.SimpleDateFormat 类是抽象类 java.text.DateFormat 的子类，SimpleDateFormat 是一个以与语言环境有关的方式来格式化和解析日期的具体类，它允许进行格式化（日期→文本）、解析（文本→日期） 和规范化。SimpleDateFormat 使得可以选择任何用户定义的日期/时间格式的模式。下面通过一个例子帮助大家理解 SimpleDateFormat 类的使用方法，代码如下：

```java
public class Chatper5_6 {
    public static void main(String[] args) throws Exception {
        // 日期转化为文本
        SimpleDateFormat sd1 = new SimpleDateFormat("yyyy 年 MM 月 d d 日 HH:mm:ss");
        String s2 = sd1.format(new Date());
        System.out.println(s2);
        /*将时间字符串转换成日期对象
        格式必须匹配*/
        String time = "2021- 09- 09 07:59:59";
        SimpleDateFormat sd2 = new SimpleDateFormat("yyyy- MM- dd HH:mm:ss");
        Date d2 = sd2.parse(time);
        System.out.println(d2);
    }
}
```

运行结果如图 5-13 所示。

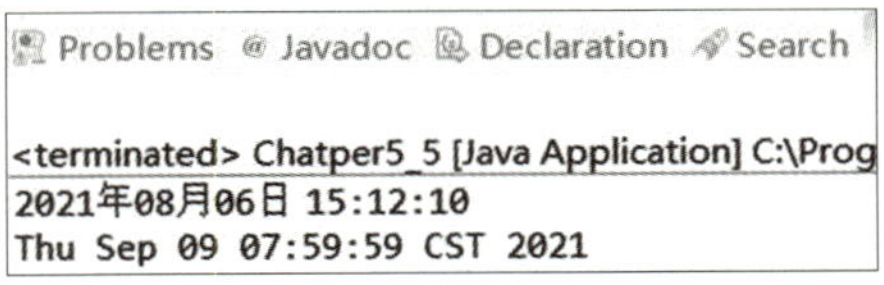

Problems @ Javadoc Declaration Search

\<terminated\> Chatper5_5 [Java Application] C:\Prog
2021年08月06日 15:12:10
Thu Sep 09 07:59:59 CST 2021

图 5-13　SimpleDateFormat 类使用方法代码运行结果

第一行运行结果是用 SimpleDateFormat 类的 format( ) 方法将日期按照自定义格式转换并输出，第二行运行结果是用 SimpleDateFormat 类的 parse( ) 方法将字符串格式的日期转为日期类型并输出。

5.4.3　DecimalFormat 类

java.text.DecimalFormat 类主要用于对数字进行格式化，DecimalFormat 模式字符如表 5-5 所示。

表 5-5　DecimalFormat 模式字符

符号	位置	本地化	含义
0	数字	是	阿拉伯数字
#	数字	是	阿拉伯数字如果不存在就显示为空
.	数字	是	小数分隔符或货币小数分隔符
−	数字	是	减号
,	数字	是	分组分隔符
E	数字	是	分割科学计数法中的尾数和指数。在前缀和后缀中无须添加引号
;	子模式边界	是	分隔正数和负数子模式
%	前缀或后缀	是	乘以 100 并显示为百分数
\u2030	前缀或后缀	是	乘以 1 000 并显示为千分数
\u00A4	前缀或后缀	否	货币记号，由货币符号替换。如果两个同时出现，则用国际货币符号替换。如果出现在某个模式中，则使用货币小数分隔符，而不使用小数分隔符
'	前缀或后缀	否	用于在前缀或后缀中为特殊字符加引号，例如 "' # '#" 将 123 格式化为 "#123"。要创建单引号本身，请连续使用两个单引号，如 "# o' ' clock"

下面通过一个例子帮助大家理解表 5-5 中字符的使用方法，代码如下：

```
package com.animal.ch5;
import java.text.DecimalFormat;
import java.text.NumberFormat;
public class Chapter5_7 {
    public static void main(String[] args) {
        DecimalFormat df = new DecimalFormat();
```

```
double data=1296.405607809;
System.out.println("格式化之前:"+data);
String pattern="0.0";// 1296.4
df.applyPattern(pattern);
System.out.println("采用"+pattern+"模式格式化后:"+df.format(data));
// 可以在模式后加上自己想要的任何字符,如单位
pattern="00000000.000kg";// 00001296.406kg
df.applyPattern(pattern);
System.out.println("采用"+pattern+"模式格式化后:"+df.format(data));

// #表示如果存在就显示字符,如果不存在就不显示,只能用在模式的两头
pattern="##000.000kg";// 1296.406kg
df.applyPattern(pattern);
System.out.println("采用"+pattern+"模式格式化后:"+df.format(data));

// - 表示输出为负数,必须放在最前面
pattern="- 000.000";// - 1296.406
df.applyPattern(pattern);
System.out.println("采用"+pattern+"模式格式化后:"+df.format(data));
// ,是分组分隔符 :输出结果 12,96.41
pattern="- 0,00.0#";// - 12,96.41
df.applyPattern(pattern);
System.out.println("采用"+pattern+"模式格式化后:"+df.format(data));

// E 表示输出为指数,E 之前的字符串是底数的格式,之后的是指数的格式
pattern="0.00E000";// 1.30E003
df.applyPattern(pattern);
System.out.println("采用"+pattern+"模式格式化后:"+df.format(data));

// % 表示乘以 100 并显示为百分数,要放在最后
pattern="0.00% ";// 129640.56%
df.applyPattern(pattern);
System.out.println("采用"+pattern+"模式格式化后:"+df.format(data));

// \u2030 表示乘以 1000 并显示为千分数,要放在最后
pattern="0.00\u2030";// 1296405.61‰
df.applyPattern(pattern);
System.out.println("采用"+pattern+"模式格式化后:"+df.format(data));

// \u00A4 为货币符号,要放在两端
pattern="0.00\u00A4";// 1296.41 ￥
df.applyPattern(pattern);
System.out.println("采用"+pattern+"模式格式化后:"+df.format(data));
```

```
        /*' 用于在前缀或后缀中为特殊字符加引号,要创建单引号本身,请连续使用两个单引号,如
"# o'' clock"*/
        pattern='"' #' ';// #1296
        df.applyPattern(pattern);
        System.out.println("采用"+pattern+"模式格式化后:"+df.format(data));
        pattern="# o' ' clock";          // 1296 o' clock
        df.applyPattern(pattern);
        System.out.println("采用"+pattern+"模式格式化后:"+df.format(data));
        // " 放在中间或后面单引号就显示在最后,放在最前面单引号就显示在最前
        // pattern="# o' ' clock.000" ;    // 1296.406 o' clock
        // pattern="# .000o' ' clock";     // 1296.406 o' clock
        // pattern="# .000' ' ";           // 1296.406 '
        // pattern="# ." 000";             // 1296.406 '
        pattern='"' # .000";              // ' 1296.406
        df.applyPattern(pattern);
        System.out.println("采用"+pattern+"模式格式化后:"+df.format(data));
    }
}
```

运行结果如图 5-14 所示。

图 5-14 DecimalFormat 类的数字格式化代码运行结果

5.5 String 类

在应用程序中经常会用到字符串,所谓字符串就是指一连串的字符,它是由许多单个字符连接而成的。字符串中可以包含任意字符,在 Java 中定义了 String 类、StringBuffer 类、StringBuilder 类来封装字符串,并提供了一系列操作字符串的方法,它们都位于 java.lang 包中,因此不需要导包就可以直接使用。接下来将针对 String 类、StringBuffer 类、StringBuilder 类进行详细讲解。

5.5.1 String 类的初始化

String 类代表字符串。Java 程序中所有字符串的值都作为 String 类的实例出现。使用 String 的构造方法初始化字符串对象，String 类的构造方法如表 5-6 所示。

下面通过一个例子来实现 String 类的初始化，代码如下：

String 类

```
public class Chapter5_8
    public static void main(String[] args) {
        String str1 = new String();
        String str2 = new String("abc");
        char[] charArray = new char[] { 'A','B','C' };
        String str3 = new String(charArray);
        System.out.println("str1:"+str1);
        System.out.println("str2:"+str2);
        System.out.println("str3:"+str3);
    }
}
```

运行结果如图 5-15 所示。

表 5-6　String 类的构造方法

方法声明	功能描述
String( )	创建一个内容为空的字符串
String(String value)	根据指定的字符串内容创建对象
String(char[ ] value)	根据指定的字符数组创建对象

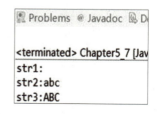

图 5-15　String 类初始化代码运行结果

5.5.2　常见操作

String 类在实际开发中会经常使用，其常用方法如表 5-7 所示。

表 5-7　String 类常用方法

方法声明	功能描述
int length( )	返回字符串的长度
char charAt(int index)	返回某索引处的字符
boolean isEmpty( )	判断是否是空字符串
String toUpperCase( )	将 String 中的所有字符转换为大写
String toLowerCase( )	将 String 中的所有字符转换为小写

续表

方法声明	功能描述
String trim( )	返回字符串的副本，忽略前导空白和尾部空白
String concat(String str)	将指定字符串连接到此字符串的结尾
boolean equals(Object obj)	比较字符串的内容是否相同
Boolean equalsIgnoreCase(String anotherString)	与 equals( )方法类似，忽略大小写
int compareTo(String anotherString)	比较两个字符串的大小
String substring(int beginIndex)	返回一个新的字符串，它是此字符串的从 beginIndex 开始截取到最后的一个子字符串
String substring(int beginIndex, int endIndex)	返回一个新字符串，它是此字符串从 beginIndex 开始截取到 endIndex（不包含）的一个子字符串
boolean endsWith(String suffix)	测试此字符串是否以指定的后缀结束
boolean startsWith(String prefix)	测试此字符串是否以指定的前缀开始
boolean startsWith(String prefix, int toffset)	测试此字符串从指定索引开始的子字符串是否以指定前缀开始
boolean contains(CharSequence s)	当且仅当此字符串包含指定的 char 值序列时，返回 true
int indexOf(String str)	返回指定子字符串在此字符串中第一次出现处的索引
int indexOf(String str, int fromIndex)	返回指定子字符串在此字符串中第一次出现处的索引，从指定的索引开始
int lastIndexOf(String str)	返回指定子字符串在此字符串中最右边出现处的索引
int lastIndexOf(String str, int fromIndex)	返回指定子字符串在此字符串中最后一次出现处的索引，从指定的索引开始反向搜索
String replace(char oldChar, char newChar)	返回一个新的字符串，它是通过用 newChar 替换此字符串中出现的所有 oldChar 得到的
String replace(CharSequence target, CharSequence replacement)	使用指定的字面值替换序列替换此字符串所有匹配字面值目标序列的子字符串
String replaceAll(String regex, String replacement)	使用给定的 replacement 替换此字符串所有匹配给定的正则表达式的子字符串
String replaceFirst(String regex, String replacement)	使用给定的 replacement 替换此字符串匹配给定的正则表达式的第一个子字符串
boolean matches(String regex)	告知此字符串是否匹配给定的正则表达式
String[ ] split(String regex)	根据给定正则表达式的匹配拆分此字符串
String[ ] split(String regex, int limit)	根据匹配给定的正则表达式来拆分此字符串，最多不超过 limit 个，如果超过了，剩下的全部都放到最后一个元素中

下面通过一个例子来说明 String 类的常用方法，代码如下：

```java
public class Chapter5_9 {
    public static void main(String[] args) {
        String s = "ababcba";
        System.out.println("字符串的长度为:"+s.length());
        System.out.println("字符串中第一个字符:"+s.charAt(0));
        System.out.println("字符 c 第一次出现的位置:"+s.indexOf("c"));
        System.out.println("字符 c 最后一次出现的位置:"+s.lastIndexOf("c"));
        String s1 = "ab ab cba";
        String s2 = "ab ab cba";
        System.out.println("去除字符串中所有空格后的结果:"+s.replace(" ", ""));
        System.out.println("判断是否以字符串 ab 开头:"+s1.startsWith("ab"));
        System.out.println("判断是否包含字符串 cb:"+s1.contains("cb"));
        System.out.println("判断两个字符串是否相等:"+s1.equals(s2));
        System.out.println("从第二个字符开始截取到第九个字符的结果:"+s1.substring(1, 9));
    }
}
```

运行结果如图 5-16 所示。

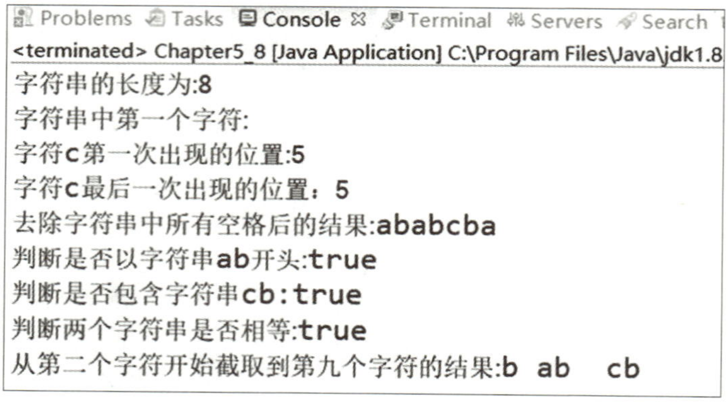

图 5-16 String 类的常用方法运行结果

5.5.3 String 类与 StringBuffer 类、StringBuilder 类的区别

String 类由于字符串是常量，因此一旦创建，其内容和长度是不可改变的。如果需要对一个字符串进行修改，则只能创建新的字符串。为了便于对字符串进行修改，在 JDK 中提供了一个 StringBuffer 类。StringBuffer 类和 String 类最大的区别在于它的内容和长度都是可以改变的。StringBuffer 类似一个字符容器，当在其中添加或删除字符时，并不会产生新的 StringBuffer 对象。StringBuilder 和 StringBuffer 非常类似，均代表可变的字符序列，而且提供相关功能的方法也一样。StringBuffer 是线程安全的，StringBuiler 不是线程安全的。

StringBuffer 类

课程思政

从这几个类的比较来看，我们工作时面对具体项目不要一成不变地选择一种技术，要依据具体项目的不同选择不同的技术。

下面列出一些StringBuffer类的常用方法，如表5-8所示。

表5-8　StringBuffer类的常用方法

方法声明	功能描述
StringBuffer append(xxx)	用于进行字符串拼接
StringBuffer delete(int start,int end)	删除指定位置的内容
StringBuffer replace(int start, int end, String str)	把(start,end)位置替换为str
StringBuffer insert(int offset, xxx)	在指定位置插入xxx
StringBuffer reverse( )	把当前字符序列逆转
StringBuffer deleteCharAt(int index)	移除此序列指定位置字符
void set CharAt(int index,char a)	修改指定位置index处字符序列
String to String( )	返回StringBuffer缓冲区中的字符串

下面通过一个例子演示String类与StringBuffer类、StringBuilder类追加字符串的效率，代码如下：

```java
public class Chapter5_10 {
    public static void main(String[] args) {
        String str = "0123456789";
        int count = 100000;
        String str2 = "";
        // 检测 String 的运行速度
        long start = System.currentTimeMillis();
        for (int i=0; i<count; i++) {
            str2 += str;
        }
        long end = System.currentTimeMillis();
        long time = (end- start);
        System.out.println("string 速度:"+time);
        // 检测 StringBuffer 的运行速度
        StringBuffer stringBuffer = new StringBuffer();
        Long start1 = System.currentTimeMillis();
        for (int i=0;i<count;i++) {
            stringBuffer.append(str);
        }
        Long endtime = System.currentTimeMillis();
        long time1 = endtime- start1;
        System.out.println("stringbuffer 速度:"+time1);
```

```
// 检测 StringBuilder 速度
StringBuilder stringBuilder = new StringBuilder();
long startbuild = System.currentTimeMillis();
for (int i=0;i<count;i++) {
    stringBuilder.append(str);
}
long endStringbuild = System.currentTimeMillis();
long timebuild = endStringbuild- startbuild;
System.out.println("stringbuilder 速度:"+timebuild);
    }
}
```

运行结果如图 5-17 所示。

从运行结果看，String 的追加效率最低，因为每次追加都产生临时空间存放追加效果。StringBuffer 追加字符串是线程安全的，追加效率比 StringBuilder 低。程序若是单线程则可以使用 StringBuilder，StringBuilder 追加字符串效率比 StringBuffer 高。

图 5-17　效率比较代码运行结果

StringBuilder 类

 5.6　包装类

Java 为每个基本类型都提供了包装类，如 int 类型数值的包装类 Integer 和 boolean 类型数值的包装类 Boolean 等，这样便可以把这些基本类型转换为对象来处理了。需要说明的是，Java 是可以直接处理基本类型的，但在有些情况下需要将其作为对象来处理，这时就需要将其转换为包装类。

包装类的操作方式

5.6.1　Integer 类

java. lang 包中的 Integer 类、Long 类和 Short 类，分别将基本类型 int、long 和 short 封装成一个类。由于这些类都是 Number 的子类，区别就是封装不同的数据类型，其包含的方法基本相同，因此本小节以 Integer 类为例介绍整数包装类。Integer 类在对象中包装了一个基本类型 int 的值。该类的对象包含一个 int 类型的字段。此外，该类提供了多个方法，能在 int 类型和 String 类型之间互相转换，同时还提供了其他一些处理 int 类型时非常有用的常量和方法。

Integer 类有两种构造方法，如表 5-9 所示。

表 5-9　Integer 类的构造方法

方法声明	功能描述
Integer(int number)	以 int 类型变量作为参数来获取 Integer 对象
Integer(String str)	以 String 类型变量作为参数创建 Integer 对象

Integer 类的常用方法如表 5-10 所示。

表 5-10　Integer 类的常用方法

方法	返回值	功能描述
byteValue( )	byte	以 byte 类型返回该 Integer 的值
CompareTo (Integer anotherInteger)	int	在数值上比较两个 Integer 对象。如果这两个值相等，则返回 0；如果调用对象的数值小于 anotherInteger 的数值，则返回负值；如果调用对象的数值大于 anotherInteger 的数值，则返回正值
equals(Object IntegerObj)	boolean	比较此对象与指定的对象是否相等
intValue( )	int	以 int 类型返回此 Integer 对象
shortValue( )	short	以 short 类型返回此 Integer 对象
toString( )	String	返回一个表示该 Integer 值的 String 对象
valueOf(String str)	Integer	返回保存指定的 String 值的 Integer 对象
parseInt(String str)	int	返回包含在 str 指定的字符串中的数字的等价整数值

Integer 类中的 parseInt( )方法返回与调用该方法的数值字符串相应的整数型（int）值。下面通过一个例子来说明 parseInt( )方法的应用，代码如下：

```java
public class Chapter5_16 {
    public static void main(String[] args) {
        String str[]={"6","7","8","9","99"};
        int sum=0;
        for(int i=0;i<str.length;i++) {
            int element=Integer.parseInt(str[i]);
            sum=sum+element;
        }
        System.out.println("数组中各元素之和是:"+sum);
    }
}
```

运行结果如图 5-18 所示。

Integer 类的 toString( )方法，可将 Integer 对象转换为十进制字符串表示。toBinaryString( )、toHexString( )和 toOctalString( )方法分别将值转换成二进制、十六进制和八进制字符串。下面通过例子演示它们的使用方法，代码如下：

```java
public class Chapter5_17 {
    public static void main(String[] args) {
        String str=Integer.toString(56);
```

```
            String str2=Integer.toBinaryString(59);
            String str3=Integer.toHexString(65);
            String str4=Integer.toOctalString(69);
            System.out.println("56 的十进制表示为:"+str);
            System.out.println("59 的二进制表示为:"+str2);
            System.out.println("65 的十六进制表示为:"+str3);
            System.out.println("69 的八进制表示为:"+str4);
        }
    }
```

运行结果如图 5-19 所示。

图 5-18　运行结果

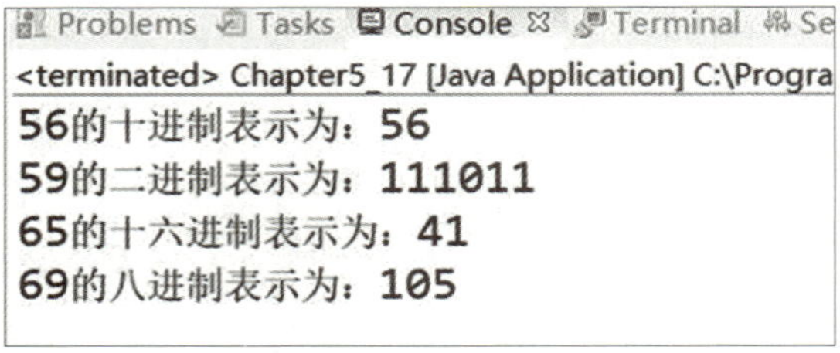

图 5-19　运行结果

5.6.2　Boolean 类

Boolean 类将基本类型为 boolean 的值包装在一个对象中。一个 Boolean 类的对象只包含一个类型为 boolean 的字段。此外，此类还为 boolean 和 String 的相互转换提供了许多方法，并提供了处理 boolean 时非常有用的其他一些常量和方法。

Boolean 类有两种构造方法，如表 5-11 所示。

表 5-11　Boolean 类的构造方法

方法声明	功能描述
Boolean(boolean value)	创建一个表示 value 参数的 Boolean 对象
Boolean(String str)	以 String 变量作为参数创建 Boolean 对象。如果 String 参数不为 null 且在忽略大小写时等于 true，则分配一个表示 true 值的 Boolean 对象，否则获得一个表示 false 值的 Boolean 对象

Boolean 类的常用方法如表 5-12 所示。

表 5-12　Boolean 类的常用方法

方法	返回值	功能描述
booleanValue( )	boolean	将 Boolean 对象的值以对应 boolean 值返回
equals(Object obj)	boolean	判断调用该方法的对象与 obj 是否相等。当且仅当参数不是 null，而且与调用该方法的对象一样都表示同一个 boolean 值的 Boolean 对象时，才返回 true

续表

方法	返回值	功能描述
parseBoolean(String s)	boolean	将字符串参数解析为 boolean 值
toString( )	String	返回表示该 boolean 值的 String 对象
valueOf(String s)	boolean	返回一个用指定的字符串表示的 boolean 值

下面通过一个例子演示 Boolean 常用方法的使用，代码如下：

```
public class Chapter5_18 {
    public static void main(String[] args) {
        Boolean b1=new Boolean(true);
        Boolean b2=new Boolean("ok");
        System.out.println("b1:"+b1.booleanValue());
        System.out.println("b2:"+b2.booleanValue());
    }
}
```

运行结果如图 5-20 所示。

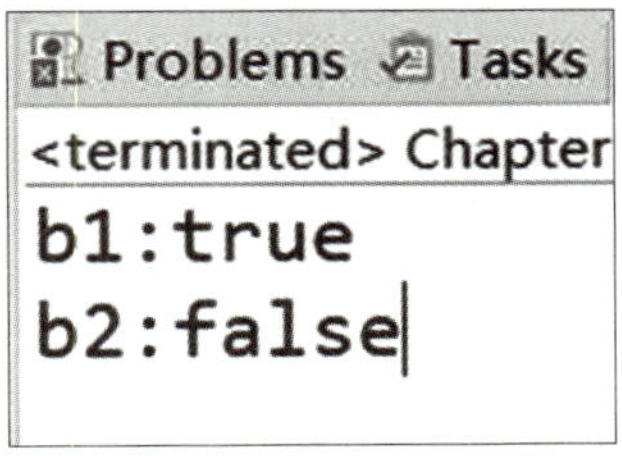

图 5-20 运行结果

5.6.3 Byte 类

Byte 类将基本类型为 byte 的值包装在一个对象中。一个 Byte 类的对象只包含一个类型为 byte 的字段。此外，该类还为 byte 和 String 的相互转换提供了方法，并提供了其他一些处理 byte 时非常有用的常量和方法。Byte 类有两种构造方法，如表 5-13 所示。

表 5-13 Byte 类的构造方法

方法声明	功能描述
Byte(byte value)	通过该方法创建的 Byte 对象，可表示指定的 byte 值
Byte(String str)	通过该方法创建的 Byte 对象，可表示 String 参数所指示的 byte 值

Byte 类的常用方法如表 5-14 所示。

表 5-14　Byte 类的常用方法

方法	返回值	功能描述
byteValue( )	byte	以一个 byte 值返回 Byte 对象
compareTo(Byte anotherByte)	int	在数值上比较两个 Byte 对象
doubleValue( )	boolean	以一个 double 值返回此 Byte 的值
intValue( )	int	以一个 int 值返回此 Byte 的值
parseByte(String s)	byte	将 String 型参数解析成等价的字节(byte)形式
toString( )	String	返回表示此 Byte 的值的 String 对象
valueOf(String str)	byte	返回一个保持指定 String 所给出的值的 Byte 对象
Equals(Object obj)	boolean	将此对象与指定对象比较，如果调用该方法的对象与 obj 相等，则返回 true，否则返回 false

5.6.4　Character 类

Character 类在对象中包装一个基本类型为 char 的值。一个 Character 类的对象包含类型为 char 的单个字段。该类提供了几种方法，以确定字符的类别（小写字符、数字等），并将字符从大写转换为小写。

Character 类构造方法的语法格式如下：

```
Character(char value)
```

该类的构造方法的参数必须是一个 char 类型的数据。通过该构造方法创建的 Character 类对象包含由 char 类型参数提供的值。一旦 Character 类被创建，它包含的数值就不能改变了。

Character 类的常用方法如表 5-15 所示。

表 5-15　Character 类的常用方法

方法	返回值	功能描述
charValue( )	char	返回此 Charcter 对象的值
compareTo(Character anotherByte)	int	根据数字比较两个 Character 对象，若这两个对象相等则返回 0
equals(Object obj)	Boolean	将调用该方法的对象与指定的对象相比较
toUpperCase(char ch)	char	将字符参数转换为大写
toLowerCase(char ch)	char	将字符参数转换为小写
toString( )	String	返回一个表示指定 char 值的 String 对象
IsUpperCase(char ch)	boolean	判断指定字符是否为大写字符
IsLowerCase(char ch)	boolean	判断指定字符是否为小写字符

下面通过实例介绍 Character 对象常用方法的使用，代码如下：

```java
public class Chapter5_19 {
    public static void main(String[] args) {
        Character mychar1 = new Character('A');
        Character mychar2 = new Character('a');
        System.out.println(mychar1+"判断是否是大写字母"+Character.isUpperCase(mychar1));
        System.out.println(mychar2+"判断是否是小写字母"+Character.isLowerCase(mychar1));
    }
}
```

运行结果如图 5-21 所示。

图 5-21　运行结果

5.6.5　Double 类

Double 和 Float 包装类是对 double、float 基本类型的封装，它们都是 Number 类的子类，又都是对小数进行操作，所以常用方法基本相同，本小节将对 Double 类进行介绍。对于 Float 类可以参考 Double 类的相关介绍。Double 类在对象中包装一个基本类型为 double 的值。每个 Double 类的对象都包含一个 double 类型的字段。此外，该类还提供多个方法，可以将 double 转换为 String，也可以将 String 转换为 double，也提供了其他一些处理 double 时有用的常量和方法。

Double 类的构造方法如表 5-16 所示。

表 5-16　Double 类的构造方法

方法声明	功能描述
Double(double value)	基于 double 参数创建 Double 类对象
Double(String str)	构造一个新分配的 Double 对象，表示用字符串表示的 double 类型的浮点值

Double 类的常用方法如表 5-17 所示。

表 5-17　Double 类的常用方法

方法	返回值	功能描述
byteValue( )	byte	以 byte 形式返回 Double 对象值（通过强制转换）
compareTo(Double d)	int	对两个 Double 对象进行数值比较。如果两个值相等，则返回 0；如果调用对象的数值小于 d 的数值，则返回负值；如果调用对象的数值大于 d 的值，则返回正值

续表

方法	返回值	功能描述
equals(Object obj)	boolean	将此对象与指定的对象相比较
intValue()	int	以 int 形式返回 double 值
isNaN()	boolean	如果此 double 值是非数字(NaN)值,则返回 true;否则返回 false
toString()	String	返回此 Double 对象的字符串表示形式
valueOf(String str)	Double	返回保存用参数字符串 str 表示的 double 值的 Double 对象
doubleValue()	double	以 double 形式返回此 Double 对象
longValue()	long	以 long 形式返回此 double 的值

5.6.6 Number 类

抽象类 Number 是 BigDecimal、BigInteger、Byte、Double、Float、Integer、Long 和 Short 类的父类,Number 的子类必须提供将表示的数值转换为 byte、double、float、int、long 和 short 的方法。例如,doubleValue()方法返回双精度值,floatValue()方法返回浮点值。Number 类的常用方法如表 5-18 所示。

表 5-18 Number 类的常用方法

方法	返回值	功能描述
byteValue()	byte	以 byte 形式返回指定的数值
intVallue()	int	以 int 形式返回指定的数值
floatValue()	float	以 float 形式返回指定的数值
shortValue()	short	以 short 形式返回指定的数值
longValue()	long	以 long 形式返回指定的数值
doubleValue()	double	以 double 形式返回指定的数值

📓 5.7 本章小结

本章主要讲解了 Math、Random、Date、Calendar、SimpleDateFormat、DecimalFormat 类的使用方法,Java 中表示数字、字符、布尔值的包装类,还通过实际例子讲解了 String 类与 StringBuffer 类、StringBuilder 类在线程安全以及追加效率方面的区别。

5.8　本章习题

一、选择题

1. 下列 String 类的 (　　) 方法返回指定字符串的一部分。

A. extractstring( )

B. substring( )

C. Substring( )

D. Middlestring( )

2. 对于下列代码：

```
String str1 = "java";
String str2 = "java";
String str3 = new String("java");
StringBuffer str4 = new StringBuffer("java");
```

以下表达式的值为 true 的是 (　　)。

A. str1 == str2　　　B. str1 == str4　　　C. str2 == str3　　　D. str3 == str4

3. 以下程序段的输出结果是 (　　)。

```
public class Question_3 {
    public static void main(String[] args) {
        String str = "ABCDE";
        str.substring(3);
        str.concat("FG");
        System.out.print(str);
    }
}
```

A. DE　　　　　　B. DEFG　　　　　　C. ABCDE　　　　D. CDEFG

4. 对于下列代码：

```
public class Question_4 {
    String str = new String("hello");
    char ch[] = {' d',' b',' c' };
    public static void main(String args[]){
        Question_4 ex = new Question_4();
        ex.change(ex.str,ex.ch);
        System.out.println(ex.str+"and"+ex.ch[0]);
    }
    public void change(String str,char ch[]){
        str = "world";ch[0] = 'a' ;
    }
}
```

输出结果是 (　　)。

A. Helloandd　　　　B. helloanda　　　C. Worldandd　　　D. worldanda

二、分析题

写出下列代码的输出结果。

```
public class Example {
    public static void main(String[] args) throws Exception {
        // 1. 生日和今天存储在两个 String 类型的变量中
        String birthday = "2020 年 08 月 08 日";
        String today = "2021 年 08 月 06 日";
        // 2. 定义日期格式化对象
        SimpleDateFormat sdf = new SimpleDateFormat("yyyy 年 MM 月 dd 日");
        // 这个和上面两个变量格式一致
        // 3. 将日期字符串转换成日期对象
        Date d1 = sdf.parse(birthday);
        Date d2 = sdf.parse(today);
        // 4. 求出毫秒值
        long time = d2.getTime()- d1.getTime();
        // 5. 通过除以不同单位得到天数
        System.out.println(time/1000/60/60/24);
    }
}
```

5.9　上机指导

1. 定义一个类 Circle（圆），要求实现下列功能：

（1）具有一个无参构造方法 Circle（）和一个有参构造方法 Circle（float r）；

（2）计算圆的周长和面积：public double getPer（）、public double getArea（）。

2. 用 Calendar 实现输出 2020 年有多少天。

第 5 章习题答案

第6章 集合

【学习目标】

1. 理解集合的概念及优势。
2. 掌握 List 集合、Set 集合、Map 集合的使用方法。
3. 掌握集合遍历的使用方法。
4. 掌握 Collections 的使用方法。

6.1 集合概述

6.1.1 集合类概述

开发程序时，如果想存储多个同类型的数据，可以使用数组来实现，但是采用数组存在一定的缺陷，具体描述如下。

（1）数组长度固定不变，不能很好地适应元素数量动态变化的情况。

（2）可通过"数组名.length"获取数组的长度，却无法直接获取数组中实际存放的元素个数。

（3）数组采用在内存中分配连续空间的存储方式，根据元素信息查找时效率低，需要多次比较。

集合的概述

从以上分析可以看出数组在处理一些问题时存在一定的缺陷，针对这些缺陷，Java 提供了比数组更加灵活、更加实用的集合，可以大大提高软件的开发效率，并且不同的集合可适用于不用的场合。

Java 集合提供了一套性能优良、使用方便的接口和类。Java 中的集合就像一个容器，专门用来存储 Java 对象，这些对象可以是任意的数据类型，并且长度是可变的，它们位于 java.util 包下，在使用时一定要注意导包的问题，否则会出现异常。

6.1.2 集合类的体系结构

> **课程思政**
>
> 做人要像集合一样，心胸开阔，能容得下事，遇事灵活处理，才能立于不败之地。

集合按照其存储结构可以分为两大类，即单列集合 Collection 和双列集合 Map，这两种集合的特点如下。

（1）Collection：单列集合的根接口，用于存储一系列符合某种规划的元素。Collection 集合有两个重要的子接口，分别是 List 和 Set。其中，List 集合的特点是元素有序、可重复；Set 集合的特点是元素无序并且不可重复。List 接口的主要实现类有 ArrayList 和 LinkedList；Set 接口的主要实现类有 HashSet 和 TreeSet。

（2）Map：双列集合的根接口，用于存储具有键（Key）、值（Value）映射关系的元素。Map 集合中每个元素都包含一对键值，并且 Key 是唯一的，在使用 Map 集合时可以通过指定的 Key 找到对应的 Value。Map 接口的主要实现类有 HashMap 和 TreeMap。

【注意】Collection 集合和 Collection 接口不是同一概念，Collection 接口指的是 Interface Collection〈E〉，而 Collection 集合指的是 Collection 接口的实现类的统称。同理，List 接口指的是 Interface List〈E〉，List 集合指的是 List 接口的实现类 ArrayList 集合和 LinkedList 集合的统称。

从以上可以归纳出集合体系结构，如图 6-1 所示。

图 6-1　集合体系结构

6.2　Collection 接口

6.2.1　Collection 常用方法

Collection 是所有单列集合的根接口，因此在 Collection 中定义了单列集合（List 和 Set）的一些常用方法，这些方法可用于所有的单列集合。

表 6-1 中列举了单列集合根集合 Collection 中的一些主要方法，其中 stream( )方法是JDK 1.8 增加的，用于对集合元素进行聚合操作。另外，表 6-1 中列举的 Collection 集合的主要方法都来自 JavaAPI 文档，初学者可以通过查询 API 文档来学习更多的集合方法和用法。

表 6-1　Collection 接口的主要方法

方法声明	功能描述
boolean add(Object o)	向集合中添加一个元素
boolean addAll(Collection c)	将指定集合 c 中的所有元素添加到该集合中
void clear( )	删除该集合中的所有元素
boolean remove(Object o)	删除该集合中指定的元素
boolean removeAll(Collection c)	删除该集合中包含集合 c 中的所有元素
boolean isEmpty( )	判断该集合是否为空
boolean contains(Object o)	判断该集合中是否包含某个元素
boolean containsAll(Collection c)	判断该集合中是否包含指定集合 c 中的所有元素
Iterator iterator( )	返回在该集合的元素上进行迭代的迭代器（Iterator），用于遍历该集合所有元素
int size( )	获取该集合元素个数
Stream<E> stream( )	将集合源转换为有序元素的流对象

6.2.2　Collection 集合的遍历方式

遍历集合的方式主要有以下 3 种。

（1）使用普通 for 循环进行遍历。

（2）使用增强 for 循环 foreach 进行遍历。

（3）使用迭代器进行遍历。

6.3　List 接口

6.3.1　List 接口简介

　　List 接口继承自 Collection 接口，是单列集合的一个重要分支，习惯性地会将实现了 List 接口的对象称为 List 集合。在 List 集合中允许出现重复的元素，所有的元素都是以一种线性方式进行存储的，在程序中可以通过索引（类似数组中的元素下标）来访问集合中的指定元素。另外，List 集合还有一个特点就是元素有序，即元素的插入顺序和取出顺序一致。

　　List 作为 Collection 集合的子接口，不但继承了 Collection 接口中的全部方法，而且还增加了一些操作集合的特有方法。

　　表 6-2 中列举了 List 集合中的常用方法，所有 List 实现类都可以调用这些方法来对集合元素进行操作。

表 6-2　List 集合中的常用方法

方法声明	功能描述
void add(int index,Object element)	将元素 element 插入 List 集合的指定索引位置
boolean addAll(int index,Collection c)	将集合 c 包含的所有元素插入 List 集合的指定索引位置
Object get(int index)	返回集合索引 index 处的元素
Object remove(int index)	删除索引 index 处的元素
Object set(int index,Object element)	将索引 index 处的元素替换成 element 元素，并将替换后的元素返回
int indexOf(Object o)	返回对象 o 在 List 集合中首次出现的位置索引
int lastIndexOf(Object o)	返回对象 o 在 List 集合中最后一次出现的位置索引
List subList(int fromIndex,int toIndex)	返回从索引 fromIndex（包括）到 toIndex（不包含）处所有集合元素组成的子集合
Object[ ]toArray( )	将集合元素转换成数组
default void sort(comparator<? Super E> e)	根据指定的比较器规则对集合元素排序

6.3.2　List 接口的实现类

　　List 接口的实现类主要有 ArrayList 和 LinkedList 两种。

1. ArrayList 集合

ArrayList 是 List 接口的一个实现类，它是程序中最常见的一种集合。在 ArrayList 内部封装了一个长度可变的数组对象，当存入的元素超过数组长度时，ArrayList 会在内存中分配一个更大的数组来存储这些元素，因此可以将 ArrayList 集合看作一个长度可变的数组。

正是由于 ArrayList 内部的数据存储结构是数组形式，在增加或删除指定位置的元素时，会创建新的数组，效率比较低，因此不适合进行大量的增删操作。但是，这种数组结构允许程序通过索引的方式访问数组，因此使用 ArrayList 集合在遍历和查找元素时显得非常高效。

假设现在有一个 ArrayList 类型集合 list，用来存储狗狗信息，分别是欧欧（ouou）、亚亚（yaya）、允允（yunyun）对象，如引例 6-1 所示。

【引例 6-1】Example01.java，代码如下：

```java
import java.util.ArrayList;
public class Example01 {
    public static void main(String[] args) {
        // 创建 ArrayList 集合 list
        ArrayList list=new ArrayList();
        // 向集合中添加狗狗元素
        list.add("ouou");
        list.add("yaya");
        list.add("yunyun");
        list.add("ouou");
        // 获取集合 list 当中元素个数
        int num=list.size();
        System.out.println("集合中存储了"+num+"条狗狗信息");
        // 使用普通 for 循环遍历集合 list
        for(int i=0;i<list.size();i++){
            System.out.println("现在获取的狗狗名字叫"+list.get(i));
        }
    }
}
```

运行结果如图 6-2 所示。

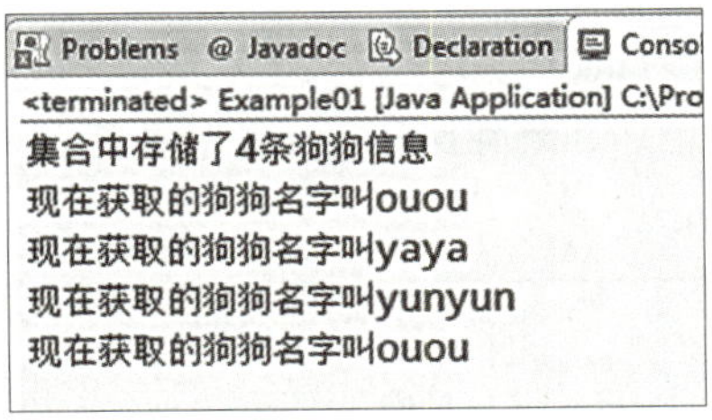

在引例 6-1 中，首先通过 new ArrayList( ) 语句创建了一个空的 ArrayList 集合，接着调用 add(Object o) 方法向集合 list 中添加了 4 个元素，然后调用 size( ) 方法获取集合中元素的个数，最后通过普通 for 循环对集合进行了遍历，遍历时通过 get(int index) 方法取出指定索引位置的元素。

从图 6-2 可以看出，索引位置为 1 的元素是集合中的第二个元素，这说明集合和数组一样，索引的取值从 0 开始，最后一个索引是（size-1），在访问元素时一定要注意索引不可超出此范围，否则会抛出下标越界异常 IndexOutOfBoundsException。

图 6-2　【引例 6-1】运行结果

【注意】

① 在引例 6-1 中，会得到警告，意思是在使用 ArrayList 集合时并没有显式地指定集合中存储什么类型的数据，会产生安全隐患，这涉及泛型安全机制的问题。后续我们会介绍泛型集合的

内容，这里无须考虑。

② 在编写程序时，不要忘记使用类似于"import java.util.ArrayList;"的语句导包，否则程序将会编译失败，实现找不到类。要解决该类问题，只需将光标放在 ArrayList 处，按下组合键〈Alt+/〉，然后选择"ArrayList-java.util"即可，这样 Eclipse 就会自动导入 ArrayList 的包。另外，后面的案例中可能会大量地用到集合类，除了可以使用上述方式导入指定集合类所在的包外，为了方便，程序中还可以统一使用"import java.util.*;"来进行导包，其中 * 为通配符，整个语句的意思是将 java.util 包中的内容都导入进来。

2. LinkedList 集合

ArrayList 集合在查询元素时速度很快，但是在增删元素时效率较低，为了克服这种局限性，可以使用 List 接口的另一个实现类 LinkedList。该集合内部有两个 Node 类型的 first 和 last 属性维护一个双向循环链表，链表中的每一个元素都使用引用的方式来记住它的前一个元素和后一个元素，从而可以将所有的元素彼此连接起来。当插入一个新元素时，只需要修改元素之间的这种引用关系即可，删除一个元素也是如此。正因为这样的存储结构，所以 LinkedList 集合对于元素的增删操作表现出很高的效率。

图 6-3 描述了 LinkedList 集合增加元素和删除元素的过程。其中，图 6-3（a）为增加一个元素，图中的元素 1 和元素 2 在集合中彼此为前后关系，在它们之间新增一个元素时，只需要让元素 1 记住它后面的元素是新元素，让元素 2 记住它前面的元素为新元素即可。图 6-3（b）为删除一个元素，要想删除元素 1 和元素 2 之间的元素 3，只需要让元素 1 与元素 2 变成前后关系即可。

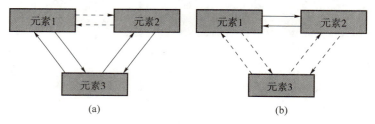

图 6-3　双向循环连接结构

（a）增加一个元素；（b）删除一个元素

LinkedList 集合除了从接口 Collection 和 List 中继承并实现集合操作方法外，还专门针对元素的增加和删除操作定义了一些特有的方法，如表 6-3 所示。

表 6-3　LinkedList 集合的特有方法

方法声明	功能描述
void addFirst(Object o)	将指定元素插入集合的开头
void addLast(Object o)	将指定的元素添加到集合的结尾
Object getFirst( )	返回集合的第一个元素
Object getLast( )	返回集合的最后一个元素
Object removeFirst( )	移除并返回集合的第一个元素
Object removeLast( )	移除并返回集合的最后一个元素

表 6-3 中，列出的方法主要针对集合中元素的增加、删除和获取操作，接下来通过 LinkedList 类型集合 list 来存储狗狗信息，包含欧欧（ouou）、亚亚（yaya）和允允（yunyun）3 条狗狗。

【引例 6-2】Example02.java，代码如下：

```java
import java.util.LinkedList;
public class Example02 {
    public static void main(String[] args) {
        // 创建 LinkedList 类型集合 list
        LinkedList list = new LinkedList();
        // 向集合中添加狗狗元素
        list.add("ouou");
        list.add("yaya");
        list.addFirst("yunyun");
        list.addLast("ouou");
        // 获取集合 list 当中元素个数
        int num = list. size();
        System.out.println("集合中存储了"+num+"条狗狗信息");
        // 使用增强 for 循环 foreach 遍历集合 list
        for(Object o : list) {
            String str = (String)o;
            System.out.println("现在获取的狗狗名字叫"+str);
        }
    }
}
```

运行结果如图 6-4 所示。

在引例 6-2 中，首先创建了一个 LinkedList 类型集合 list，接着分别使用 add（ ）、addFirst（ ）方法向集合中插入元素，然后通过 size（ ）方法获取集合中元素的个数，最后通过增强 for 循环遍历集合 list，其中需要注意的是，此处没有使用泛型集合，故在使用对象时需要强转成原来的类型。

这里提到的增强 for 循环，也称为 foreach 循环，它是一种更加简洁的 for 循环。其适用于遍历数组或集合中的元素，其具体语法格式如下：

```
Problems  @ Javadoc  Declaration
集合中存储了4条狗狗信息
现在获取的狗狗名字叫yunyun
现在获取的狗狗名字叫ouou
现在获取的狗狗名字叫yaya
现在获取的狗狗名字叫ouou
```

图 6-4 【引例 6-2】运行结果

```
for(容器中元素的类型 临时变量 : 容器变量) {
    // 执行语句
}
```

从上面的格式可以看出，与 for 循环相比，foreach 循环不需要获得容器的长度，也不需要根据索引访问容器中的元素，但它会自动遍历容器中的每个元素。

通过引例 6-2 可以看出，foreach 循环遍历集合的语法非常简洁，没有循环条件，也没有迭代语句。foreach 循环的次数是由容器中元素的个数决定的，每次循环时，都通过变量将当前循环的元素记住，从而将集合中的元素分别打印出来。

【注意】foreach 循环虽然书写起来很简单，但在使用时也存在一定的局限性。当使用 foreach 循环遍历集合和数组时，只能访问集合中的元素，不能对其中的元素进行修改。

6.4　Set 接口

6.4.1　Set 接口简介

Set 接口和 List 接口一样，同样继承自 Collection 接口，它与 Collection 接口中的方法基本一致，并没有对 Collection 接口进行功能上的扩充，只是比 Collection 接口更加严格而已。与 List 接口不同的是，Set 接口中的元素无序，并且都会以某种规则保证存入的元素不出现重复。

6.4.2　Set 接口的实现类

Set 接口的实现类主要有两个，分别是 HashSet 和 TreeSet。其中，HashSet 根据对象的哈希值来确定元素在集合中的存储位置，因此具有良好的存储和查找性能。TreeSet 则是以二叉树的方式来存储元素，它可以实现对集合中的元素进行排序。

1. HashSet 集合

HashSet 集合是 Set 接口的一个实现类，它所存储的元素是不可重复的，并且元素都是无序的。当向 HashSet 集合中添加一个元素时，首先会调用该元素的 hashCode( ) 方法来确定元素的存储位置，然后调用元素的 equals( ) 方法来确保该位置没有重复元素。Set 集合与 List 集合存取元素的方式都一样，在此不再赘述。

下面通过一个例子演示 HashSet 集合的用法，同样以存储狗狗信息为例，使用 HashSet 类型集合 set 来存储多条狗狗信息，分别是欧欧（ouou）、亚亚（yaya）和允允（yunyun）3 条狗狗。

【引例 6-3】Example03.java，代码如下：

```java
import java.util.HashSet;
import java.util.Iterator;
public class Example03 {
    public static void main(String[] args) {
        // 创建 HashSet 集合 set
        HashSet set=new HashSet();
        // 向集合中添加狗狗元素
        set. add("ouou");
        set. add("yaya");
        set. add("yunyun");
        set. add("ouou");
        // 获取集合 list 当中元素个数
        int num=set.size();
```

```
System.out.println("集合中存储了"+num+"条狗狗信息");
// 使用迭代器 Iterator 遍历集合 list
Iterator iterator = set.iterator();
while(iterator.hasNext()) {
    System.out.println("集合中当前狗狗是"+iterator.next());
}
    }
}
```

运行结果如图 6-5 所示。

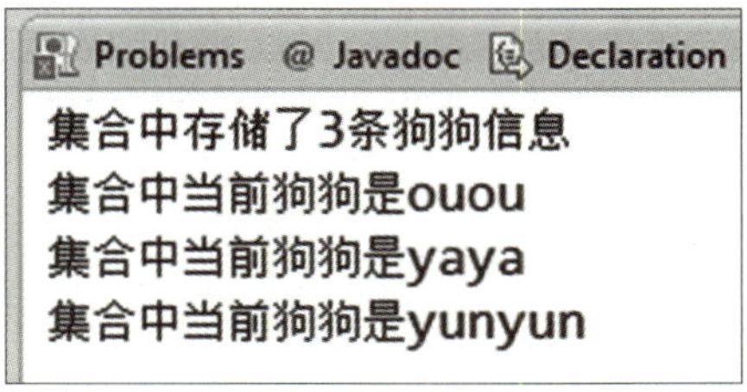

最后通过迭代器 Iterator 来遍历集合。下面对 Iterator 接口进行详细介绍。

在引例 6-3 中，首先通过 new HashSet( ) 语句创建一个空的集合 set。然后通过 add( ) 方法向 set 集合中添加 4 条狗狗的信息，但图 6-5 中仅有 3 条狗狗信息，这是因为前 3 条狗狗信息添加的不重复，但第四条狗狗信息和前面第一条狗狗（欧欧）重复，而 Set 集合是不允许有重复元素的，所以第四条狗狗信息添加失败，也可以通过返回值来进行判断，这里就不再赘述。HashSet 集合整个存储流程如图 6-6 所示。

图 6-5 【引例 6-3】运行结果

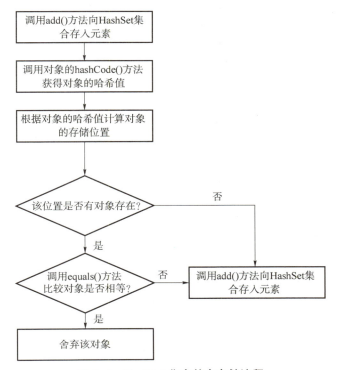

图 6-6 HashSet 集合整个存储流程

Iterator 接口是 Java 集合框架中的一员，但是它与 Collection、Map 接口有所不同，Collection 接口与 Map 接口主要用于存储元素，而 Iterator 接口主要用于迭代访问（即遍历）Collection 中的元素，因此 Iterator 对象也被称为迭代器。

引例 6-3 演示的就是 Iterator 遍历集合元素的整个过程。当遍历元素时，首先通过调用 HashSet 集合的 iterator( )方法获得迭代器对象，然后使用 hasNext( )方法判断集合中是否存在下一个元素，如果存在，则调用 next( )方法将元素取出，否则说明已经到达了集合的末尾，停止遍历元素。要注意的是，在通过 next( )方法获取元素时，必须保证要获取的元素存在，否则，会抛出 NoSuchElementException 异常。

迭代器 Iterator 对象在遍历集合元素时，内部采用指针的方式跟踪集合中的元素，为了让初学者更好地理解迭代器的工作原理，接下来通过一个图例来演示 Iterator 对象遍历集合元素的过程，如图 6-7 所示。

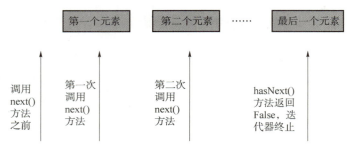

图 6-7　遍历元素的过程

图 6-7 中，在调用 Iterator 的 next( )方法之前，迭代器的索引位于第一个元素之前，不指向任何元素，当第一次调用迭代器的 next( )方法之后，迭代器的索引会向后移动一位，指向第一个元素并将元素返回，当再次调用 next( )方法时，迭代器的索引会指向第二个元素，并将该元素返回，以此类推，直到 hasNext( )方法返回为 false，表示到达了集合的末尾，终止对集合元素的遍历。

2. TreeSet 集合

TreeSet 集合是 Set 接口的另一个实现类，它内部采用平衡二叉树来存储元素，这样的结构可以保证 TreeSet 集合中没有重复的元素，并且可以针对元素进行排序。所谓二叉树就是每个节点最多有两个子节点的有序树，每个节点及其子节点组成的树称为子树，通过左侧的子节点称为左子树，通过右侧的子节点称为右子树，其中左子树上的元素小于它的根节点，而右子树上的元素大于它的根节点。二叉树中元素的存储结构如图 6-8 所示。

在图 6-8 所示的二叉树中，同一层的元素，左边的元素总是小于右边的元素。为了使初学者更好地理解 TreeSet 集合中二叉树存放元素的原理，接下来分析一下二叉树元素的存储过程。当二叉树中存入新元素时，新元素首先会与第一个元素（最顶层元素）进行比较，如果小于第一个元素就执行左边的分支，继续和该分支的子元素进行比较；如果大于第一个元素就执行右边的分支，继续和该分支的子元素进行比较。如此往复，直到与最后一个元素进行比较时，如果新元素小于最后一个元素，就将其放在最后一个元素的左子树上，如果大于最后一个元素就将其放在最后一个元素的右子树上。

上面通过文字描述的方式对二叉树的存储原理进行了讲解，接下来通过一个具体的图例来说明二叉树的存储过程。假设集合中存入 8 个元素，依次是 15、9、17、17、2、13、16、29，如果以二叉树的方式来存储，则在集合的存储结构中会形成一个树状结构，如图 6-9 所示。

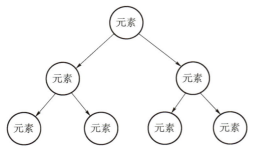

图 6-8 二叉树中元素的存储结构

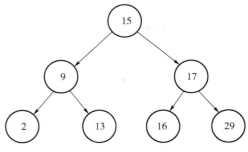

图 6-9 二叉树

由图 6-9 可以看出，在向 TreeSet 集合依次存入元素时，首先将第一个元素存放在二叉树的最顶端，之后存入的元素与第一个元素比较，如果小于第一个元素，就将该元素放在左子树上，如果大于第一个元素，就将该元素放在右子树上，以此类推，按照左子树元素小于右子树元素的顺序进行排序。当二叉树中已经存入一个为 17 的元素时，再向集合中存入一个为 17 的元素，TreeSet 会将重复的元素去掉。

针对 TreeSet 集合存储元素的特殊性，TreeSet 在继承 Set 接口的基础上实现了一些特有方法，如表 6-4 所示。

表 6-4 TreeSet 集合的特有方法

方法声明	功能描述
Object first( )	返回 TreeSet 集合的首个元素
Object last( )	返回 TreeSet 集合的最后一个元素
Object lower(Object o)	返回 TreeSet 集合中小于给定元素的最大元素，如果没有则返回 null
Object floor(Object o)	返回 TreeSet 集合中小于或等于给定元素的最大元素，如果没有则返回 null
Object higher(Object o)	返回 TreeSet 集合中大于给定元素的最小元素，如果没有则返回 null
Object ceiling(Object o)	返回 TreeSet 集合中大于或等于给定元素的最小元素，如果没有则返回 null
Object pollFirst( )	移除并返回集合的第一个元素
Object pollLast( )	移除并返回集合的最后一个元素

了解了 TreeSet 集合存储元素的原理和一些常用元素操作的方法后，我们再通过一个案例来了解下 TreeSet 集合的用法，如引例 6-4 所示。

【引例 6-4】Example04.java，代码如下：

```java
import java.util.TreeSet;
public class Example04_1 {
    public static void main(String[] args) {
        // 创建 TreeSet 集合 set
```

```
TreeSet set＝new TreeSet();
// 向 TreeSet 集合中添加元素
set.add(15);
set.add(9);
set.add(17);
set.add(17);
set.add(2);
set.add(13);
set.add(16);
set.add(29);
System.out.println("创建的 TreeSet 集合为 : "+set);
// 获取集合 set 当中元素的个数
int num＝set.size();
// 获取首尾元素
System.out.println("TreeSet 集合首元素为 : "+set.first());
System.out.println("TreeSet 集合尾部元素为 : "+set.last());
// 比较并收获元素
System.out.println("集合 TreeSet 中小于或等于 13 的最大一个元素为 : "+set.floor(13));
System.out.println("集合 TreeSet 中大于 13 的最小一个元素为 : "+set.higher(13));
System.out.println("集合 TreeSet 中大于 100 的最小一个元素为 : "+set.higher(100));
// 删除元素
Object first＝set.pollFirst();
System.out.println("删除的第一个元素是 : "+first);
    }
}
```

运行结果如图 6-10 所示。

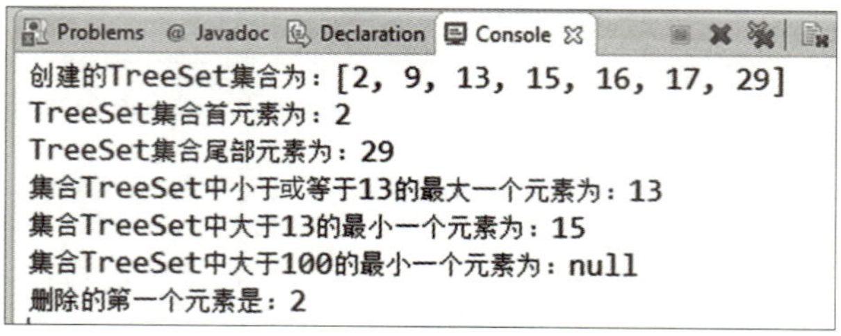

图 6-10 【引例 6-4】运行结果

从图 6-10 可以看出，使用 TreeSet 集合的方法正确完成了集合元素的操作。另外，从运行结果可以看出，向 TreeSet 集合添加元素时，无论元素的添加顺序为何，这些元素都能够按照一定的顺序进行排列，其原因是每次向 TreeSet 集合中存储一个元素时，就会将该元素与其他元素进行比较，最后将它插入有序的对象序列中。集合中的元素在进行比较时，都会调用 compareTo( ) 方法，该方法是在 Comparable 接口中定义的，因此要对对象集合中的元素进行排序，就必须实现 Comparable 接口。Java 中大部分的类都实现了 Comparable 接口，并默认实现了接口中的 compareTo( ) 方法，如 Integer、Double、String 类等。

6.5 Map 接口

6.5.1 Map 接口简介

在现实生活中，每个人都有唯一的身份证号，通过身份证号可以查询到这个人的信息，这两者是一对一的关系。在应用程序中，如果想存储这种具有对应关系的数据，则需要使用 Java 中提供的 Map 接口。

Map 接口是一种双列集合，它的每个元素都包含一个键对象 Key 和值对象 Value，键和值对象之间存在一种对应关系，称为映射。Map 中的映射关系是一对一的，一个键对象 Key 对应唯一一个值对象 Value，其中键对象 Key 和值对象 Value 可以是任意数据类型，并且键对象 Key 不允许重复，这样在访问 Map 集合中的元素时，只要指定了 Key，就能找到对应的 Value。Map 接口的常用方法如表 6-5 所示。

表 6-5　Map 接口的常用方法

方法声明	功能描述
void put(Object key, Object value)	向 Map 集合中添加指定键值映射的元素
int size( )	返回 Map 集合键值对映射的个数
Object get(Object key)	返回指定键所映射的值，如果此映射不包含该键的映射关系，则返回 null
boolean containKey(Object key)	查看 Map 集合中是否存在指定的键对象 Key
boolean containsValue(Object value)	查看 Map 集合中是否存在指定的值对象 Value
Object remove(Object key)	删除并返回 Map 集合中指定键对象 Key 的键值映射元素
void clear( )	清空整个 Map 集合中的键值映射元素
Set keyset( )	以 Set 集合的形式返回 Map 集合中所有的键对象 Key
Collection values( )	以 Collection 集合的形式返回 Map 集合中所有的值对象 Value
Set<Map. Entry<Key, Value>>	将 Map 集合转换为存储元素类型的 Map 的 Set 集合
Object getOrDefault (Object key, Object defaultValue)	返回 Map 集合指定键所映射的值，如果不存在则返回默认值 defaultValue
void forEach(BiConsumer action)	通过传入一个函数式接口对 Map 集合元素进行遍历
Object putIfAbsent(Object key, Object value)	向 Map 集合中添加指定键值映射的元素，如果集合中已存在该键值映射元素，则不再添加，而是返回已存在的值对象 Value
boolean remove(Object key, Object value)	删除 Map 集合中键值映射同时匹配的元素
boolean replace(Object key, Object value)	将 Map 集合中指定键对象 Key 所映射的值修改为 Value

6.5.2 Map 接口的实现类

Map 接口常用的实现类主要有 HashMap 和 TreeMap 两种。

1. HashMap 集合

HashMap 集合是 Map 接口的一个实现类，它用于存储键值映射关系，该集合的键和值允许为空，但键不能重复，且集合中的元素是无序的。HashMap 底层是由哈希表结构组成的，其实就是"数组+链表"的组合体，数组是 HashMap 的主体结构，链表则主要是为了解决哈希值冲突而存在的分支结构。正因为这样特殊的存储结构，HashMap 集合对于元素的增、删、改、查操作表现出的效率都比较高。

在图 6-11 所示结构中，水平方向以数组结构为主体并在竖直方向以链表结构进行结合的就是 HashMap 中的哈希表结构。在哈希表结构中，水平方向数组的长度称为 HashMap 集合的容量，竖直方向每个元素位置对应的链表结构称为一个桶，每个桶的位置在集合中都有对应的桶值，用于快速定位集合元素添加、查找时的位置。

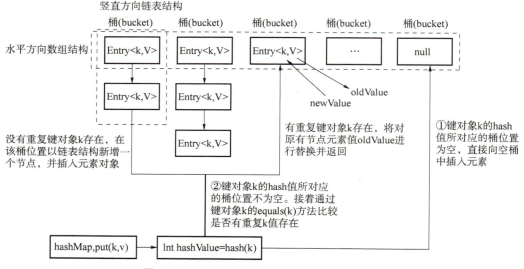

图 6-11　HashMap 集合内部结构及存储原理

图 6-11 在展示 HashMap 集合内部哈希表结构的基础上，也展示了存储元素的原理。当向 HashMap 集合添加元素时，首先会调用键对象 k 的 hash(k) 方法，快速定位并寻址到该元素在集合中要存储的位置。在定位到存储元素键对象 k 的哈希值所对应的桶位置后，会出现两种情况：第一种情况，键对象 k 的 hash 值所在桶位置为空，则可以直接向该桶位置插入元素对象；第二种情况，键对象 k 的 hash 值所在桶位置不为空，则还需要继续通过键对象 k 的 equals(k) 方法比较新插入的元素键对象 k 和已存在的元素键对象 k 是否相同，如果相同，就会对原有元素的值对象 v 进行替换并返回原来的旧值，否则会在该桶的链表结构头部新增一个节点来插入新的元素对象。

下面通过将狗狗的编号与狗狗对象对应起来，创建一个 HashMap 类型的集合 map，具体编号"1"对应狗狗欧欧（ouou）、"2"对应狗狗亚亚（yaya）和"3"对应狗狗允允（yunyun），如引例 6-5 所示。

【引例6-5】Example05.java，代码如下：

```java
import java.util.HashMap;
import java.util.Iterator;
import java.util.Set;
public class Example04 {
    public static void main(String[] args) {
        // 创建 HashMap 集合 map
        HashMap<Integer, String>map=new HashMap<Integer, String>();
        // 向集合 map 中添加狗狗信息
        map.put(1, "ouou");
        map.put(2, "yaya");
        map.put(3, "yunyun");
        // 通过 size()方法获取集合 map 中包含的元素个数
        int num=map.size();
        System.out.println("集合 map 中包含"+num+"条狗狗信息");
        // 有 map 获取键集合 set
        Set<Integer>set=map.keySet();
        // 通过 set 集合利用迭代器访问 map 集合中 Key- Value 对
        Iterator<Integer>iterator=set.iterator();
        while(iterator.hasNext()){
            int a=iterator.next();
            System.out.println("集合 map 中的"+a+"对应的值是"+map.get(a));
        }
    }
}
```

运行结果如图6-12所示。

在引例6-5中，首先使用 new HashMap( )语句创建一个空的 HashMap 集合 Map（注意：这里使用了泛型集合），接着通过 Map 的 put（Object key，Object value）方法向集合中加入3个元素，接着通过 HashMap 的 size( )方法获得 Map 集合中存储元素的个数，再通过 Map 集合获得 key 的集合 Set 集合，最后通过迭代器来访问 Map 集合中对应的值。

2. TreeMap 集合

在 Java 中，Map 接口还有一个常用的实现类 TreeMap，它也是用来存储键值映射关系的，并且不允许出现重复的键。在 TreeMap 内部是通过二叉树的原理来保证键的唯一性，这与 TreeSet 集合存储的原理是一样的，因此 TreeMap 中所有的键都是按照某种顺序排列的。

3. Properties 集合

Map 接口还有一个实现类 Hashtable，它和 HashMap 十分相似，其中一个主要区别在于 Hashtable 是线程安全的。另外在使用方面，Hashtable 的效率也不及 HashMap，所以目前基本上被 HashMap 类所取代，但 Hashtable 类有一个子类 Properties 在实际应用中非常重要。Properties 主要用来存储字符串类型的键和值，在实际开发中，经常使用 Properties 集合类来存取应用的配置项。

假设有一个文本编辑工具，要求默认背景是红色，字体大小为14px，语言为中文，这些要求就可以使用 Properties 集合类对应的 properties 文件进行配置，如引例6-6所示（假设配置文件的文件名为 test.properties）。

【引例6-6】test.properties，代码如下：

```
Background- color = red;
Font- size = 14px;
Language = chinese;
```

接下来，就通过一个案例来学习 Properties 集合类如何对 properties 配置文件进行读取和写入操作（假设 test. properties 配置文件在项目的根目录下），如引例 6-7 所示。

【引例6-7】Example07.java，代码如下：

```java
import java.io.FileInputStream;
import java.io.FileOutputStream;
import java.util.Properties;
public class Example7 {
    public static void main(String[] args) throws Exception {
        // 1. 通过 Properties 进行属性文件读取操作
        Properties pps = new Properties();
        // 加载要读取的文件 test.properties
        pps.load(new FileInputStream("test.properties"));
        // 遍历 test.properties 键值对元素信息
        pps.forEach((k, v) - > System.out.println(k+"="+v));
        // 2. 通过 Properties 进行属性文件写入操作
        // 指定要写入操作的文件名称和位置
        FileOutputStream out = new FileOutputStream("test.properties");
        // 向 Properties 类文件写入键值对信息
        pps.setProperty("charset", "UTF- 8");
        // 将此 Properties 集合中新增键值对信息写入配置文件
        pps.store(out, "新增 charset 编码");
    }
}
```

运行结果如图 6-13 所示。

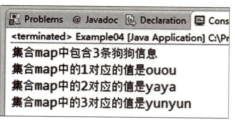

图 6-12 【引例6-5】运行结果

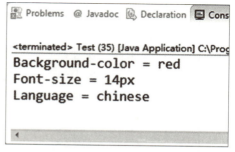

图 6-13 【引例6-7】运行结果

在引例 6-7 中，首先创建 Properties 集合对象，然后通过 I/O 流的形式读取了 test.properties 配置文件中的内容，并进行遍历，完成了 Properties 集合读取 properties 配置文件的操作。最后，同样通过 I/O 流的形式指定了要进行写入操作的文件地址和名称，使用 Properties 的 setProperty（）方法新增了一个键值对元素，并使用 store（）方法将新增信息写入 properties 配置文件中。

6.6　Collections 工具类

在 Java 中，针对集合的操作非常频繁，如将集合中的元素排序、从集合中查找某个元素等。针对这些常见操作，Java 提供了一个工具类专门用来操作集合，这个类就是 Collections，它位于 java.util 包中。Collections 类中提供了大量的静态方法用于对集合中元素进行排序、查找和修改等操作。

1. 添加、排序操作

Collections 类中提供了一系列方法用于对 List 集合进行添加和排序操作，如表 6-6 所示。

表 6-6　Collections 类常用的添加和排序方法

方法声明	功能描述
static \<T\> boolean addAll（Collection \<? super T\> c，T…element）	将所有指定元素添加到指定集合 c 中
static void reverse(List list)	反转指定 List 集合中的元素
static void shuffle(List list)	对 List 集合中的元素进行随机排序
static void sort(List list)	根据元素的自然顺序对 List 集合中的元素进行排序
static void swap(List list，int i，int j)	将指定 List 集合中的下标 i 处的元素和 j 处的元素进行交换

【引例 6-8】对添加、排序的方法进行说明，代码如下：

```
import java.util.ArrayList;
import java.util.Collections;
public class Example08 {
    public static void main(String[] args) {
        ArrayList<String> list=new ArrayList();
        // 添加元素
        Collections.addAll(list,"ouou","yaya","yunyun");
        System.out.println("排序前 :"+list);
        // 反转集合
        Collections.reverse(list);
        System.out.println("反转后 :"+list);
        // 按自然顺序排序
        Collections.sort(list);
        System.out.println("按自然顺序排序后 :"+list);
        // 随机打乱集合元素
        Collections. shuffle(list);
        System.out.println("按随机顺序排序后 :"+list);
        // 将集合首尾元素交换
```

```
                    Collections.swap(list, 0, list.size()- 1);
                    System.out.println("集合首尾元素交换后:"+list);
            }
    }
```

运行结果如图6-14所示。

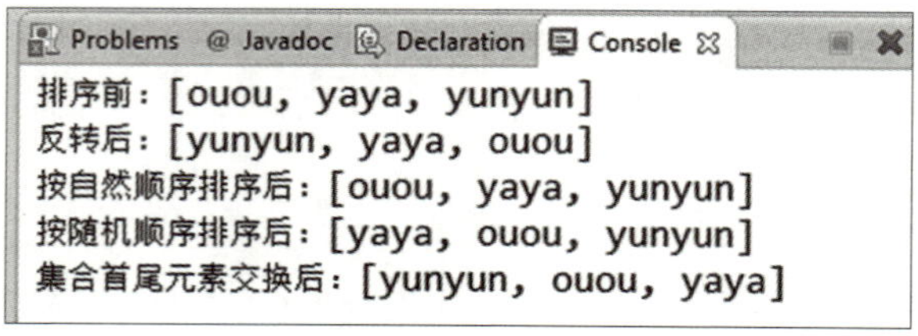

```
Problems  @ Javadoc  Declaration  Console ✕

排序前: [ouou, yaya, yunyun]
反转后: [yunyun, yaya, ouou]
按自然顺序排序后: [ouou, yaya, yunyun]
按随机顺序排序后: [yaya, ouou, yunyun]
集合首尾元素交换后: [yunyun, ouou, yaya]
```

图6-14   【引例6-8】运行结果

2. 查找、替换操作

Collections类还提供了一些常用方法用于查找和替换集合中的元素，如表6-7所示。

表6-7   Collections 类常用的查找和替换方法

方法声明	功能描述
static int binarySearch（List list，Object key）	使用二分法搜索指定对象在 List 集合中的索引，查找的 List 集合中的元素必须是有序的
static Object max（Collection col）	根据元素的自然顺序，返回给定集合中最大的元素
static Object min（Collection col）	根据元素的自然顺序，返回给定集合中最小的元素
static boolean replaceAll（List list，Object oldValue，Object newValue）	用一个新值 newValue 替换 List 集合中所有的旧值 oldValue

【引例6-9】 对查找、替换的方法进行说明，代码如下:

```java
import java.util.ArrayList;
import java.util.Collections;
public class Example09 {
    public static void main(String[] args) {
        ArrayList<Integer> list=new ArrayList<Integer>();
        Collections.addAll(list, 43,54,35,78,15);
        System.out.println("集合中的元素:"+list);
        System.out.println("集合中最大元素是:"+Collections.max(list));
        System.out.println("集合中最小元素是:"+Collections.min(list));
        // 将集合中的 15 换成 21
        Collections.replaceAll(list, 15, 21);
        System.out.println("替换后集合中的元素:"+list);
        // 使用二分法查找前,必须保证元素有序
        Collections.sort(list);
        System.out.println("集合排序后为:"+list);
        int index=Collections. binarySearch(list,35);
```

```
            System.out.println("集合通过二分查找方法查找元素 35 的下标为:"+index);
    }
}
```

运行结果如图 6-15 所示。

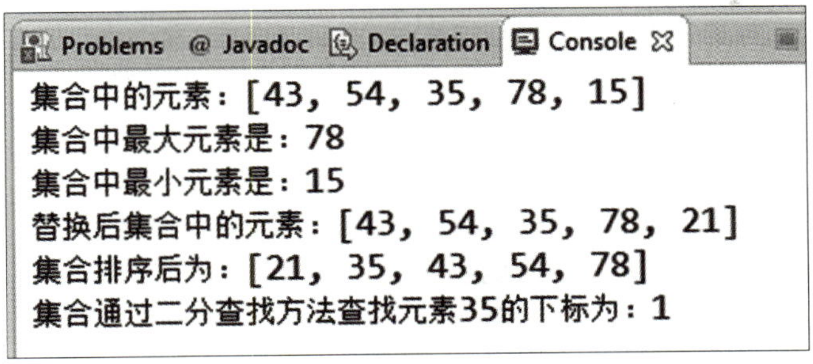

图 6-15 【引例 6-9】运行结果

Collections 工具类中还有一些其他方法,有兴趣的同学可以根据需要自学 API 帮助文档,这里就不再介绍了。

6.7 本章小结

本章详细介绍了 Java 中的常用集合类,从 Collection、Map 接口开始,重点讲解了 List 集合、Set 集合、Map 集合之间的区别,以及常用实现类的使用方法和需要注意的问题,另外还介绍了工具类 Collections。通过对本章的学习,读者应熟练掌握各种集合类的使用场景以及需要注意的细节。

6.8 本章习题

一、选择题

1. 要想保存具有映射关系的数据,可以使用下列 ( ) 集合(多选)。

A. ArrayList   B. TreeMap   C. HashMap   D. TreeSet

2. 使用 Iterator 时,判断是否存在下一个元素,可以使用 ( ) 方法。

A. next( )   B. hash( )   C. hasPrevious( )   D. hasNext( )

3. 以下 ( ) 方法是 LinkedList 集合中定义的(多选)。

A. getLast( )   B. getFirst( )

C. remove(int index)   D. next( )

4. 要想在集合中保存没有重复的元素并且按照一定的顺序排列,可以使用 ( ) 集合(多选)。

A. LinkedList   B. ArrayList   C. hashSet   D. TreeSet

二、填空题

1. 使用 Iterator 遍历集合元素时，首先需要调用_____方法判断是否存在下一个元素，若存在下一个元素，则调用_____方法取出该元素。

2. Map 集合中的元素都是成对出现的，并且都是以_____、_____的映射关系存在。

3. List 集合的主要实现类有_____、_____，Set 集合的主要实现类有_____、_____，Map 集合的主要实现类有_____、_____。

三、简答题

1. 请说出 Java 集合框架中的 4 个常用的接口或类。

2. List 接口和 Map 接口存储数据的方法名分别是什么？

3. 请描述使用 Iterator 接口遍历集合的步骤。

4. 简述 Collection 和 Collections 的区别。

6.9　上机指导

1. 采用 ArrayList 集合存储多条狗狗的信息，获取狗狗总数，逐条打印出各条狗狗的信息。删除指定位置的狗狗，如第一条狗狗。删除指定的狗狗，并判断集合中是否包含指定狗狗。

2. 使用 LinkedList 集合存储狗狗信息，并且实现在集合头部、尾部位置添加、获取、删除狗狗信息。

3. 使用 HashSet 存储多条狗狗信息，使用 Iterator 接口打印出狗狗信息。

第 6 章习题答案

第 7 章　I/O 流

【学习目标】

1. 了解流的概念。
2. 理解 I/O 流的分类。
3. 熟悉对象序列化操作。
4. 掌握 File 类的主要用法。
5. 掌握字节流和字符流读写文件的操作。

7.1　I/O流概述

课程思政

工作学习中，重要的事情记录在笔记本上才是最安全的。就像程序中的数据，最终还是要形成文件。养成良好的学习、工作习惯，才能有进步。

前面章节中编写的程序，在变量、数组和对象中存储的数据都是暂时存在的，程序运行结束后这些数据就会随着占用内存的释放而丢失。为了能够永久地保存程序中创建或产生的数据，需要将数据保存在磁盘文件中，这样就可以在其他程序中使用它们。Java中的I/O技术可以将数据保存到文本文件、二进制文件甚至是zip压缩文件中，以达到永久性保存数据的要求和目的。掌握I/O技术能够提升对程序数据的处理能力，因此即便是初学者也要掌握此项技术和方法。

I/O流即输入/输出流，I代表Input，O代表Output，I/O流是Java中实现输入/输出的基础，它可以方便地实现数据的输入/输出操作。

大多数程序都需要实现与设备间的数据传输，如通过键盘输入数据，显示器显示程序运行出的结果，将程序产生的数据保存到磁盘文件中等。在Java中，将这种通过不同输入/输出设备之间的数据传输表述为"流"。流是一组有序的数据序列，它提供了一条通道程序，可以把源中的字节序列送到目的地。源和目的地包括磁盘文件、键盘、鼠标、内存、显示器窗口等多种类型。根据操作类型的不同，流又可以分为输入流和输出流两种。

输入流是指程序从文件、网络、压缩包或其他数据源中读取数据到程序中，如图7-1所示。输出流指的是数据要到达目的地，程序通过向输出流中写入数据把信息传递到目的地，如图7-2所示。输出流的目的地可以是文件、网络、压缩包、控制台或其他数据输出目标。

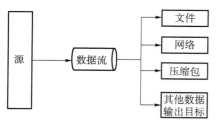

图7-1　输入流

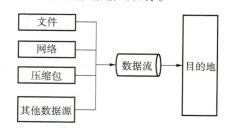

图7-2　输出流

由此可见，Java中的I/O流中的输入/输出都是相对于程序而言的。初学者在学习I/O流时，可以这样去理解、区分I/O流：程序运行时需要加载到内存中，如果数据是由程序产生的，需要保存至硬盘或者传输至网络，就需要使用输出流；反之，如果数据存在于硬盘中的某个文件，或者网络上，需要将数据读到程序中后进行操作，就需要使用输入流。

I/O流有很多种，可按照以下3种分类方式进行分类。

1. 根据流操作的数据单位的不同进行分类

根据流操作的数据单位的不同，I/O流可以分为字节流和字符流。字节流以字节为单位进行数据的读写，每次读写一个或多个字节数据；字符流以字符为单位进行数据读写，每次读写都是一个或多个字符数据。

2. 根据流传输方向的不同进行分类

根据流传输方向的不同，I/O流可以分为输入流和输出流。其中，输入流只能从流中读取数据，输出流只能向流中写入数据。

3. 根据流功能的不同进行分类

根据流功能的不同，I/O流可以分为节点流和处理流。节点流又称为低级流，是指可以从一个特定的I/O设备读写数据的流，它只能直接连接数据源，进行数据的读写操作；处理流又被称为高级流，主要作用在节点流上，对一个已经存在的节点流进行连接和封装，通过封装后的流来实现数据的读写能力。例如，缓冲流、转换流、对象流和打印流等都属于处理流，使得输入/输出更简单，执行效率更高。

Java中的I/O流主要定义在java.io包中，该包下定义了很多类，其中有4个类为流的顶级类，分别是InputStream和OutputStream、Reader和Writer。其中，InputStream和OutputStream是字节流，而Reader和Writer是字符流；InputStream和Reader是输入流，而OutputStream和Writer是输出流。I/O流顶级类的分类如图7-3所示。

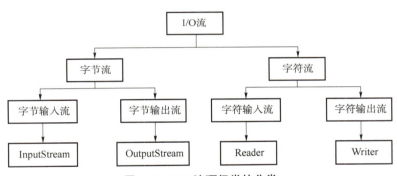

图7-3　I/O流顶级类的分类

需要注意的是，图7-3中的4个顶级类都是抽象类，并且是所有流类型的父类。本章中的I/O流内容都是围绕这4个类及其子类进行讲解的。

7.2　输入流和输出流

7.2.1　输入流

InputStream类是字节输入流的抽象类，是所有字节输入流的父类。InputStream类的具体层次结构如图7-4所示。

InputStream类中所有方法遇到错误都会引发IOException异常，下面对该类中的一些方法进行简要说明。

（1）read()方法：从输入流中读取数据的下一个字节，返回0~255范围内的一个int类型数值。如果已经读取到数据流末尾，没有可用的字节了，则返回值为-1。

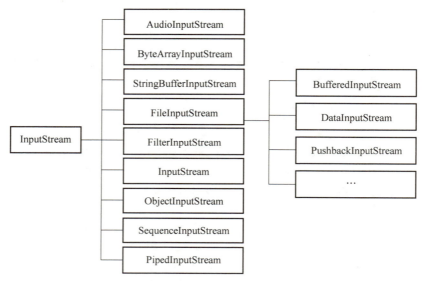

图 7-4　InputStream 类的具体层次结构

（2）read（byte[] b）方法：从输入流中读入一定长度的字节，并以整数的形式返回字节数。

（3）mark（int readlimit）方法：在输入流的当前位置放置一个标记，readlimit 参数告知此输入流在标记位置失效之前允许读取的字节数。

（4）reset（）方法：将输入指针返回到当前所做的标记处。

（5）skip（long n）：跳过输入流上的 n 个字节并返回实际跳过的字节数。

（6）markSupported（）方法：如果当前流支持 mark（）/reset（）操作就返回 true。

（7）close（）方法：关闭此输入流并释放与该流关联的所有系统资源。

【注意】 并不是所有的 InputStream 类的子类都支持 InputStream 中定义的所有方法，如 skip（）、mark（）、reset（）等方法只能用于某些子类。

Java 中的字符采用 Unicode 编码方式，是双字节的。InputStream 类是处理字节流的，不适合处理字符文本。因此，Java 为字符文本的输入专门提供了一套单独的类 Reader，需要注意的是，Reader 类并不是 InputStream 类的代替者，只是在处理字符串时简化了编程。Reader 类是字符输入流的抽象类，所有字符输入流的实现都是它的子类。Reader 类的具体层次结构如图 7-5 所示。

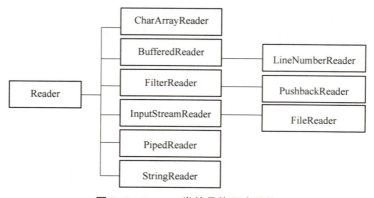

图 7-5　Reader 类的具体层次结构

7.2.2 输出流

OutputStream 类是字节输出流的抽象类，是所有字节输出流的父类。OutputStream 类的具体层次结构如图 7-6 所示。

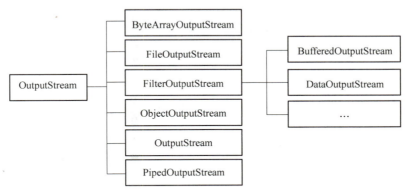

图 7-6 **OutputStream 类的具体层次结构**

OutputStream 类中的所有方法均返回 void，在遇到错误时会引发 IOException 异常。下面对 OutputStream 类中的方法进行简要说明。

（1）write(int b) 方法：将指定的字节写入输出流。

（2）write(byte[] b) 方法：将 b 个字节从指定的 byte 数组写入此输出流。

（3）write(byte[] b,int off,int len) 方法：将指定的 byte 数组中从偏移量 off 开始的 len 个字节写入此输出流。

（4）flush() 方法：彻底完成输出并清空缓存区。

（5）close() 方法：关闭输出流。

Writer 类是字符输出流的抽象类，所有字符输出流类的实现都是它的子类。Writer 类的具体层次结构如图 7-7 所示。

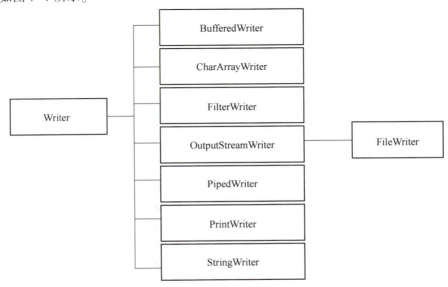

图 7-7 **Writer 类的具体层次结构**

7.3　File 类

File 类是 java.io 包中唯一代表磁盘文件本身的对象，Java 中凡是与输入、输出相关的类、接口都定义在 java.io 包中。File 类定义了一些与平台无关的方法来操作文件，可以通过调用 File 类中的方法，实现创建、删除、重命名文件等操作，文件类型包括.txt、.doc、.ppt、.jpg、.avi、.mp3 等。需要注意的是，File 类中的方法仅涉及上述操作，涉及文件内容的操作是无法实现的，必须通过 I/O 流才能完成。

File 类对象常作为 I/O 流的具体类的构造器的形参，主要用来获取文件本身的一些信息，如文件所在的目录、文件长度、文件读写权限等。数据流可以将数据写入文件中，文件也是数据流最常用的数据媒介。

7.3.1　文件的创建与删除

可以使用 File 类创建一个文件对象，通常使用以下 3 种构造方法来创建文件对象。

（1）File(String pathname)：该构造方法通过将给定路径名字字符串转换为抽象路径名来创建一个新的 File 实例。这个路径可以是从系统盘符开始的路径，即包括盘符在内的完整的文件路径，如 D:\file\ letter.txt，该路径指的是位于 D 盘根目录下的名为 file 的文件夹中的一个名为 letter 的文本文件。也可以表示为相对路径，如 letter. txt。此时，表明要打开或创建的文件和当前源程序文件位于同一目录下。

该构造方法的语法格式如下：

```
new File(String pathname)
```

示例代码如下：

```
File file=new File("D:/file/letter.txt");
```

【注意】在给定绝对路径时，分隔符不能使用单个"\"，容易和转义字符发生混淆。可以将绝对路径中的分隔符写成"/"或者"\\"。

（2）File(String parent，String child)：该构造方法根据定义的父路径和子路径字符串（包括文件名）创建一个新的 File 对象。parent 表示父路径字符串，child 表示子路径字符串。

示例代码如下：

```
File file=new File("D:/file","letter.txt");
```

（3）File(File parent,String child)：该构造方法根据 parent 抽象路径名和 child 路径名字符串创建一个新的 File 对象。

示例代码如下：

```
File file=new File("D:/file","letter.txt");
```

使用 File 类创建一个文件对象后，如上述示例代码所示，如果当前目录中不存在名为 letter 的文本文件，File 类对象可以通过调用 createNewFile( )方法创建一个名为 letter.txt 的文件；如果当前目录中已经存在该文件，可以通过文件对象的 delete( )方法将其删除。

【例7-1】 在 D 盘 myword 文件夹中创建一个名为 word.txt 的文件，如果该文件存在则将其删除，不存在则创建该文件。

【解】示例代码如下：

```java
public class Example7_1 {
    public static void main(String[] args) {
        File file = new File("D:/myword/word.txt");        // 创建文件对象
        if(file.exists()) {                                // 如果文件存在
            file.delete();                                 // 删除文件
            System.out.println("文件已删除!");
        } else {
            try {
                file.createNewFile();
                System.out.println("文件已创建");
            } catch (Exception e) {
                e.printStackTrace();
            }
        }
    }
}
```

运行结果如图 7-8 所示。

图 7-8 【例 7-1】运行结果及本地创建好的文件

将上述代码第二次运行，运行结果如图 7-9 所示。

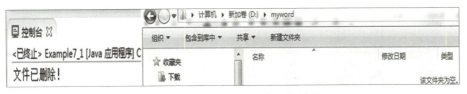

图 7-9 【例 7-1】二次运行结果

【注意】上述代码中没有创建文件夹的语句，所以需要在运行代码前在 D 盘根目录下创建一个名为 myword 的文件夹，否则会出现路径找不到异常。

7.3.2 File 类的常用方法

File 类提供了一系列方法，用于操作其内部封装的路径指向的文件或者目录，如判断文件或目录是否存在，创建、删除文件对象等。其常用方法如表 7-1 所示。

表7-1 File 类的常用方法

方法	返回值	说明
getName( )	String	获取文件名称
canRead( )	boolean	判断文件是否是可读的
canWrite( )	boolean	判断文件是否是可写的
exits( )	boolean	判断文件是否存在
length( )	long	获取文件长度（以字节为单位）
getAbsolutePath( )	String	获取文件的绝对路径
getParent( )	String	获取文件的父路径
isFile( )	boolean	判断是否是一个文件
isDirectory( )	boolean	判断是否是一个目录
isHidden( )	boolean	判断文件是否是隐藏文件
lastModified( )	long	获取文件最后的修改时间

【例7-2】 获取 D 盘 myword 文件夹中的 word.txt 文件的文件名、大小和最后修改时间，判断该文件是否为隐藏文件。

【解】 示例代码如下：

```java
public class Example7_2 {
    public static void main(String[] args) {
        File file = new File("D:/myword/word.txt");          // 创建文件对象
        if(file.exists()) {                                   // 如果文件存在
            String name = file.getName();                     // 获取文件名称
            long length = file.length();                      // 获取文件长度
            boolean hidden = file.isHidden();                 // 判断文件是否为隐藏文件
            System.out.println("文件名称为:"+name);
            System.out.println("文件长度为:"+length);
            System.out.println("该文件是隐藏文件吗?"+hidden);
        } else {
            System.out.println("该文件不存在,无法进行操作!");
        }
    }
}
```

运行结果如图 7-10 所示。

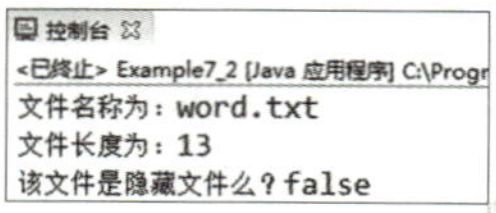

图7-10 【例7-2】运行结果

【提示】 在 word.txt 中提前输入了 hello world，故文件长度不为 0。

7.4 字节流

7.4.1 字节流概述

在计算机中，所有文件（包括文本、图片、音频、视频等）都是以二进制（字节）形式存在的，I/O 流中针对字节的输入/输出提供了一系列的流，统称为字节流。

字节流是程序中最常用的流，根据数据的传输方向不同可以分为字节输入流和字节输出流。在 Java 中，字节流的顶级父类是 InputStream 和 OutputStream 两个抽象类，所有的字节流都继承自它们。下面分别介绍一下这两个抽象类。

InputStream 是输入流，可以看作一个输入管道，数据通过 InputStream 从源设备输入程序中。InputStream 提供了一些读取数据的方法，如表 7-2 所示。

表 7-2 **InputStream** 读取数据的方法

方法声明	功能描述
int read( )	从输入流读取一个字节，把它转换为 0 ~ 255 之间的整数，并返回这一整数。当没有可用字节时，返回−1
int read(byte[] b)	从输入流读取若干字节，把它们保存到参数 b 指定的 byte 型数组中，返回的整数表示读取的字节数目
int read(byte[] b, int off, int len)	从输入流读取若干字节，把它们保存到参数 b 指定的 byte 型数组中，off 指定 byte 型数组开始保存数据的起始下标，len 表示读取的字节长度
void close( )	关闭此输入流并释放与该流关联的所有系统资源

OutputStream 是输出流，可以看作一个输出管道，数据通过 OutputStream 从程序输出到目标设备。OutputStream 提供了一些写入数据的方法，如表 7-3 所示。

表 7-3 **OutputStream** 写入数据的方法

方法声明	功能描述
void write(int b)	向输出流写入一个字节的数据
void write(byte[] b)	把参数 b 指定的 byte 型数组中的所有字节写入输出流
void write(byte[] b, int off, int len)	将指定的 byte 型数组 b 中，从偏移量 off 开始的 len 个字节写入输出流
void flush( )	刷新此输出流并强制写出所有缓冲的输出字节
void close( )	关闭此输出流并释放与该流关联的所有系统资源

7.4.2　字节流读写文件

　　程序运行时，大部分数据都在内存中进行操作，当程序运行结束时，这些数据便会消失。如果需要将数据永久保存，则需要将数据保存到文件中。在 Java 中，针对文件的读写操作，分别提供了两个类：FileInputStream 和 FileOutputStream。

　　如果用户的文件读取数据要求比较简单，可以使用 FileInputStream 类完成，该类继承自 InputStream 类，是操作文件的字节输入流，专门用于读取文件中的数据。从文件读取数据是重复性操作，一般通过循环语句实现。

　　FileOutputStream 是 OutputStream 的子类，是操作文件的字节输出流，专门用于把数据写入文件中。

　　【例7-3】　向 D 盘 myword 文件夹中的 word.txt 文件写入信息，再把写入的信息读取到控制台上。

　　【解】　示例代码如下：

```java
public class Example7_3 {
    public static void main(String[] args) {
        File file = new File("D:/myword/word.txt");              // 创建文件对象
        // 写入数据操作
        try {
            FileOutputStream fos = new FileOutputStream(file);   // 创建输出流对象
        // 创建 byte 型数组
            byte[] b = "我喜欢 Java 编程,我要好好学习 Java".getBytes();
            fos.write(b);
            fos.close();
        } catch (Exception e) {
            // TODO 自动生成的 catch 块
            e.printStackTrace();
        }
        // 读取数据操作
        try {
            FileInputStream fis = new FileInputStream(file);     // 创建输入流对象
            byte byt[] = new byte[1024];                         // 创建 byte 型数组
            int len = fis.read(byt);                             // 从文件中读取数据,存入 byt 数组中
            // 将文件中的信息输出
            System.out.println("文件中的信息是:"+new String(byt, 0, len));
            fis.close();
        } catch (Exception e) {
            // TODO 自动生成的 catch 块
            e.printStackTrace();
        }
    }
}
```

　　运行结果如图 7-11 所示。

在例7-3代码中，将写入数据和读取数据分为两部分完成。写入数据时，利用 FileOutput Stream 的构造方法创建输出流对象，将要写入的字符串数据通过 getByte( ) 方法存放在 byte 型数组中，利用输出流的 write(byte[ ] b) 方法将 byte

控制台 ☒
<已终止> Example7_3 [Java 应用程序] C:\Program Files\Java\jdk1.8.0_191\bi
文件中的信息是：我喜欢Java编程，我要好好学习Java

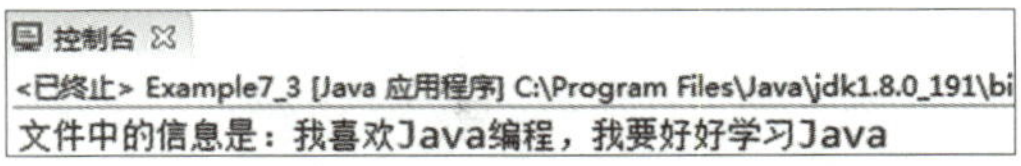

图7-11 【例7-3】运行结果

型数组中的输入写入输出流指定的文件对象中。读取数据时，分别创建指向文件对象的输入流对象，提前定义一个 byte 型数组和一个 int 变量代表读取的数据字节长度，利用 int read(byte[ ] b) 方法将文件中的数据读取到 byte 型数组中，再把 byte 型数组转换成 String 型字符串输出到控制台上。

7.4.3　文件的复制

在应用程序中，I/O 流通常都是成对出现的，如上一小节中的例7-3，如果将输出流的文件对象指向另一个文件，就变成了文件的复制操作。

【例7-4】 在 D 盘 myword 文件夹下存放一张名为 spring.jpg 的图片，将该图片复制到 C 盘根目录下，命名为 spring_copy.jpg。

【解】 示例代码如下：

```java
public class Example7_4 {
    public static void main(String[] args) {
        // 定义文件对象指向要复制的图片
        File file1 = new File("D:/myword/spring.jpg");
        // 定义文件对象指向要生成的图片
        File file2 = new File("C:/spring_copy.jpg");
        try {
            // 定义输入流指向要复制的文件对象
            FileInputStream fis = new FileInputStream(file1);
            // 定义输出流指向要生成的文件对象
            FileOutputStream fos = new FileOutputStream(file2);
            int len;
            // 记录复制开始时的系统时间
            long startTime = System.currentTimeMillis();
            // 将读入的数据存到字节数组中,只要读取返回值不等于-1,说明没有读取结束
            while((len = fis.read())! = - 1){
                // 将数组中的数据写入输出流中
                fos.write(len);
            }
            // 记录复制结束时的系统时间
            long endTime = System.currentTimeMillis();
            // 输出复制花费的时间
            System.out.println("复制文件花费时间："+(endTime- startTime)+"毫秒");
            // 关闭输入流和输出流
            fis.close();
            fos.close();
```

```
        } catch (Exception e) {
            e.printStackTrace();
        }
    }
}
```

运行结果如图7-12所示。

图 7-12　复制后在 C 盘生成的图片文件

程序运行结束后，在 C 盘根目录下生成了名为 spring_copy.jpg 的图片。在复制图片的过程中，利用 while 循环对原图片文件逐个字节进行读取，每循环一次，利用FileInputStream的 read( ) 方法读取一个字节，并通过 FileOutputStream 的 write( )方法将读取到的字节写入输出流指定的文件对象中，直到读取的长度进为-1，表示已经读取到文件末尾，循环结束，完成文件的复制。这样的操作适用于图片、文本、音频、视频等多种文件的复制操作。

对于文件的复制操作还可以进行代码优化，定义一个较大的 byte 型数组，先将文件数据读取到数组中，再把数组中的数据一次性写入新文件对象中，这样可以大大地提高复制操作的效率。优化后的代码如下：

```
        …
    // 定义一个 byte 型数组
        byte[] b=new byte[1024];
        int len;
    // 记录复制开始时的系统时间
        long startTime=System.currentTimeMillis();
    // 将读入的数据存到字节数组中,只要读取返回值不等于-1,说明没有读取结束
        while((len=fis.read(b)) ! =-1) {
            // 将数组中的数据写入输出流中
            fos.write(b,0,len);
    }
        …
```

优化后的代码运行结果如图7-13所示。

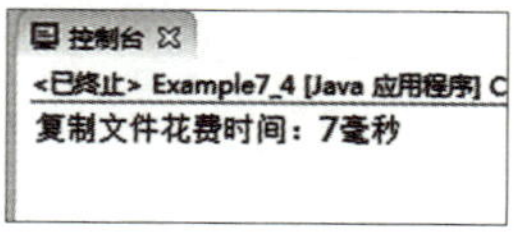

【说明】 定义的 byte 型数组的大小会影响复制文件花费的时间，数组越大，复制时间越短。读者可以改变数组长度进行多次试验。省略部分的代码与例7-4一样。

图 7-13　优化后的代码运行结果

7.4.4　**字节缓冲流**

例 7-4 讲解的普通字节流是逐个字节进行输入或输出的，这样虽然可以完成工作，但是在效率上有很大的问题。当进行文件读取时，会把文件数据先加载到内存，然而刚刚加载了一个字节到内存，马上又要调用磁盘，把这个字节写到磁盘上。众所周知，磁盘的效率比内存要低得

多，在磁盘写入的过程中，内存只能等待，当磁盘写完一个字节后，内存再把下一个字节交给磁盘，让磁盘继续写下一个字节，周而复始，直至文件读取写入完毕，这样的程序执行效率较为低下。因为频繁地调用磁盘，导致无法发挥内存速度快的优点。于是，为了提高传输效率，出现了缓冲流。

缓冲流并不是每一个字节都要调用一次磁盘，而是根据设置的缓冲区大小决定，每当缓冲区满了以后，再调用一次磁盘。例如，将缓冲区大小设置为3字节，结果就是每次缓冲区有3个字节的数据以后，再调用一次磁盘。这样一来，调用磁盘的次数就减少了很多，使效率得到了很大的提升。文件越大，缓冲流效率的提升越明显。

在java. io包中，提供了两个带有缓冲区的字节流，分别是 BufferedInputStream 和 BufferedOutputStream，其对应的构造方法分别接收 InputStream 和 OutputStream 类型的参数作为对象，在读写数据时提供缓冲功能。

【例7-5】 将例7-4使用字节缓冲流实现。

【解】 示例代码如下：

```java
public class Example7_5 {
    public static void main(String[] args) {
        // 定义文件对象指向要复制的图片
        File file1 = new File("D:/myword/spring.jpg");
        // 定义文件对象指向要生成的图片
        File file2 = new File("C:/spring_copy.jpg");
        try {
            // 定义输入流指向要复制的文件对象
            BufferedInputStream bis = new BufferedInputStream(new FileInputStream(file1));
            // 定义输出流指向要生成的文件对象
            BufferedOutputStream bos = new BufferedOutputStream(new FileOutputStream(file2));
            int len = 0;
            // 记录复制开始时的系统时间
            long startTime = System.currentTimeMillis();
            // 通过循环读取字节输入缓冲流中的数据,并通过输出字节缓冲流写入文件中
            while((len = bis.read())! = - 1) {
                bos.write(len);
            }
            // 记录复制结束时的系统时间
            long endTime = System.currentTimeMillis();
            // 输出复制花费的时间
            System.out.println("复制文件花费时间:"+(endTime- startTime)+"毫秒");
            // 关闭输入流和输出流
            bis.close();
            bos.close();
        } catch (Exception e) {
            e.printStackTrace();
        }
    }
}
```

运行结果如图 7-14 所示。

通过两个程序运行结果对比，不难发现使用缓冲流完成读写操作需要的时间明显缩短，大大提高了数据的读写效率。

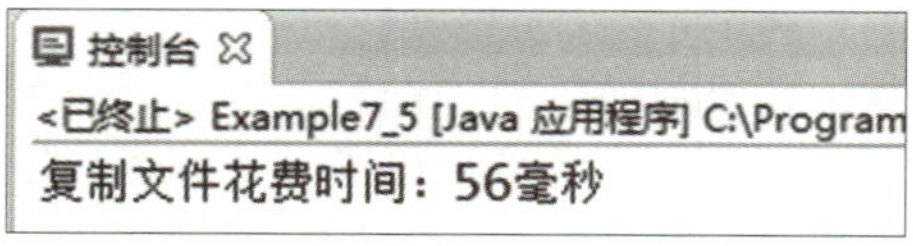

图 7-14 　【例 7-5】运行结果

7.5　字符流

7.5.1　字符流概述

使用 FileInputStream 和 FileOutputStream 类向文件读取和写入数据，存在一点不足之处，即这两个类都只提供了对字节或字节数组的读取方法。由于汉字在内存中存储时占用两个字节，如果使用字节流操作由汉字组成的文件，容易出现乱码情况，为此 Java 提供了用于实现字符操作的字符流。

同字节流一样，字符流也有两个顶级的抽象父类，分别为 Reader 和 Writer。Reader 是字符输入流，用于从源设备读取字符；Writer 是字符输出流，用于向某个目标设备写入字符。Reader 和 Writer 作为字符流的顶级父类，也有许多子类（Reader 类和 Writer 类的层次结构参看图 7-5 和图 7-7）。

其中，FileReader 和 FileWriter 用于读写文件，BufferedReader 和 BufferedWriter 具有缓冲功能，使用它们可以提高读写文件的效率。

7.5.2　字符流操作文件

在程序开发过程中，经常需要对文本文件的内容进行读取，如小说阅读器程序，单击"下一章"后可以显示整页的文字。类似这样的程序中，可以使用字符输入流 FileReader 从文件或网络中读取一个或一组字符。接下来通过案例说明如何使用 FileReader 读取小说的章节内容。

【例 7-6】 在 D 盘根目录下有一个名为 xiaoshuo.txt 的文本文件，请利用字符输入流读取该文件内容并显示在控制台上。

【解】 示例代码如下：

```java
public class Example7_6 {
    public static void main(String[] args) {
        // 定义文件对象指向要读取的文件
        File file = new File("D:/xiaoshuo.txt");
        try {
            // 定义字符输出流对象
            FileReader fr = new FileReader(file);
            int len = 0;
            // 标记开始读取前的系统时间
            long startTime = System.currentTimeMillis();
```

```
// 利用循环读取按字符读取文件,每读取一个字符输出一个
while((len = fr.read())! = - 1){
    System.out.print((char)len);}
// 循环读取操作结束后记录系统时间
long endTime = System.currentTimeMillis();
// 计算读取文件花费的时间
System.out.println("\n 读取花费时间 :"+(startTime- endTime)+"毫秒");
fr.close();
} catch (Exception e) {
    e.printStackTrace();
}
}
}
```

运行结果如图 7-15 所示。

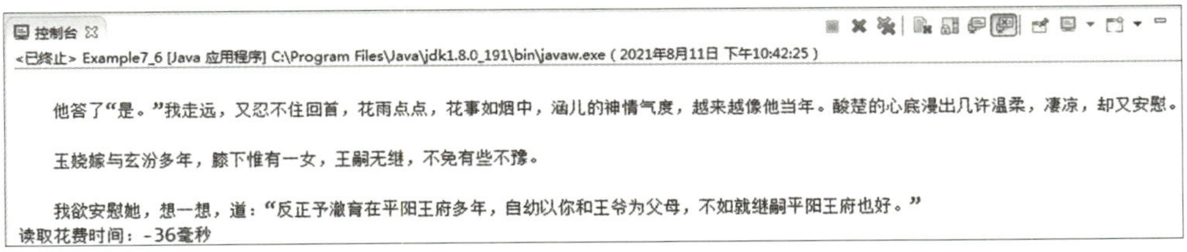

图 7-15 【例 7-6】运行结果

从图 7-15 可以看到,利用 FileReader 的 read( )方法一次读取一个字符,可以实现读取长文档的操作,完成文档的读取耗时 36 毫秒。将上述代码进行更改,先将文档数据读取到一个字符数组中,再将数组进行输出,通过比较程序运行时间,观察代码是否优化。改进后的代码如下:

```
…
char b[] = new char[1024];
// 标记开始读取前的系统时间
long startTime = System.currentTimeMillis();
// 先将文件的数据读取到字符数组 b 中,再输出字符数组
while((len = fr.read(b))! = - 1){
    System.out.print(b);
}
…
```

改进后的代码运行结果如图 7-16 所示。

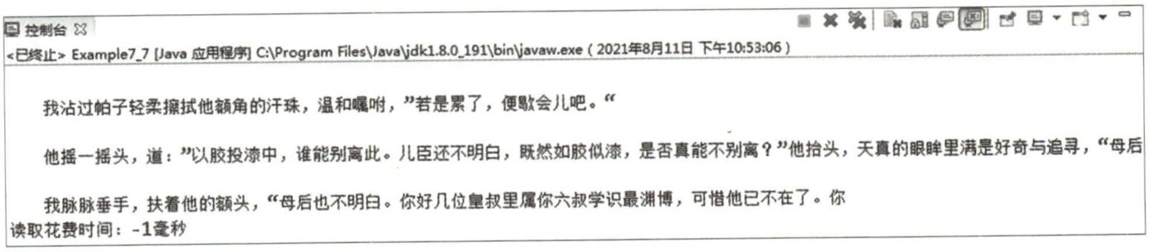

图 7-16 改进后的代码运行结果

通过对比运行时间，不难发现利用字符数组可以大大提高读取的效率。同样，利用缓冲字符输入流也可以提高读取效率。

接下来介绍如何使用 FileWriter 进行写入操作。

【例7-7】 在 D 盘的 myword 文件中生成一个名为"软件工程师基本要求.txt"文件，写入下面的内容：

软件工程师的基本要求，树立软件产业界整体优良形象：

01 自觉遵守公民道德规范标准和中国软件行业基本公约。

02 讲诚信，坚决反对各种弄虚作假现象，忠实做好各种作业记录，不隐瞒、不虚构，对提交的软件产品及其功能，在有关文档上不作夸大不实的说明。

03 讲团结、讲合作，有良好的团队协作精神，善于沟通和交流。

04 有良好的知识产权保护观念，自觉抵制各种违反知识产权保护法规的行为，不购买和使用盗版的软件，不参与侵犯知识产权的活动，在自己开发的产品中不拷贝、复用未获得使用许可的他方内容。

05 树立正确的技能观，努力提高自己的技能，为社会和人类造福，绝不利用自己的技能去从事危害公众利益的活动。

【解】 示例代码如下：

```java
public class Example7_7 {
    public static void main(String[] args) throws Exception {
        // 定义文件对象
        File file＝new File("D:/myword/软件工程师基本要求.txt");
        // 定义字符输入流指向要生成的文件
        FileWriter fw＝new FileWriter(file);
        // 将要写入的内容定义为字符串
        String yqString="软件工程师的基本要求,树立软件产业界整体优良形象:"+
        "\n01 自觉遵守公民道德规范标准和中国软件行业基本公约。"+
        "\n02 讲诚信,坚决反对各种弄虚作假现象,忠实做好各种作业记录,不隐瞒、不虚构,对提交的软件产品及其功能,在有关文档上不作夸大不实的说明。"+
        "\n03 讲团结、讲合作,有良好的团队协作精神,善于沟通和交流。"+
        "\n04 有良好的知识产权保护观念,自觉抵制各种违反知识产权保护法规的行为,不购买和使用盗版的软件,不参与侵犯知识产权的活动,在自己开发的产品中不拷贝、复用未获得使用许可的他方内容。"+
        "\n05 树立正确的技能观,努力提高自己的技能,为社会和人类造福,绝不利用自己的技能去从事危害公众利益的活动。";
        // 利用 write(String str)方法将字符串写入到输出流中
        fw.write(yqString);
        fw.close();
        System.out.println("写入成功");
    }
}
```

运行结果如图 7-17 所示。

利用 FileWriter 字符输入流写入数据时，可以提前将要写入的数据定义为字符串、字符数组等形式，利用 write(cahr[ ] cbuf) 或 write(String str) 等方法写入数据。写入操作比较简单，不再赘述。同样，可以同时利用字符输入流 FileReader 和字符输出流 FileWriter 完成文本文件的复制操作。具体操作可参看例 7-4 的代码，读者可以自行完成。

图 7-17　【例 7-7】运行结果

7.6　对象序列化

7.6.1　序列化的定义

Java 是面向对象的语言，很多时候都需要定义类和对象，有时候可能需要将一些对象描述的内容永久保存到文件中，这时就需要使用对象序列化。序列化是 RMI（Remote Method Invoke，远程方法调用）过程的参数和返回值都必须实现的机制，而 RMI 是 JavaEE 平台的基础，因此序列化机制是 JavaEE 平台的基础。

对象序列化（Serializable）是指将一个 Java 对象转换成一个 I/O 流中字节序列的过程。其目的是将对象保存到磁盘上，或允许在网络中直接传输对象。对象序列化机制可以使内存中的 Java 对象转换成与平台无关的二进制流，既可以将这种二进制流持久地保存在磁盘上，也可以通过网络将这种二进制流传输到另一个网络节点，其他程序在获取了这种二进制流后，还可以将它恢复成原来的 Java 对象。将 I/O 流中的字节序列恢复为 Java 对象的过程称为反序列化（Deserialize）。

序列化时，用 ObjectOutputStream 类将一个 Java 对象写入 I/O 流中。反序列化时，用 ObjectInputStream类从 I/O 流中恢复该 Java 对象。ObjectOutputStream 和 ObjectInputStream 用于存储和读取对象的处理流。

7.6.2　序列化方法

如果需要让某个对象支持序列化机制，则必须让其类是可序列化的，为了让某个类是可序列化的，该类必须实现以下两个接口之一：Serializable 或 Externalizable。一般情况下我们选择实现 java.io.Serializable 接口，好处在于可将对象转化为字节数据，使其在保存和传输时还可以被还原。

凡是实现 Serializable 接口的类都有一个表示序列化版本标识符的静态变量：private static final long serialVersionUID。serialVersionUID 用来表明类的不同版本间的兼容性，如果类没有显示定义这个静态变量，则它的值是 Java 运行时环境根据类的内部细节自动生成的。若类的源代码作了修改，则 serialVersionUID 可能发生变化，因此建议要显示声明。

对象的序列化，需要完成以下两个步骤。

（1）创建一个 ObjectOutputStream 对象。

（2）调用 ObjectOutputStream 对象的 writeObject（对象）方法输出可序列化对象，注意写出一次，操作 flush( )。

【例 7-8】 以 Tiger 类为例，将对象存储到 D 盘 myword 文件夹下的 tiger_info.txt 文件中。

【解】示例代码如下：

```java
public class Example7_8 {
    public static void main(String[] args) throws Exception {
        // 创建 Tiger 对象
        Tiger tiger = new Tiger("小豫", 5, "公", 2020);
        File file = new File("D:/myword/tiger_info.txt");
        // 序列化
        // 创建 ObjectOutputStream 对象
        ObjectOutputStream oos = new ObjectOutputStream(new FileOutputStream(file));
        // 利用 writeObject()方法写入对象信息
        oos.writeObject(tiger);
        oos.flush();
        oos.close();
        System.out.println("序列化成功");
        // 反序列化
        ObjectInputStream ois = new ObjectInputStream(new FileInputStream(file));
        Tiger new_tiger = (Tiger) ois.readObject();
        System.out.println("老虎名字:"+new_tiger.getName());
        System.out.println("老虎年龄:"+new_tiger.getAge()+"岁");
        System.out.println("老虎性别:"+new_tiger.getSex());
        System.out.println("老虎入园时间:"+new_tiger.getIntimacy()+"年");
        System.out.println("反序列化成功");
    }
}
// 定义 Tiger 类,并实现 Serializable 接口
class Tiger implements Serializable{
    // 生成序列化版本标识符的静态变量
    private static final long serialVersionUID = 1L;
    String name;
    int age;
    String sex;
    int Intimacy;                    // 入园年份
    public Tiger(String name,int age,String sex,int Intimmacy) {
        this.name = name;
        this.age = age;
        this.sex = sex;
```

```
            this. Intimacy = Intimmacy ;
    }
    … // 省略的 getter ( ) 和 setter ( ) 方法、toString ( ) 方法
```

运行结果如图 7-18 所示。

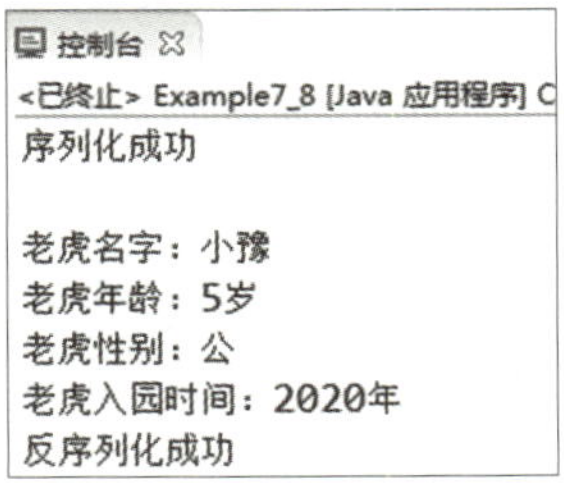

在上述代码中，进行对象序列化时，需要调用 ObjectOutput-Stream 类的构造方法，其中的参数需要使用 FileOutputStream 对象，将对象信息通过 writeObject (Object obj) 方法转换为字节流写入指定的文件对象中。要进行序列化的类必须实现 Serializable 接口，Serializable 接口内并没有定义任何方法，它只是一个"标记接口"。虚拟机执行序列化指令的时候会检查，要序列化的对象所对应的类型是否继承了 Serializable 接口，如果没有将拒绝执行序列化指令并抛出异常。实现 Serializable 接口后，记得添加表示序列化版本标识符的静态变量。序列化生成的 txt 文件打开是乱码，此

图 7-18　【例 7-8】运行结果

时可以通过反序列化方式将文件中的数据信息读取出来，并输出到控制台上。反序列化时需要调用 ObjectInputStream 类生成对象，对应的是字节输入流 FileInputStream，利用 ReadObject ( ) 方法将返回结果赋值给 Tiger 类对象，并需要进行强制类型转换。最后，可以通过 Tiger 类的 getter ( ) 方法将对应的信息输出到控制台上。

7.6.3　序列化注意事项

在进行对象序列化时需要注意以下几点。

（1）如果一个类的对象要进行序列化，其字段必须是基本数据类型或可序列化的引用类型，否则拥有该类型的 Field 的类也不能序列化。

（2）ObjectOutputStream 和 ObjectInputStream 不能序列化 static 和 transient 修饰的成员变量。

（3）serialVersionUID 适用于 Java 的序列化机制。通过判断 serialVersionUID 来验证版本的一致性。在进行反序列化时，虚拟机会把传过来的字节流中的 serialVersionUID 与本地实体类的 serialVersionUID 进行比较，如果相同则认为一致，可以进行反序列化；如果不一致就会出现异常，无法实现反序列化操作。

（4）serialVersionUID 的变量值默认是 1L，也可以根据类名、接口名、成员方法及属性等生产一个 64 位哈希字段。

7.7　本章小结

本章主要介绍了 Java 输入、输出体系的相关知识。首先讲解了 File 文件类的常用方法；然后重点讲解了如何使用字节 I/O 流读写磁盘上的文件、复制文件，缓冲流的用法，以及如何使用字符 I/O 流读写中文文件；最后讲解了对象序列化的相关知识。通过对本章的学习，读者应熟练掌握使用 I/O 流对文件进行读写、复制以及对象序列化和反序列化等相关知识。

7.8　本章习题

一、选择题

1. File 类中以字符串形式返回文件绝对路径的方法是（　　）。

A. getParent( )　　　　　B. getName( )　　　　C. getAbsolutePath( )　　　D. getPath( )

2. 以下选项中，（　　）流使用了缓冲区技术。

A. BufferedOutputStream　　　　　　　　B. FileInputStream

C. FileReader　　　　　　　　　　　　　D. FileWriter

3. 在 Java 中，输入输出的处理需要引入的包是（　　）。

A. java.lang　　　　　B. java.math　　　　C. java.System　　　　D. java.io

4. 在 FilterOutputStream 类的构造方法中，下面（　　）类是合法的。

A. File　　　　　　　　　　　　　　　　B. InputStream

C. OutputStream　　　　　　　　　　　　D. FileOutputStream

5. 计算机处理的最小数据单元称为（　　）。

A. 位　　　　　　　B. 字节　　　　　　C. 兆　　　　　　D. 文件

二、填空题

1. Java 中 I/O 流按所操作的数据单位的不同，分为_____和_____；按流传输方向的不同，分为_____和_____。

2. Java 中的对象序列化需要进行序列化的类实现_____接口。

3. 字节流的顶级父类是_____和_____两个抽象类。

4. 为了提高数据的读写速度，可以使用_____完成读写操作。

5. 字符流继承自_____和_____。

三、简答题

1. 简述 I/O 流概念及分类。

2. 什么是对象序列化？如何实现序列化操作？

3. 简述字节流读取数据时用到的各 read( ) 方法的区别。

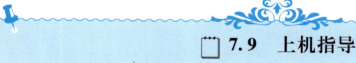

7.9　上机指导

1. 在指定的路径"D:\java\io"下新建一个.txt 文件"test.txt"，利用程序在文件中写入如下内容：

Java 是一种可以撰写跨平台应用软件的面向对象的程序设计语言，是由 Sun 公司于 1995 年 5 月推出的 Java 程序设计语言和 Java 平台（即 JavaSE，JavaEE，JavaME）的总称。Java 技术具有卓越的通用性、高效性、平台移植性和安全性，广泛应用于 PC、数据中心、游戏控制台、科学超级计算机、移动电话和互联网，同时拥有全球最大的开发者专业社群。在全球云计算和移

第 7 章习题答案

动互联网的产业环境下，Java 具备显著优势和广阔前景。

2. 利用程序读取第 1 题中生成的 test.txt 文件的内容，并在控制台输出。

3. 从键盘输入字符串，要求将读取到的整行字符串转成大写输出，然后继续进行输入操作，直至当输入"e"或者"exit"时，退出程序。

4. 定义一个 Person 类，包含姓名、年龄、性别、出生日期，其中出生日期属性字段类型为自定义的 Date 类，Date 类包含 3 个整数型属性字段，分别是年、月、日。实例化一个 Person 类对象（"李萌萌"，18，"女"，"2003-8-6"），利用对象序列化将此信息写入 D 盘根目录下的 stu.txt 文件中，并通过反序列化方式在控制台输出。

第 8 章　GUI（图形用户界面）

【学习目标】

1. 了解 Swing 的相关概念。
2. 了解 Swing 顶层容器的使用。
3. 了解 GUI 中的布局管理器。
4. 掌握 GUI 中的事件处理机制。
5. 熟悉 Swing 常用组件的使用。

8.1　Swing 概述

课程思政

　　作为软件工作者，要循序渐进、触类旁通地做好图形用户界面。在生活中，我们也要享受审美带来的乐趣，懂得从细节中取胜的态度。

　　通过图形用户界面（Graphics User Interface，GUI），用户和程序之间可以方便地进行交互，CUI 包括窗体、菜单、按钮、工具栏和其他各种图形界面元素。Java 早期对 GUI 进行设计时，主要使用 Java 的 java.awt 包，即 Java 抽象窗体工具包（Abstract Window Toolkit，AWT），它提供了许多用来设计 GUI 的组件类，如 Button（按钮）、TextField（文本框）、List（列表）等。JDK 1.2 推出之后，增加了一个新的 javax.swing 包，该包是以 AWT 为基础构建起来的，提供了功能更为强大的用来设计 GUI 的类，如 JButton、JList 等，多数 Swing 组件以字母 J 开头。AWT 和 Swing 是合作关系，而不是 Swing 取代了 AWT。Java.awt 和 javax.swing 包中一部分类的层次关系如图 8-1 所示。

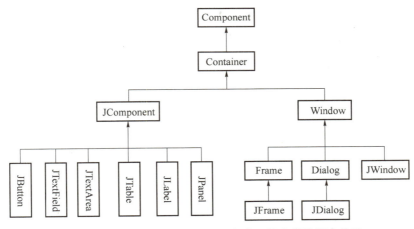

图 8-1　Java.awt 和 javax.swing 包中一部分类的层次关系

　　从图 8-1 可看出，Swing 组件的所有类都继承自 Container 类，然后根据 GUI 开发的功能扩展了两个主要分支，即容器（Window）类和组件（JComponent）类。其中，容器分支是为了实现图形化用户界面窗体的容器而设计的，在容器分支中，Swing 组件类中有 3 个组件是继承自 AWT 的 Window 类，而不是继承自 JComponent 类，这 3 个组件是 Swing 中的顶层容器类，它们分别是 JWindow、JFrame 和 JDialog；组件分支则是为了实现向容器中填充数据、元素和交互组件等功能而设计的。在学习 GUI 编程时，必须很好地理解、掌握 Swing 组件与 AWT 组件。

　　Swing 组件与 AWT 组件最大的不同是，Swing 组件实现时不包含任何本地代码，被称为轻量级组件，因此 Swing 组件可以不受硬件平台的限制，具有更多的功能。包含本地代码的 AWT 组件被称为重量级组件。这两种组件通常不应一起使用，推荐使用 Swing 组件，常用的 Swing 组件如表 8-1 所示。

表 8-1　常用的 Swing 组件

组件名称	含　义
JButton	代表 Swing 按钮，按钮可以带一些图片或文字
JCheckBox	代表 Swing 中的复选框组件
JComBox	代表下拉列表框，可以在下拉显示区域显示多个选项
JFrame	代表 Swing 的框架类
JDialog	代表 Swing 版本的对话框
JLabel	代表 Swing 的标签组件
JRadioButton	代表 Swing 的单选按钮
JList	代表能够在用户界面中显示一系列条目的组件
JTextField	代表文本框
JPasswordField	代表密码框
JTextArea	代表 Swing 中的文本区域
JOptionPane	代表 Swing 中的一些对话框

与 AWT 组件相比，Swing 组件显示出更强大的优势，具体表现如下。

（1）丰富的组件类型。Swing 提供了非常丰富的标准组件；基于它良好的可扩展性，除了标准组件，Swing 还提供了大量的第三方组件。

（2）更好的 API 模型支持。Swing 遵循 MVC 模式，灵活、可扩展，它的 API 成熟并设计良好，经过多年的演化，变得越来越强大。

（3）标准的 GUI 库。Swing 和 AWT 都是 JRE 中的标准库，不要单独将它们随应用程序一起分发，它们是与平台无关的，所以用户不用担心平台的兼容性。

（4）性能更稳定。在 Java 1.5 以后，Swing 组件变得越来越成熟稳定，由于它是纯 Java 实现的，不会有兼容性问题，因此在每个平台上都有同样的性能，不会有明显的性能差异。

8.2　Swing 顶层容器

Java 的 GUI 由组件构成，如命令按钮、文本框等，这些组件都必须放到一定的容器中才能使用。显示在屏幕上的所有组件都必须包含在某个容器中，而有些容器是可以嵌套的，在这个嵌套层次的最外层必须是一个顶层容器。Swing 中提供了 4 种顶层容器，分别为 JFrame、JApplet、JDialog 和 JWindow。JFrame 是一个带有标题行和控制按钮（最小化、恢复/最大化、关闭）的独立窗体，创建应用程序时需要使用 JFrame；创建小应用程序时使用 JApplet，它被包含在浏览器窗体中；创建对话框时使用 JDialog；JWindow 是一个不带有标题行和控制按钮的窗体，通常很少使用。本节将着重讲解 JFrame 和 JDialog 的使用方法。

8.2.1 JFrame

JFrame 是 Swing 程序中各个组件的载体，是一个有边框的容器。JFrame 类包含支持任何通用窗体特性的基本功能，如最小化窗体、移动窗体、重新设定窗体大小等。JFrame 容器作为顶层容器，不能被其他容器所包含，但可以被其他容器创建并弹出成为独立的容器。

JFrame 类常用的两种构造方法如下。

（1）JFrame（）：构造一个初始时不可见、没有标题的新窗体。

（2）JFrame（String title）：创建一个不可见但具有标签为 title 的窗体，还可以使用专门的方法 getTitle（）和 SetTitle（String）来获取或指定 JFrame 的标题。

JFrame 类常用的操作方法如表 8-2 所示。

表 8-2 JFrame 类常用的操作方法

方法	功能描述
public void setBounds（int a, int b, int width, int height）	设置窗体的初始位置是（a, b），即距屏幕左边 a 个像素、距屏幕上方 b 个像素；窗体的宽是 width，高是 height
public void setSize（int width, int height）	设置窗体的大小
public void Background（Color c）	设置窗体的背景颜色
public void setLocation（int x, int y）	设置组件的显示位置
public void setVisible（boolean b）	设置窗体是否可见，默认窗体是不可见的
public void setResizable（boolean b）	设置窗体是否可调整大小，默认可调整大小
public void setDefaultCloseOperation（int operation）	设置单击窗体右上角的关闭图标后，程序会做出怎样的处理。其中，参数 operation 取 JFrame 类中的 int 型 static 常量 DO_NOTHING_ON_CLOSE（什么也不做）、HIDE_ON_CLOSE（隐藏当前窗体）、DISPOSE_ON_CLOSE（隐藏当前窗体，并释放窗体占有的其他资源）、EXIT_ON_CLOSE（结束窗体所在的应用程序）

JFrame 在程序中的语法格式如下：

```
JFrame jf=new JFrame(title);
Container container=jf.getContentPane();
```

Swing 组件的窗体通常与组件和容器相关，所以在 JFrame 对象创建完成后，需要调用 getContentPane（）方法将窗体转换为容器，然后在容器中添加组件或设置布局管理器。通常，这个容器用来包含和显示组件。

如果需要将组件添加至容器，可以使用来自 Container 类的 add（）方法进行设置，代码如下：

```
container.add(new JButton("按钮"));
```

在容器中添加组件后，也可以使用 Container 类的 remove（）方法将这些组件从容器中删除，代码如下：

```
container.remove(new JButton("按钮");
```

【例8-1】创建一个空白的窗体框架，其标题为"动物园管理系统登录界面"。

【解】示例代码如下：

```java
import javax.swing.*;
public class Ex01 extends JFrame {
    private static void createAndShowGUI() {
        // 为动物园管理系统登录界面整体初始化一个 JFrame 窗体
        JFrame jf = new JFrame("动物园管理系统登录界面");
        // 设置关闭窗体时的默认操作
        jf.setDefaultCloseOperation(JFrame.EXIT_ON_CLOSE);
        jf.setTitle("动物园管理系统登录界面");        // 设置窗体标题
        jf.setSize(350,300);                        // 设置窗体尺寸
        jf.setLocation(497,242);                    // 设置窗体在屏幕显示位置
        jf.setResizable(false);                     // 禁止改变窗体大小
        jf.setVisible(true);                        // 窗体显示可见
    }
    public static void main(String[] args) {
        // 使用 SwingUtilities 工具类调用 createAndShowGUI()方法显示 GUI 程序
        SwingUtilities.invokeLater(Ex01::createAndShowGUI);
    }
}
```

运行结果如图 8-2 所示。

在例 8-1 中，通过 JFrame 类创建了一个窗体对象 jf，并在创建窗体对象的同时定义窗体对象的标题为"动物园管理系统登录界面"；通过调用 JFrame 类的 setDefaultCloseOperation（）方法设置了窗体对象关闭时的默认操作；调用 setTitle（）方法设置了窗体标题；调用 setSize（）方法设置了窗体尺寸；调用 setLo-cation（）方法设置了窗体的显示位置；调用 setResizable（）方法设置了是否改变窗体大小；调用 setVisible（）方法设置了是否可见。最后，在 main（）方法中调用 javax.swing 包中的 SwingUtilities 工具类（封装一系列操作 Swing 的方法集合工具类）的 invokeLaterr（）方法执行了 GUI 程序。需要注意的是，invokeLate（）方法需要传入一个接口作为参数。

图 8-2　【例 8-1】运行结果

8.2.2　JDialog

JDialog 是 Swing 的另一个顶层容器，和 JFrame 类都是 Window 的子类，二者的实例都是顶层容器。二者既有相似之处，也有不同之处。主要区别是 JDialog 类创建的对话框必须依赖于某个窗体。

创建对话框与创建窗体类似，通过建立 JDialog 的子类来建立一个对话框类，然后这个类的一个实例，即这个子类创建的一个对象，就是一个对话框。对话框是一个容器，它的默认布局是 BorderLayout，对话框可以添加组件，实现与用户的交互操作。

JDialog 对话框可分为两种：模式对话框和非模式对话框。模式对话框是指用户需要处理完

当前对话框后才能继续与其他窗体交互的对话框，而非模式对话框是允许用户在处理对话框的同时与其他窗体交互的对话框。

在创建 JDialog 对象时为构造方法传入参数用于设置对话框是模式还是非模式，也可以在创建 JDialog 对象后调用它的 setModal( ) 方法进行设置。通常使用以下几个 JDialog 类的构造方法。

（1） JDialog( )：创建一个没有标题和父窗体的对话框。

（2） JDialog(Frame f)：创建一个指定父窗体但该窗体无标题的非模式对话框。

（3） JDialog(Frame f，boolean model)：创建一个指定模式的无标题对话框，并指定父窗体。

（4） JDialog(Frame f，String title)：创建一个指定父窗体且有标题的非模式对话框。

（5） JDialog(Frame f，String title，boolean model)：创建一个指定标题、窗体和模式的对话框。

【注意】 上述前 4 个构造方法都需要接收一个 Frame 类型的对象，表示对话框所有者。如果该对话框没有所有者，参数 f 可以传入 null。最后一个构造方法中，参数 model 用来指定 JDialog 窗体是模式还是非模式，如果 model 值设置为 true，对话框就是模式对话框，反之则是非模式对话框；如果不设置 model 的值，则默认为 false，即非模式对话框。

JDialog 类常用的操作方法如表 8-3 所示。

表 8-3　JDialog 类常用的操作方法

方法	功能描述
getTitle( )	获取对话框的标题
setTitle( )	设置对话框的标题
setModal(boolean)	设置对话框的模式
setSize( )	设置对话框的大小
setVisible(boolean b)	显示或隐藏对话框
setJMenuBar(JMenuBar menu)	为对话框添加菜单条

【例 8-2】 创建一个 JDialog 的案例。

【解】 示例代码如下：

```java
import javax.swing.JDialog;
import javax.swing.JFrame;
import javax.swing.SwingUtilities;
public class Ex02 {
    private static void createAndShowGUI() {
        // 为动物园管理系统登录界面整体初始化一个 JFrame 窗体
        JFrame jf = new JFrame("动物园管理系统登录界面");
        // 设置关闭窗体时的默认操作
        jf.setDefaultCloseOperation(JFrame.EXIT_ON_CLOSE);
        jf.setTitle("动物园管理系统登录界面");        // 设置窗体标题
        jf.setSize(350,300);                          // 设置窗体尺寸
        jf.setLocation(497,242);                      // 设置窗体在屏幕显示位置
        jf.setResizable(false);                       // 禁止改变窗体大小
        jf.setVisible(true);                          // 窗体显示可见
        // 在 JFrame 容器窗体基础上创建并设置 JDialog 容器窗体
```

```
            JDialog dialog=new JDialog(jf, "JDialog 对话框", true);
            dialog.setDefaultCloseOperation(JDialog.HIDE_ON_CLOSE);
            dialog.setSize(200,100);                    // 设置对话框的尺寸
            dialog.setLocation(510,310);                // 设置对话框在屏幕显示位置
            dialog.setVisible(true);
        }
        public static void main(String[] args) {
        // 使用 SwingUtilities 工具类调用 createAndShowGUI()方法执行并显示 GUI 程序
            SwingUtilities.invokeLater(Ex02::createAndShowGUI);
        }
    }
```

运行结果如图 8-3 所示。

从例 8-2 代码可以看出，JDialog 窗体与 JFrame 窗体形式基本相同，甚至在设置窗体的特性如窗体大小、窗体关闭状态等时调用的方法名称都基本相同。在调用 JDialog 构造方法时，使用了 public JDialog（Frame f，String title，boolean model）这种形式的构造方法，相应地设置了自定义的 JFrame 窗体及对话框的标题和窗体模式，在代码中，窗体模式为 true，说明对话框是模式对话框，用户在操作当前对话框时，其他对话框都会处于一种 "冰封" 的状态，不能进行任何操作，直到把该对话框关闭后，才能继续其他操作。

图 8-3 【例 8-2】运行结果

8.3 布局管理器

除了顶层容器组件外，其他的组件都需要添加到容器当中，组件在容器中的位置和尺寸是由布局管理器决定的，通过使用不同的布局管理器，可以方便地设计出各种界面。Swing 常用的布局管理器有 5 种，分别是 BorderLayout（边界布局管理器）、FlowLayout（流式布局管理器）、GridLayout（网格布局管理器）、GridBagLayout（网格包布局管理器）和 CardLayout（卡片布局管理器）。每个容器（JPanel 和顶层容器的内容窗格）都有一个默认的布局管理器，开发者也可以通过容器的 setLayout() 方法设置容器的布局管理器。本节重点讲解 BorderLayout、FlowLayout 和 GridLayout。

8.3.1 BorderLayout

BorderLayout 是顶层容器中内容窗格的默认布局管理器，它提供了一种较为复杂的组件布局管理。每个 BorderLayout 管理的容器被分为东、西、南、北、中 5 个区域，中间的区域最大。每加入一个组件都应该指明把这个组件加在哪个区域中，这 5 个区域分别用字符串常量 BorderLayout. EAST、BorderLayout. WEST、BorderLayout. SOUTH、BorderLayout. NORTH、BorderLayout.CENTER 表示。

BorderLayout 有以下两种构造方法。

（1）BorderLayout（）：构造没有间距的布局管理器。

（2）BorderLayout（int hgap，int vgap）：构造有水平和垂直间距的布局管理器。

在 BorderLayout 的管理下，组件通过 add（）方法加入容器中指定的区域，如果 add（）方法中没有指定将组件放到哪个区域，那么它将会默认地被放置在中间区域。对于东、西、南、北 4 个边界区域，若某个区域没有被使用，这时中间区域将会扩展并占据这个区域的位置。如果 4 个边界区域都没有使用，那么中间区域将会占据整个窗体。

实现将按钮 but1 放置到窗体的北部区域，将按钮 but2 放置到窗体的中间区域的代码如下：

```
JFrame f=new JFrame("欢迎使用动物园管理系统");        // 创建一个顶层容器窗体
JButton but1=new JButton("登录");                  // 创建按钮组件
JButton but2=new JButton("取消");
f.getContentPane().add(but1,BorderLayout.NORTH);
f.getContentPane().add(but2);
```

在 BorderLayout 的管理下，容器的每个区域只能加入一个组件，如果试图向某个区域加入多个组件，则只有最后一个组件是有效的。如果希望在一个区域放置多个组件，则可以在这个区域放置一个内部容器 JPanel 或 JScrollPane 组件，然后将所需的多个组件放到内部容器中，通过内部容器的嵌套构造复杂的布局。

实现将按钮 but1 和 but2 放置到窗体的北部区域的代码如下：

```
JFrame f=new JFrame("欢迎使用动物园管理系统");        // 创建一个顶层容器窗体
JButton but1=new JButton("登录");                  // 创建按钮组件
JButton but2=new JButton("取消");
JPanel jp=new JPanel();                           // 创建内部容器 JPanel
jp.add(but1);
jp.add(but2);
f.getContentPane().add(jp,BorderLayout.NORTH);
```

【例 8-3】 创建 BorderLayout 的案例。

【解】 示例代码如下：

```
import java.awt.*;
import javax.swing.*;
public class Ex03 {
    private static void createAndShowGUI() {
        // 创建一个顶层容器窗体
        JFrame jf=new JFrame("动物园管理系统登录界面");
        // 设置窗体中的布局管理器为 BorderLayout
        jf.setLayout(new BorderLayout());
        jf.setSize(300,300);              // 设置窗体大小
        jf.setLocation(300,200);          // 设置窗体显示的位置
        // 下面的代码是创建 4 个按钮组件
        JButton but1=new JButton("动物园管理系统登录界面");
        JButton but2=new JButton("订票");
        JButton but3=new JButton("动物管理");
        JButton but4=new JButton("饲养员管理");
        // 下面的代码是将创建好的按钮组件添加到窗体中,并设置按钮所在的区域
        jf.add(but1, BorderLayout.NORTH);
        jf.add(but2, BorderLayout.WEST);
```

```
            jf.add(but3, BorderLayout.EAST);
            jf.add(but4, BorderLayout.CENTER);
            jf.setVisible(true);                    // 设置窗体可见
            jf.setDefaultCloseOperation(JFrame.EXIT_ON_CLOSE);
        }
        public static void main(String[] args) {
        // 使用 SwingUtilities 工具类调用 createAndShowGUI()方法执行并显示 GUI 程序
            SwingUtilities.invokeLater(Ex03::createAndShowGUI);
        }
    }
```

运行结果如图 8-4 所示。

在例 8-3 的代码中，JFrame 容器设置了 BorderLayout（也可以不用设置，默认使用 BorderLayout）；容器中一共有 5 个区域，在本代码中，对东、西、北、中 4 个区域进行设置，各放置了 1 个按钮，add()方法提供在容器中添加组件的功能，同时设置了组件的摆放位置。

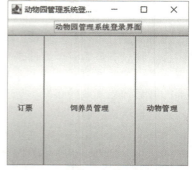

图 8-4　【例 8-3】运行结果

8.3.2　FlowLayout

FlowLayout 为流式布局管理器，是最简单的布局管理器。在这种布局下，容器会将组件按照添加顺序从左向右放置，当一行排满之后就转到下一行继续从左至右排列，每一行中的组件都居中排列。这些组件可以按左对齐、居中对齐（默认方式）或右对齐的方式排列。

FlowLayout 有以下 3 种构造方法。

（1）FlowLayout()：创建一个居中对齐的组件，水平、垂直间距默认为 5 个单位。

（2）FlowLayout(int align)：创建一个指定对齐方式的组件，水平、垂直间距默认为 5 个单位（对齐方式 align 的可取值有 FlowLayout.LEFT、FlowLayout.RIGHT、FlowLayout.CENTER）。

（3）FlowLayout(int align, int hgap, int vgap)：指定组件的对齐方式和水平、垂直间距。

【注意】构造方法中的 align 参数表示使用 FlowLayout 后，组件在每一行的具体摆放位置。它可以被赋予以下 3 个值之一。

（1）FlowLayout.LEFT = 0：每一行的组件将被指定按照左对齐方式排列。

（2）FlowLayout.RIGHT = 2：每一行的组件将被指定按照右对齐方式排列。

（3）FlowLayout.CENTER = 1：每一行的组件将被指定按照居中对齐方式排列。

例如，左对齐方式代码如下：

```
    f.setLayout(new FlowLayout(FlowLayout.LEFT, 20,30));
    f.setLayout(new FlowLayout(0,20,30));
```

【例 8-4】创建 FlowLayout 的案例。

【解】示例代码如下：

```java
import java.awt.*;
import javax.swing.*;
public class Ex04 {
    private static void createAndShowGUI() {
        // 创建一个窗体
        JFrame jf＝new JFrame("动物园管理系统登录界面");
        // 设置窗体中的布局管理器为 FlowLayout
        // 所有组件左对齐,水平间距为 20,垂直间距为 30
        jf.setLayout(new FlowLayout(0,20,30));
        jf.setSize(350,300);                    // 设置窗体大小
        jf.setLocation(300,200);                // 设置窗体显示的位置
        // 向容器添加组件
        jf.add(new JButton("猴山"));
        jf.add(new JButton("狮虎山"));
        jf.add(new JButton("熊山"));
        jf.add(new JButton("白熊馆"));
        jf.add(new JButton("夜行动物馆"));
        jf.add(new JButton("猫科馆"));
        jf.add(new JButton("熊猫馆"));
        jf.add(new JButton("两栖爬行馆")) ;
        jf.setVisible(true);                    // 设置窗体可见
        jf.setDefaultCloseOperation(JFrame.EXIT_ON_CLOSE);}
    public static void main(String[] args) {
// 使用 SwingUtilities 工具类调用 createAndShowGUI()方法执行并显示 GUI 程序
        SwingUtilities.invokeLater(Ex04::createAndShowGUI);
    }
}
```

运行结果如图 8-5 所示。

在例 8-4 代码中，通过 JFrame 的 setLayout 属性将该窗体的布局管理器设置为 FlowLayout，使用的是 FlowLayout（int align, int hgap, int vgap）这种构造方法，其中 align 值为 0，说明每一行的组件将被指定按照左对齐方式排列，相当于 FlowLayout.LEFT。从运行结果可看出，所有组件从左至右摆放，当组件填满一行后，将自动换行，直到所有组件都摆放在容器中为止。如果改变整个窗体的大小，按钮的大小和按钮之间的间距保持不变，但其中组件的摆放位置会相应地发生变化，窗体拉伸变宽的效果如图 8-6 所示。

图 8-5 【例 8-4】运行结果

图 8-6 窗体拉伸变宽的效果

8.3.3　GridLayout

GridLayout 是使用较多的布局管理器，若界面上需要放置的组件比较多，且这些组件的大小又基本一致，如计算器、遥控器的面板，这种布局管理器是最佳选择。把容器划分成若干行和若干列的网格区域，而每个组件按添加的顺序从左到右、从上到下占据这些网格，每个组件占据一格。GridLayout 管理方式与 FlowLayout 类似，但与 FlowLayout 不同的是，使用 GridLayout 管理的组件将自动占据网格的整个区域。

GridLayout 有以下 3 种构造方法。

（1）GridLayout( )：默认只有一行，每个组件占一列。

（2）GridLayout(int rows, int cols)：指定容器的行数和列数。

（3）GridLayout(int rows, int cols, int hgap, int vgap)：指定容器的行数和列数，以及组件之间的水平、垂直间距。

例如：

```
f.setLayout(new GridLayout(3,3));        // 设置该窗体为 3*3 的网格
```

rows 和 cols 中一个值可以为 0，但是不能同时为 0。如果 rows 或 cols 为 0，那么网格的行数或者列数将根据实际需要而定。

【例 8-5】创建 GridLayout 的案例。

【解】示例代码如下：

```java
import java.awt.*;
import javax.swing.*;
public class Ex05 {
    private static void createAndShowGUI() {
        // 创建一个窗体
        JFrame jf=new JFrame("动物园管理系统登录界面");
        jf.setLayout(new GridLayout(3,3));              // 设置该窗体为 3*3 的网格
        jf.setSize(300,300);                            // 设置窗体大小
        jf.setLocation(400,300);
        // 循环添加 8 个按钮组件到 GridLayout 容器中
        for (int i=1;i<9;i++) {
            Button btn=new Button("园区"+i);
            jf.add(btn);
        }
        jf.setVisible(true);
        jf.setDefaultCloseOperation(JFrame.EXIT_ON_CLOSE);
    }
    public static void main(String[] args) {
        // 使用 SwingUtilities 工具类调用 createAndShowGUI()方法并显示 GUI 程序
        SwingUtilities.invokeLater(Ex05::createAndShowGUI);
    }
}
```

运行结果如图 8-7 所示。

图8-7　【例8-5】运行结果

从例8-5代码中可看出，JFrame窗体采用GridLayout，使用for循环在窗体jf中添加了8个按钮组件。从图8-7中可看出，按钮组件按照编号从左到右、从上到下填充了整个窗体。如果改变窗体的大小，其中的组件大小也会发生相应的改变。

8.4　常用组件

Swing组件是对AWT组件的扩展，它提供了许多新的图形界面组件。Swing组件以"J"开头，除了有与AWT组件类似的按钮（JButton）、标签（JLabel）、复选框（JCheckBox）、菜单（JMenu）等基本组件外，还增加了一个丰富的高层组件集合，如表格（JTable）、树（JTree）等。本节主要介绍基本的Swing组件使用方法，包括面板、文本、标签等组件。

8.4.1　面板组件

Swing组件中不仅有JFrame和JDialog这样的顶层容器，而且提供了一些面板组件（也称为中间容器）。面板组件不能单独存在，只能放置在顶层容器中，最常见的面板组件有两种，分别是JPanel和JScrollPane。

1. JPanel

JPanel面板组件是一个无边框且不能被移动、放大、缩小或者关闭的面板，它的默认布局管理器是FlowLayout。使用时首先应创建该类的对象，再设置组件在面板上的排列方式，最后将所需组件加入面板中。

JPanel类常用的构造方法如下。

（1）JPanel()：使用默认的FlowLayout方式创建具有双缓冲的JPanel对象。

（2）JPanel(FlowLayoutManager layout)：在创建对象时指定布局格式。

JPanel面板组件类并没有包含多少特殊的组件操作方法，大多数都是从父类（如Container）继承过来的，使用也非常简单。

2. JScrollPane

JScrollPane 类也是 Container 类的子类，它是一个带有滚动条的面板，面板上只能添加一个组件，并且不可以使用布局管理器。如果想向 JScrollPane 面板中添加多个组件，需要将多个组件放置在 JPanel 面板上，然后将 JPanel 面板作为一个整体组件添加到 JScrollPane 组件上。JScrollPane 常用的操作方法如表 8-4 所示。

表 8-4　JScrollPane 常用的操作方法

方法	类型	功能描述
JScrollPane( )	构造方法	创建一个空的 JScrollPane 面板
JScrollPane(Component view)	构造方法	创建一个显示指定组件的 JScrollPane 面板，一旦组件的内容超过视图大小就会显示水平或垂直滚动条
JScrollPane(Component view, int vsbPolicy, int hsbPolicy)	构造方法	创建一个显示指定容器并具有指定滚动条策略的 JScrollPane，参数 vsbPolicy 和 hsbPolicy 分别表示垂直滚动条策略和水平滚动条策略
setHorizontalBarPolicy(int policy)	成员方法	指定水平滚动条策略，即水平滚动条何时显示在滚动面板上
setVerticalBarPolicy(int policy)	成员方法	指定垂直滚动条策略，即垂直滚动条何时显示在滚动面板上
setViewportView(Component view)	成员方法	设置在滚动面板显示的组件

【例 8-6】创建演示面板组件的案例。

【解】示例代码如下：

```
import java.awt.*;
import javax.swing.*;
public class Ex06 {
    private static void createAndShowGUI() {
    // 1.创建一个 JFrame 容器窗体
        JFrame jf = new JFrame("动物园管理系统登录界面");
        jf.setLayout(new BorderLayout());
        jf.setSize(350,200);
        jf.setLocation(300,200);
        jf.setVisible(true);
        jf.setDefaultCloseOperation(JFrame.EXIT_ON_CLOSE);
    // 2.定义一个 JPanel 面板组件
        JPanel panel = new JPanel();
        panel.setOpaque(false);            // 设置控件是否透明
    // 在 JPanel 面板中添加 6 个按钮
        panel.add(new JButton("猴山"));
        panel.add(new JButton("狮虎山"));
        panel.add(new JButton("白熊馆"));
        panel.add(new JButton("猫科馆"));
        panel.add(new JButton("两栖馆"));
        panel.add(new JButton("水族馆"));
```

```
        // 3.创建 JScrollPane 滚动面板组件
            JScrollPane scrollPane = new JScrollPane();
        // 设置水平滚动条策略——滚动条需要时显示
            scrollPane.setHorizontalScrollBarPolicy(ScrollPaneConstants.HORIZONTAL_SCROLLBAR_AS_
NEEDED);
        // 设置垂直滚动条策略——滚动条一直显示
            scrollPane.setVerticalScrollBarPolicy(ScrollPaneConstants.VERTICAL_SCROLLBAR_ALWAYS);
        // 设置 JPanel 面板在滚动面板 JScrollPane 中显示
            scrollPane.setViewportView(panel);
        // 4.向 JFrame 容器窗体中添加 JScrollPane 滚动面板组件
            jf.add(scrollPane,BorderLayout.CENTER);
        }
        public static void main(String[] args) {
        // 使用 SwingUtilities 工具类调用 createAndShowGUI()方法并显示 GUI 程序
            SwingUtilities.invokeLater(Ex06::createAndShowGUI);
        }
    }
```

运行结果如图 8-8 所示。

从例 8-6 代码中可看出，首先创建了 jf 容器窗体；然后创建了一个面板组件 panel，在此面板上添加了 6 个按钮；之后创建了滚动面板组件 scrollPane，并设置了水平滚动条策略为需要时显示，以及垂直滚动条策略为一直显示；接着设置 panel 面板在 scrollPane 中显示，向 jf 容器窗体中添加 scrollPane 滚动面板组件；最后在 main( ) 方法中使用 SwingUtilities 工具类调用封装好的 createAndShowGUI( )方法并显示 GUI 程序。

图 8-8 【例 8-6】运行结果

8.4.2 文本组件

文本组件是用于显示信息和提供用户输入文本信息的主要工具，Swing 中提供了文本框（JTextField）、文本域（JTextArea）、口令输入域（JPasswordField）等多种文本组件，它们都有一个共同的基类 JTextComponent。JTextComponent 类常用的成员方法如表 8-5 所示。

表 8-5 **JTextComponent** 类常用的成员方法

成员方法	功能描述
getText( )	返回文本组件中所有的文本内容
getText(int offs, int len)	从文本组件中提取指定范围的文本内容
getSelectedText( )	返回文本组件中选定的文本内容
selectAll( )	在文本组件中选中所有内容
setEditable(boolean b)	设置为可编辑或不可编辑状态
setText(String t)	设置文本组件中的文本内容
replaceSelection(String content)	用给定的内容替换当前选定的内容

1. JTextField

JTextField 称为文本框，它是一个单行文本输入框，可以输出任何基于文本的信息，也可以接收用户输入。JTextField 常用的操作方法如表 8-6 所示。

表 8-6　JTextField 常用的操作方法

方法	类型	功能描述
JTextField( )	构造方法	创建一个空的文本框，初始字符串为 null
JTextField(int cols)	构造方法	创建一个具有指定列数的文本框，初始字符串为 null
JTextField(String text)	构造方法	创建一个显示指定初始字符串的文本框
JTextField(String text,int clos)	构造方法	创建一个具有指定列数并显示指定初始字符串的文本框
setFont(Font f)	成员方法	设置字体
setActionCommand(String com)	成员方法	设置动作事件使用的命令字符串
setHorizontalAlignment(int alig)	成员方法	设置文本的水平对齐方式

2. JTextArea

JTextArea 被称为文本域，它与文本框的主要区别是，文本框只能输入/输出一行文本，而文本域可以输入/输出多行文本。JTextArea 本身不带滚动条，构造对象时可以设定区域的行、列数。由于文本域通常显示的内容比较多，超出指定的范围时不方便浏览，因此一般将其放入滚动面板 JScrollPane 中。JTextArea 常用的操作方法如表 8-7 所示。

表 8-7　JTextArea 常用的操作方法

方法	类型	功能描述
JTextArea( )	构造方法	创建一个空文本域
JTextArea(String text)	构造方法	创建显示指定初始字符串的文本域
JTextArea(int rows,int cols)	构造方法	创建具有指定行数和列数的空文本域
JTextArea(String text,int rows,int clos)	构造方法	创建显示指定初始文本并指定了行数、列数的文本域
insert(String str,int pos)	成员方法	将指定文本插入指定位置
append(String str)	成员方法	将给定文本追加到文档结尾
replaceRange(String str,int start,int end)	成员方法	用给定的新文本替换从指示的起始位置到结尾位置的文本
setLineWrap(boolean wrap)	成员方法	设置文本域是否自动换行，默认为 false

3. JPasswordField

JTextField 有一个子类 JPasswordField，表示密码框。JPasswordField 文本框也是只能接收用户的单行输入，但是文本框中不显示用户输入的真实信息，而是通过显示指定的回显字符作为占位符，新创建的密码框默认的回显字符为 "＊"。JPasswordField 和 JTextField 的构造方法相似，JPasswordField 常用的操作方法如表 8-8 所示。

表 8-8　JPasswordField 常用的操作方法

方法	类型	功能描述
JPasswordField( )	构造方法	创建一个空的密码框
JPasswordField(String text)	构造方法	创建一个显示指定初始字符串的密码框
JPasswordField(int cols)	构造方法	创建一个具有指定长度的空密码框
setEchoChar(char c)	成员方法	设置密码框的回显字符
char[ ] getPassword( )	成员方法	返回此密码框中所包含的文本
char getEchoChar( )	成员方法	获得密码框的回显字符

【例 8-7】创建文本组件的案例。

【解】示例代码如下：

```
import java.awt.*;
import javax.swing.*;
public class Ex07 {
    private static void createAndShowGUI() {
    // 1.创建一个 JFrame 容器窗体
        JFrame jf=new JFrame("动物园管理系统登录界面");
        jf.setLayout(new BorderLayout());
        jf.setSize(300,200);
        jf.setLocation(300,200);
        jf.setVisible(true);
        jf.setDefaultCloseOperation(JFrame.EXIT_ON_CLOSE);
    // 2.定义一个 JPanel 面板组件
        JPanel panel=new JPanel();
        panel.setOpaque(false);                    // 设置控件是否透明
        jf.setContentPane(panel);                  // 在窗体 jf 上添加一个面板 panel
    // 创建用户名标签
        JLabel userNameLabel=new JLabel("用户名：");    // 创建一个标签
        userNameLabel.setBounds(50,20,50,25);
        panel.add(userNameLabel);
     // 创建文本框对象
        JTextField tf=new JTextField(20);
        tf.setBounds(110,20,120,25);
        panel.add(tf);
    // 创建密码标签
        JLabel pwdLabel=new JLabel("密　码：");
        pwdLabel.setBounds(50,60,50,25);
        panel.add(pwdLabel);
     // 创建一个密码框组件
        JPasswordField pwdField=new JPasswordField(20);
        pwdField.setBounds(110,60,120,25);
        panel.add(pwdField);
    // 创建一个登录按钮
```

```
                JButton loginBth=new JButton("登录");
                loginBth.setBounds(130,88,80,25);
                panel.add(loginBth);
        }
        public static void main(String[] args) {
                // 使用 SwingUtilities 工具类调用 createAndShowGUI()方法并显示 GUI 程序
                SwingUtilities.invokeLater(Ex07::createAndShowGUI);
        }
    }
```

运行结果如图 8-9 所示。

图 8-9   【例 8-7】运行结果

8.4.3 标签组件

Swing 还提供了仅供展示的标签组件，标签组件也是 Swing 中很常见的组件。常用的 Swing 标签组件是 JLabel，JLabel 组件可以显示文本、图像，还可以设置标签内容的垂直和水平对齐方式，其常用的构造方法如表 8-9 所示。

表 8-9   JLabel 常用的构造方法

构造方法	功能描述
JLabel( )	创建无标题的标签
JLabel(Icon image)	创建具有指定图像的标签
JLabel(Icon image,int horizontalAlignment)	创建具有指定图像和水平对齐方式的标签
JLabel(String text)	创建具有指定文本的标签
JLabel(String text,Icon icon,int horizontalAlignment)	创建具有指定文本、图像和水平对齐方式的标签
JLabel(String text,int horizontalAlignment)	创建具有指定文本和水平对齐方式的标签

表 8-9 中参数 text 代表标签的文本提示信息，Icon 代表标签的显示图标，horizontalAlignment代表水平对齐方式（它的取值可以是 JLabel.LEFT、JLabel.CENTER 等常量之一，默认情况下标签上的内容居中显示）。创建完标签对象后，可以通过成员方法 setHorizontalAlignment(int alignment) 更改标签对齐方式，通过 getIcon( )和 setIcon(Icon icon)方法获取标签的图标和修改标签上的图标，通过 getText( )和 setText(String text)方法获取标签的文本提示信息和修改标签的文本内容。

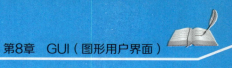

【例8-8】创建一个标签组件的案例。

【解】示例代码如下：

```java
import java.awt.*;
import javax.swing.*;
public class Example12 {
    private static void createAndShowGUI() {
        // 1.创建一个 JFrame 容器窗体
            JFrame jf = new JFrame("JFrame 窗口");
            jf.setLayout(new BorderLayout());
            jf.setSize(300,200);
            jf.setLocation(300,200);
            jf.setVisible(true);
            jf.setDefaultCloseOperation(JFrame.EXIT_ON_CLOSE);
        // 2.创建一个 JLabel 标签组件,用来展示图片
            JLabel label1 = new JLabel();
        // 2.1.创建一个 ImageIcon 图标组件,并加入 JLabel 中
            ImageIcon icon = new ImageIcon("C:\\Users\\lenovo\\Desktop\\zoo.jpg");
            Image img = icon.getImage();
        // 2.2.用于设置图片大小尺寸
            img = img.getScaledInstance(300,100,Image.SCALE_DEFAULT);
            icon.setImage(img);
            label1.setIcon(icon);
        // 3.创建一个页尾 JPanel 面板,并加入 JLabel 中
            JPanel panel = new JPanel();
            JLabel label2 = new JLabel("欢迎光临北京动物园",JLabel.CENTER);
            panel.add(label2);
        // 4.向 JFrame 容器窗体的顶部和尾部分别加入 JLabel 和 JPanel 组件
            jf.add(label1,BorderLayout.PAGE_START);
            jf.add(panel,BorderLayout.PAGE_END);
    }
    public static void main(String[] args) {
        // 使用 SwingUtilities 工具类调用 createAndShowGUI()方法并显示 GUI 程序
            SwingUtilities.invokeLater(Example12::createAndShowGUI);
    }
}
```

运行结果如图8-10所示。

图8-10 【例8-8】运行结果

从例 8-8 代码中可看出，创建了两个标签组件 label1 和 label2，分别将图标组件 icon 添加到标签组件 label1 中，将面板组件 panel 添加到标签组件 label2 中，其中 ImageIcon 图标组件是用来显示背景图片的。通过 BorderLayout 向 JFrame 容器窗体的顶部和尾部分别加入 JLabel 和 JPanel 组件。

8.4.4 按钮组件

按钮是 GUI 最常用、最基本的组件，经常用到的按钮有 JButton、JCheckBox 和 JRadioButton 等，这些按钮类均是 AbstractButton 类的子类或者间接子类。所有按钮上都可以设置和获得文本提示信息、图标等成员方法。AbstractButton 定义了各种按钮所共有的一些方法，其常用的成员方法如表 8-10 所示。

表 8-10　AbstractButton 常用的成员方法

成员方法	功能描述
Icon getIcon( )和 setIcon(Icon icon)	获得和修改按钮图标
String getText( )和 setText(String text)	获取和修改按钮文本信息
setEnabled(boolean b)	启用或禁用按钮
setHorizontalAlignment(int alignment)	设置图标和文本的水平对齐方式
setSelected(boolean b)	设置按钮是否为选中状态
isSelected( )	返回按钮的状态(true 为选中, false 为未选中)

1. JButton

JButton 组件称为提交按钮组件，是最常用、最简单的按钮组件，可分为有无标签和图标几种情况。其常用的构造方法有以下 4 种。

（1）JButton( )：创建一个无文本、无标签的按钮。

（2）JButton(String text)：创建一个具有文本提示信息但没有图标的按钮。

（3）JButton(Icon icon)：创建一个具有图标、但没有文本提示信息的按钮。

（4）JButton(String text, Icon icon)：创建一个既有文本提示信息又有图标的按钮。

2. JRadioButton

JRadioButton 组件称为单选按钮组件，显示为一个圆形图标，并且通常在该图标旁放置一些说明性文字。单选按钮只能选中一个，当一个按钮被选中时，先前被选中的按钮就需要自动取消选中。

1）单选按钮

可以使用 JRadioButton 类中的构造方法创建单选按钮对象。JRadioButton 类常用的构造方法主要有以下 3 种。

（1）JRadioButton( )：创建一个无文本且初始状态未被选中的单选按钮。

（2）JRadioButton(String text)：创建一个带有文本且初始状态未被选中的单选按钮。

（3）JRadioButton(String text, boolean selected)：创建一个既有文本信息又指定初始状态（选中/未选中）的单选按钮。

2）按钮组

若想实现 JRadioButton 按钮之间的互斥，需要使用 javax.swing.ButtonGroup 类。ButtonGroup 是

一个不可见的组件，不需要将其添加到容器中显示，只需在逻辑上表示一个单选按钮组，将多个 JRadioButton 按钮添加到同一个单选按钮组中就能实现 JRadioButton 按钮的单选功能。示例代码如下：

```java
JRadioButton jrB1=new JRadioButton();        // 创建 JRadioButton 对象 jrB1
JRadioButton jrB2=new JRadioButton();
JRadioButton jrB3=new JRadioButton();
ButtonGroup group=new ButtonGroup();
group.add(jrB1);                             // 调用 add()方法添加单选按钮 jrB1
group.add(jrB2);
group.add(jrB3);
```

【例8-9】 创建一个单选按钮的案例。

【解】 示例代码如下：

```java
import java.awt.*;
import java.awt.event.*;
import javax.swing.*;
public class Ex09 {
    private static void createAndShowGUI() {
    // 1.创建一个 JFrame 容器窗体
        JFrame jf=new JFrame("动物园管理系统登录界面");
        jf.setLayout(new BorderLayout());
        jf.setSize(300,200);
        jf.setLocation(300,200);
        jf.setVisible(true);
        jf.setDefaultCloseOperation(JFrame.EXIT_ON_CLOSE);
    // 2.创建一个 JLabel 标签组件，标签文本居中对齐
        JLabel label=new JLabel("欢迎光临北京动物园!", JLabel.CENTER);
        label.setFont(new Font("宋体", Font.PLAIN,20));
    // 3.创建一个页尾的 JPanel 面板组件，来封装 ButtonGroup 组件
        JPanel panel=new JPanel();
    // 3.1.创建一个 ButtonGroup 按钮组件
        ButtonGroup group=new ButtonGroup();
    // 3.2.创建两个 JRadioButton 单选按钮组件
        JRadioButton all=new JRadioButton("全票");
        JRadioButton half=new JRadioButton("学生票");
    // 3.3.将两个 JRadioButton 单选按钮组件加入同一个 ButtonGroup 组中
        group.add(all);
        group.add(half);
    // 3.4.为两个 JRadioButton 单选按钮组件注册动作监听器
        ActionListener listener=new ActionListener() {
            public void actionPerformed(ActionEvent e) {
                String mode=null;
                if (half.isSelected())
                    mode="全票";
                if (all.isSelected())
                    mode="学生票";
```

```
                    }
                }
        // 3.5. 为两个单选按钮添加监听器
                all.addActionListener(listener);
                half.addActionListener(listener);
        // 3.6.将两个 JRadioButton 单选按钮组件加入页尾的 JPanel 组件中
                panel.add(all);
                panel.add(half);
        // 4.向 JFrame 容器中分别加入居中的 JLabel 标签组件和页尾的 JPanel 面板组件
                jf.add(label);
                jf.add(panel,BorderLayout.PAGE_END);
        }
        public static void main(String[] args) {
        // 使用 SwingUtilities 工具类调用 createAndShowGUI()方法并显示 GUI 程序
                SwingUtilities.invokeLater(Ex09::createAndShowGUI);
        }
    }
```

运行结果如图 8-11 所示。

从例 8-9 代码中可看出，创建了一个 ButtonGroup 按钮组件和两个 JRadioButton 单选按钮组件，并将这两个 JRadioButton 单选按钮组件加入 ButtonGroup 按钮组件中；为两个 JRadioButton 单选按钮组件注册动作监听器，并设置选择不同的 JRadioButton 单选按钮时标签组件 label 显示不同的效果。

图 8-11 【例 8-9】运行结果

3. JCheckBox

JCheckBox 组件被称为复选框，它具有一个方块图标，外加一段描述性文字。与单选按钮唯一不同的是，复选框可以进行多选设置，每一个复选框都提供选中/未选中两种状态。其常用的构造方法有以下 3 种。

（1）JCheckBox()：创建一个无文本且初始状态未被选中的复选框。

（2）JCheckBox(String text)：创建一个带有文本且初始状态未被选中的复选框。

（3）JCheckBox(String text, boolean selected)：创建一个既有文本信息又指定初始状态（选中/未选中）的复选框。

上述构造方法中，第一种构造方法没有指定复选框的文本信息和状态，如果想设置文本信息，可以通过调用 JCheckBox 从父类继承的方法进行设置。例如，通过 setText(String text)方法设置复选框文本信息；调用 setSelected(boolean b)方法设置复选框状态（是否被选中），也可以调用 isSelected()方法判断复选框是否被选中。第二种和第三种构造方法都指定了复选框的文本信息，而且第三种构造方法还指定了复选框初始化状态是否被选中。

【例 8-10】 创建一个复选框的案例。

【解】 示例代码如下：

```
import java.awt.*;
import java.awt.event.*;
import javax.swing.*;
public class Ex10 {
```

```
private static void createAndShowGUI() {
// 1.创建一个 JFrame 容器窗体
    JFrame jf = new JFrame("动物园管理系统登录界面");
    jf.setLayout(new BorderLayout());
    jf.setSize(300,200);
    jf.setLocation(300,200);
    jf.setVisible(true);
    jf.setDefaultCloseOperation(JFrame.EXIT_ON_CLOSE);
// 2.创建一个 JLabel 标签组件，标签文本居中对齐
    JLabel label = new JLabel("欢迎光临北京动物园!", JLabel.CENTER);
    label.setFont(new Font("宋体", Font.PLAIN,20));
// 3.创建一个页尾的 JPanel 面板组件
    JPanel panel = new JPanel();
// 3.1.创建两个 JCheckBox 复选框，并添加到 panel 组件中
    JCheckBox all = new JCheckBox("全票");
    JCheckBox half = new JCheckBox("学生票");
// 3.2.为复选框定义 ActionListener 监听器
    ActionListener listener = new ActionListener() {
        public void actionPerformed(ActionEvent e) {
            String mode = null;
            if (half.isSelected())
                mode = "全票";
            if (all.isSelected())
                mode = "学生票";
        }
    }
// 3.3.为两个复选框添加监听器
    all.addActionListener(listener);
    half.addActionListener(listener);
// 3.4.在 JPanel 面板中添加复选框
    panel.add(all);
    panel.add(half);
// 4.向 JFrame 容器中分别加入居中的 JLabel 标签组件和页尾的 JPanel 面板组件
    jf.add(label);
    jf.add(panel,BorderLayout.PAGE_END);
}
public static void main(String[] args) {
    // 使用 SwingUtilities 工具类调用 createAndShowGUI()方法并显示 GUI 程序
    SwingUtilities.invokeLater(Ex10::createAndShowGUI);
}
}
```

运行结果如图 8-12 所示。

从例 8-10 代码中可看出，在 panel 面板中添加了两个 JCheckBox 复选框组件，并为两个不同的复选框组件添加了动作监听器。从运行结果可看出，这种复选框可以仅选中一个或者同时选中两个。

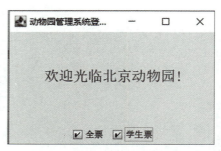

图8-12　【例8-10】运行结果

8.4.5　菜单组件

Swing包中提供了多种菜单组件，本小节重点讲解下拉式菜单和弹出式菜单，其优点是内容丰富、使用快捷，其中弹出式菜单还有方便灵活的特点。

1. 创建下拉式菜单

位于窗体顶部的菜单栏包括菜单名称、菜单项及子菜单。创建下拉式菜单的基本步骤如下：

① 创建菜单栏对象，并添加到窗体的菜单栏中；

② 创建菜单对象，并将菜单对象添加到菜单栏对象中；

③ 创建菜单项对象，并将菜单项对象添加到菜单对象中；

④ 为菜单项添加事件监听器，捕获菜单项被单击的事件，从而完成相应的业务逻辑；

⑤ 如果需要，还可以在菜单中包含子菜单，即将菜单对象添加到其所属的上级菜单对象中。

通常情况下，一个菜单栏包含多个菜单，可以反复通过步骤②~⑤向菜单栏中添加。

（1）JMenuBar：用来创建菜单栏。该类的常用方法有add（JMenu a）和isSelected（），add（JMenu a）方法用来向菜单栏中添加菜单对象；isSelected（）方法用来查看菜单栏是否处于被选中的状态，即是否已经选中了菜单栏中的菜单项或子菜单。如果处于被选中的状态则返回true，否则返回false。示例代码如下：

```
JMenuBar menuBar=new JMenuBar();        // 创建菜单栏对象
setJMenuBar(menuBar);                   // 将菜单栏对象添加到窗体的菜单栏中
```

（2）JMenu：用来创建菜单，最基本的形式是下拉式菜单，是用来存放和整合菜单项的组件，它是构成一个菜单不可或缺的组件之一。菜单可以是单一层次的结构，也可以是多层次的结构，从而实现对菜单项的分类管理。JMenu类中的常用方法如表8-11所示。

表8-11　JMenu类中的常用方法

方法	类型	功能描述
JMenu（）	构造方法	创建一个空标签的JMenu对象
JMenu（String text）	构造方法	使用指定的标签创建一个JMenu对象
JMenu（String text，Boolean b）	构造方法	使用指定的标签创建一个JMenu对象，并给出此菜单是否具有下拉式的属性
getItem（int pos）	成员方法	得到指定位置的JMenuItem
getItemCount（）	成员方法	得到菜单项数目，包括分隔符

续表

方法	类型	功能描述
insert（）和 remove（）	成员方法	插入菜单项或者移除某个菜单项
addSeparator（）和 insertSeparator（int index）	成员方法	在某个菜单项间加入分隔线

示例代码如下：

```
JMenu menu1 = new JMenu("文件(F)");          // 创建菜单对象
JMenu menu2 = new JMenu("帮助(H)");
menuBar.add(menu1);                          // 将菜单对象添加到菜单栏对象中
menuBar.add(menu2);
```

（3）JMenuItem：用来创建菜单项，是菜单系统中最基本的组件，它继承自 AbstractButton 类，所以也可以把菜单项看作一个按钮，它支持许多按钮的功能。当用户单击菜单项时，将触发一个动作事件，通过捕获该事件，可以完成菜单项对应的业务逻辑。示例代码如下：

```
JMenuItem menuIt = new JMenuItem ("保存");         // 创建菜单项对象
menuIt.addActionListener(new ItemListener());      // 为菜单项添加事件监听器
```

【例 8-11】 创建一个下拉式菜单的案例。

【解】 示例代码如下：

```
import javax.swing.JDialog;
import javax.swing.JFrame;
import javax.swing.JMenu;
import javax.swing.JMenuBar;
import javax.swing.JMenuItem;
import javax.swing.SwingUtilities;
public class Ex11 {
    private static void createAndShowGUI() {
    // 1.创建一个 JFrame 容器窗体
        JFrame jf = new JFrame("动物园管理系统登录界面");
        jf.setSize(300,300);
        jf.setLocation(300,200);
        jf.setVisible(true);
        jf.setDefaultCloseOperation(JFrame.EXIT_ON_CLOSE);
    // 2.创建菜单栏组件 JMenuBar
        JMenuBar menuBar = new JMenuBar();
    // 2.1.创建两个 JMenu 菜单组件，并加入 JMenuBar 中
        JMenu menu1 = new JMenu("文件(F)");
        JMenu menu2 = new JMenu("帮助(H)");
        menuBar.add(menu1);
        menuBar.add(menu2);
    // 2.2.创建两个 JMenuItem 菜单项组件，并加入 JMenu 中
        JMenuItem item1 = new JMenuItem("新建(N)");
        JMenuItem item2 = new JMenuItem("退出(X)");
        menu1.add(item1);
```

```
        menu1.addSeparator();              // 设置分隔符
        menu1.add(item2);
    // 2.3.分别创建两个 JMenuItem 菜单项监听器
        item1.addActionListener(e-> {
    // 创建一个 JDialog 弹窗
            JDialog dialog=new JDialog(jf, "饲养员信息",true);
            dialog.setSize(200,100);
            dialog.setLocation(300, 200);
            dialog.setVisible(true);
            dialog.setDefaultCloseOperation(JDialog.HIDE_ON_CLOSE);
        });
        item2.addActionListener(e-> System.exit(0));
    // 3.向 JFrame 窗体容器中加入 JMenuBar 菜单组件
        jf.setJMenuBar(menuBar);
    }
    public static void main(String[] args) {
    // 使用 SwingUtilities 工具类调用 createAndShowGUI()方法并显示 GUI 程序
        SwingUtilities.invokeLater(Ex11::createAndShowGUI);
    }
}
```

运行结果如图 8-13 所示。

从例 8-11 代码中可以看出，创建了菜单栏组件 JMenuBar 和两个 JMenu 菜单组件"文件（F）"和"帮助（H）"，并加入了 JMenuBar 中，又创建了两个 JMenuItem 菜单项组件"新建（N）"和"退出（X）"，并将其加入 JMenu 中，为"新建（N）"和"退出（X）"两个菜单项添加监听器。

2. 创建弹出式菜单

菜单的另一类是弹出式菜单（JPopupMenu），也称快捷菜单，是右击后弹出的菜单。弹出式菜单也由多个菜单项组成。弹出式菜单与组件密切关联，在不同的组件上右击，弹出的菜单不尽相同。由于弹出式菜单关联鼠标操作，因此必须编写鼠标事件代码，即要以组件为事件源添加鼠标事件监听器，才能触发组件的弹出式菜单。而要执行菜单项操作，还需添加菜单项的动作事件监听器，即每个组件的弹出式菜单都涉及两种事件及相应的处理。JPopupMenu 类中的常用方法如表 8-12 所示。

表 8-12　JPopupMenu 类中的常用方法

方法	类型	功能描述
JPopupMenu( )	构造方法	创建没有名称的弹出式菜单
JPopupMenu(String label)	构造方法	创建有指定名称的弹出式菜单
add(JMenuItem menuItem)	成员方法	添加菜单项
insert(Component component,int index)	成员方法	在指定位置插入组件
addSeparator( )	成员方法	添加分隔符
remove(int pos)	成员方法	移除指定位置组件
show(Component invoker,int x,int y)	成员方法	在组件调用者的坐标中显示弹出式菜单

【例8-12】 创建一个弹出式菜单的案例。

【解】 示例代码如下：

```java
import java.awt.event.*;
import javax.swing.*;
public class Ex12 {
    private static void createAndShowGUI() {
// 1. 创建一个 JFrame 容器窗体
        JFrame jf=new JFrame("动物园管理系统登录界面");
        jf.setSize(300,200);
        jf.setLocation(300,200);
        jf.setVisible(true);
        jf.setDefaultCloseOperation(JFrame.EXIT_ON_CLOSE);
// 2.创建 JPopupMenu 弹出式菜单
        JPopupMenu popupMenu=new JPopupMenu();
// 2.1.创建两个 JMenuItem 菜单项，并加入 JPopupMenu 组件中
        JMenuItem item1=new JMenuItem("查看");
        JMenuItem item2=new JMenuItem("刷新");
        popupMenu.add(item1);
        popupMenu.addSeparator();
        popupMenu.add(item2);
// 3.为 JFrame 窗体添加鼠标事件监听器
        jf.addMouseListener(new MouseAdapter() {
            public void mouseClicked(MouseEvent e) {
// 如果右击鼠标,显示 JPopupMenu 菜单
                if (e.getButton()==MouseEvent.BUTTON3) {
                    popupMenu.show(e.getComponent(), e.getX(), e.getY());
                }
            }
        });
    }
    public static void main(String[] args) {
// 使用 SwingUtilities 工具类调用 createAndShowGUI()方法并显示 GUI 程序
        SwingUtilities.invokeLater(Ex12::createAndShowGUI);
    }
}
```

运行结果如图 8-14 所示。

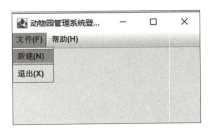

图 8-13　【例 8-11】运行结果

图 8-14　【例 8-12】运行结果

从例 8-12 代码中可看出，使用 JPopupMenu 创建并设置了一个弹出式菜单，并为该菜单添加了两个 JMenuItem 菜单项，分别是"查看"和"刷新"。由于 JPopupMenu 菜单默认情况下是不显示的，因此为 JFrame 窗体注册了一个鼠标事件监听器，当右击时，显示JPopupMenu菜单。

8.4.6　下拉框组件

JComboBox 组件称为下拉框或组合框，它将所有选项叠在一起，默认显示的是第一个添加的选项。当用户单击下拉框时，会出现下拉式的选择列表，用户可以选择其中一项并显示。它有两种形式：不可编辑的和可编辑的。对于不可编辑的 JComboBox，用户只能在现有的选项列表中进行选择；而对于可编辑的 JComboBox，用户既可以在现有选项中选择，也可以输入新的内容，它一次只能选择一项。JComboBox 类中的常用方法如表 8-13 所示。

表 8-13　JComboBox 类中的常用方法

方法	类型	功能描述
JComboBox( )	构造方法	创建一个没有可选项的下拉框
JComboBox(Object[ ] items)	构造方法	创建一个下拉框，将 Object 数组中的元素作为下拉列表选项
JComboBox(Vector items)	构造方法	创建一个下拉框，将 Vector 集合中的元素作为下拉列表选项
addItem(Object anObject)	成员方法	为下拉框添加选项
getItemAt(int index)	成员方法	返回指定索引处选项，第一个选项的索引为 0
getItemCount( )	成员方法	返回下拉框中选项的数目
getSelectedItem( )	成员方法	返回当前所选项
getSelectedIndex( )	成员方法	返回列表中与给定项匹配的第一个选项
removeAllItem( )	成员方法	删除下拉框中所有的选项
removeItem(Object anObject)	成员方法	从下拉框中删除指定选项
removeItemAt(int anIndex)	成员方法	删除指定索引处的选项
setEditable(boolean aFlag)	成员方法	确定 JComboBox 字段是否可编辑，aFlag 为 true 则可编辑，反之不可编辑

【例 8-13】创建一个下拉框组件的案例。

【解】示例代码如下：

```
import java.awt.*;
import javax.swing.*;
public class Ex13 {
    private static void createAndShowGUI() {
    // 1.创建一个 JFrame 容器窗体
        JFrame jf=new JFrame("动物园管理系统登录界面");
        jf.setLayout(new BorderLayout());
        jf.setSize(350,200);
        jf.setLocation(300,200);
```

```
        jf.setVisible(true);
        jf.setDefaultCloseOperation(JFrame.EXIT_ON_CLOSE);
// 2.创建一个页头的 JPanel 面板，用来封装 JComboBox 下拉框组件
        JPanel panel = new JPanel();
// 2.1.创建 JComboBox 下拉框组件
        JComboBox<String> comboBox = new JComboBox<>();
// 2.2.为下拉框添加选项
        comboBox.addItem("请选择园区");
        comboBox.addItem("猴山");
        comboBox.addItem("狮虎山");
        comboBox.addItem("猫科馆");
        comboBox.addItem("熊猫馆");
// 2.3.创建 JTextField 单行文本框组件，用来展示用户选择项
        JTextField textField = new JTextField(20);
// 2.4.为 JComboBox 下拉框组件注册动作监听器
        comboBox.addActionListener(e-> {
            String item = (String) comboBox.getSelectedItem();
            if ("请选择园区".equals(item)) {
                textField.setText("");
            } else {
                textField.setText("您选择的园区是："+item);
            }
        });
// 2.5.将 JComboBox 组件和 JTextField 组件加入 JPanel 面板组件中
        panel.add(comboBox);
        panel.add(textField);
// 3.向 JFrame 窗体容器中加入页头的 JPanel 面板组件
        jf.add(panel,BorderLayout.PAGE_START);
    }
    public static void main(String[] args) {
// 使用 SwingUtilities 工具类调用 createAndShowGUI()方法并显示 GUI 程序
        SwingUtilities.invokeLater(Ex13::createAndShowGUI);
    }
}
```

运行结果如图 8-15 所示。

从例 8-13 代码中可看出，在 JPanel 面板组件中分别封装了一个 JComboBox 下拉框组件和一个 JTextField 文本框组件，将它们加入 JPanel 面板组件中；并为JComboBox组件注册了事件监听器。

图 8-15 【例 8-13】运行结果

8.5 事件处理

8.5.1 事件处理机制

Swing 组件中的事件处理专门用于响应用户的操作，如按下键盘、移动鼠标等操作。在 Swing 事件处理的过程中，主要涉及以下 3 类对象。

（1）事件源（Event Source）：能够产生事件的对象都可以称为事件源，如文本框、按钮、下拉框等。也就是说，事件源必须是一个对象，而且这个对象必须是 Java 认为能够发生事件的对象。

（2）事件（Event）：封装了 GUI 组件上发生的特定事件（通常就是用户的一次操作）。

（3）监听器（Listener）：需要一个对象对事件源进行监视，以便对发生的事件作出处理。事件源通过调用相应的方法将某个对象注册为自己的监听器。

这 3 类对象在整个事件处理过程中都起着非常重要的作用，它们彼此之间有着非常紧密的联系。事件处理的工作流程如图 8-16 所示。

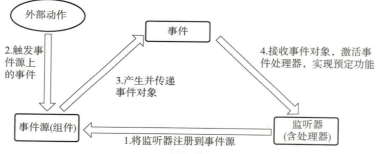

图 8-16　事件处理的工作流程

由图 8-16 可看出，事件源是一个组件，当用户进行一些操作时，如按下鼠标或者移动鼠标等，都会触发相应的事件，如果事件源注册了监听器，则触发的相应事件将会被处理。

8.5.2 Swing 常用事件处理

1. 窗体事件

大部分 GUI 应用程序都需要使用 Window 窗体对象作为最外层的容器，可以说窗体对象是所有 GUI 应用程序的基础，应用程序中通常都是将其他组件直接或间接地添加到窗体中。

当对窗体进行操作时，如窗体的打开、关闭、激活、停用等，这些动作都属于窗体事件。Java 提供了一个 WindowEvent 类用于表示窗体事件。在应用程序中，当对窗体事件进行处理时，首先需要定义一个实现了 WindowListener 接口的类作为窗体监听器，然后通过 addWindowListener( ) 方法将窗体对象与窗体监听器进行绑定。

【例 8-14】创建一个对窗体事件监听的案例。

【解】示例代码如下：

```
import java.awt.event.*;
import javax.swing.*;
public class Ex14 {
    private static void createAndShowGUI() {
        JFrame jf=new JFrame("动物园管理系统登录界面");
        jf.setSize(400,300);
        jf.setLocation(300,200);
        jf.setVisible(true);
        jf.setDefaultCloseOperation(JFrame.EXIT_ON_CLOSE);
        // 使用内部类创建 WindowListener 实例对象，监听窗体事件
        jf.addWindowListener(new WindowListener() {
            public void windowOpened(WindowEvent e) {
                System.out.println("windowOpened---窗体打开事件");
            }
            public void windowIconified(WindowEvent e) {
                System.out.println("windowIconified---窗体图标化事件");
            }
            public void windowDeiconified(WindowEvent e) {
                System.out.println("windowDeiconified- ---窗体取消图标化事件");
            }
            public void windowDeactivated(WindowEvent e) {
                System.out.println("windowDeactivated- ---窗体停用事件");
            }
            public void windowClosing(WindowEvent e) {
                System.out.println("windowClosing- ---窗体正在关闭事件");
            }
            public void windowClosed(WindowEvent e) {
                System.out.println("windowClosed- ---窗体关闭事件");
            }
            public void windowActivated(WindowEvent e) {
                System.out.println("windowActivated- ---窗体激活事件");
            }
        });
    }
    public static void main(String[] args) {
        // 使用 SwingUtilities 工具类调用 createAndShowGUI()方法执行并显示 GUI 程序
        SwingUtilities.invokeLater(Ex14::createAndShowGUI);
    }
}
```

运行结果如图 8-17 所示。

从例 8-14 代码中可看出，通过 WindowListener 对操作窗体的窗体事件进行监听，当接收到特定的操作后，就将所触发事件的名称打印出来。如图 8-17 所示，窗体事件源分别执行了激活、打开、关闭操作，窗体的事件监听器会对相应的操作进行监听并响应。

2. 鼠标事件

在 GUI 中，用户会经常使用鼠标进行选择、切换界面等操作，这些操作被定义为鼠标事件，包括鼠标按下、鼠标松开、鼠标单击等。Java 提供了一个 MouseEvent 类描述鼠标事件。处理鼠标事件时，首先需要通过实现 MouseListener 接口定义监听器（也可以通过继承适配器 MouseAdapter 类定义监听器），然后调用 addMouseListener( ) 方法将监听器绑定到事件源对象。

【例 8-15】 创建一个对鼠标事件监听的案例。

【解】 示例代码如下：

```java
import java.awt.*;
import java.awt.event.*;
import javax.swing.*;
public class Ex15 {
    private static void createAndShowGUI() {
        JFrame jf = new JFrame("动物园管理系统登录界面");
        jf.setLayout(new FlowLayout());              // 为窗体设置布局
        jf.setSize(300,200);
        jf.setLocation(300,200);
        jf.setVisible(true);
        jf.setDefaultCloseOperation(JFrame.EXIT_ON_CLOSE);
        JButton but = new JButton("Button");         // 创建按钮对象
        jf.add(but);                                 // 在窗体添加按钮组件
        // 为按钮添加鼠标事件监听器
        but.addMouseListener(new MouseListener() {
            public void mouseReleased(MouseEvent e) {
                System.out.println("mouseReleased-鼠标放开事件");
            }
            public void mousePressed(MouseEvent e) {
                System.out.println("mousePressed-鼠标按下事件");
            }
            public void mouseExited(MouseEvent e) {
                System.out.println("mouseExited—鼠标移出按钮区域事件");
            }
            public void mouseEntered(MouseEvent e) {
                System.out.println("mouseEntered—鼠标进入按钮区域事件");
            }
            public void mouseClicked(MouseEvent e) {
                System.out.println("mouseClicked-鼠标完成单击事件");
            }
        });
    }
    public static void main(String[] args) {
        // 使用 SwingUtilities 工具类调用 createAndShowGUI()方法并显示 GUI 程序
        SwingUtilities.invokeLater(Ex15::createAndShowGUI);
    }
}
```

运行结果如图 8-18 所示。

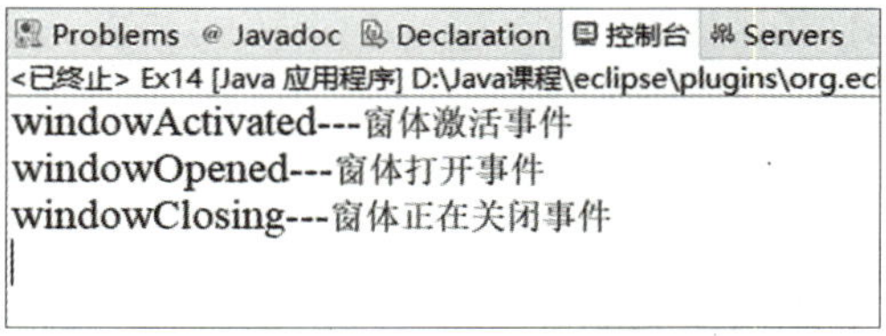

Problems	Javadoc	Declaration	控制台	Servers
<已终止> Ex14 [Java 应用程序] D:\Java课程\eclipse\plugins\org.ec

windowActivated---窗体激活事件
windowOpened---窗体打开事件
windowClosing---窗体正在关闭事件

图 8-17　【例 8-14】运行结果

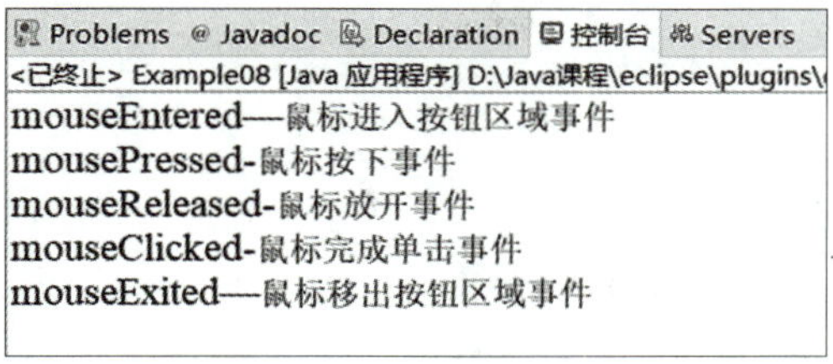

Problems	Javadoc	Declaration	控制台	Servers
<已终止> Example08 [Java 应用程序] D:\Java课程\eclipse\plugins\

mouseEntered---鼠标进入按钮区域事件
mousePressed-鼠标按下事件
mouseReleased-鼠标放开事件
mouseClicked-鼠标完成单击事件
mouseExited---鼠标移出按钮区域事件

图 8-18　【例 8-15】运行结果

由图 8-18 可看出，通过 MouseEvent 对鼠标事件进行了监听，当用鼠标对窗体上的按钮进行操作时，其对相应的操作进行监听并响应。

3. 键盘事件

键盘操作是最常用的用户交互方式，如键盘按下等，这些操作被定义为键盘事件。Java 提供了一个 KeyEvent 类表示键盘事件，处理 KeyEvent 事件的监听器对象需要实现 KeyListener 接口或者继承 KeyAdapter 类，然后调用 addKeyListener( )方法将监听器绑定到事件源对象。

【例 8-16】创建一个对键盘事件监听的案例。

【解】示例代码如下：

```java
import java.awt.*;
import java.awt.event.*;
import javax.swing.*;
public class Ex16 {
    private static void createAndShowGUI() {
        JFrame jf=new JFrame("动物园管理系统登录界面");
        jf.setLayout(new FlowLayout());
        jf.setSize(400,300);
        jf.setLocation(300,200);
        JTextField tf=new JTextField(30);              // 创建文本框对象
        jf.add(tf); // 在窗体中添加文本框组件
        jf.setVisible(true);
        jf.setDefaultCloseOperation(JFrame.EXIT_ON_CLOSE);
        // 为文本框添加键盘事件监听器
        tf.addKeyListener(new KeyAdapter() {
        public void keyPressed(KeyEvent e) {
            // 获取对应的键盘字符
            char keyChar=e.getKeyChar();
            // 获取对应的键盘字符代码
            int keyCode=e. getKeyCode();
            System.out.print("键盘按下的字符内容为:"+keyChar+" ");
            System.out.println("键盘按下的字符代码为:"+keyCode);
        }
        });
    }
```

```
public static void main(String[] args) {
    // 使用 SwingUtilities 工具类调用 createAndShowGUI()方法并显示 GUI 程序
    SwingUtilities.invokeLater(Ex16::createAndShowGUI);
}
}
```

运行结果如图 8-19 所示。

由图 8-19 可看出，在文本框中输入字符时，会触发键盘事件。通过调用 KeyEvent 类的 getKeyChar( )方法获取键盘输入的字符，通过调用 getKeyCode( )方法获取输入字符对应的整数值。依次从键盘输入 1，2，2…字符，程序会在控制台将按键对应的名称和键值打印出来。

图 8-19　【例 8-16】运行结果

8.6　GUI 综合使用——用户登录设计

本节以动物园管理系统的用户登录设计为例讲解 GUI 综合使用。用户登录界面看似小巧、简单，但其中涉及的内容很多，对于初学者练习 Java Swing 工具的使用非常合适。本案例要求使用所学的 Swing 知识，模拟实现动物园管理系统的登录界面。系统登录是项目必须开发的模块，只有提供正确的用户名和密码之后，用户才能进入动物园管理系统。本系统的用户名为 12345678，密码为 123。动物园管理系统登录界面如图 8-20 所示。

图 8-20　动物园管理系统登录界面

8.6.1　设计登录窗体

登录界面的窗体设计由两部分组成，一部分是登录窗体，另一部分是窗体中带背景图片的内容面板。

1. 创建内容面板

所有组件都要布置在窗体的内容面板上，而登录界面的内容面板使用了背景图片来美化，这就需要 JPanel 类编写自己的面板类，然后将该面板类作为窗体的内容面板。代码如下：

```
// 为动物园管理系统登录界面整体初始化一个 JFrame 窗体
JFrame jf=new JFrame("动物园管理系统登录界面");
// 创建并加入顶部面板
jf.add(NorthPanel(jf),BorderLayout.PAGE_START);
// 创建并加入中心面板
jf.add(CenterPanel(jf),BorderLayout.CENTER);
```

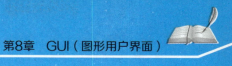

```
    jf.setSize(350,300);              // 设置窗体尺寸
    jf.setLocation(497,242);          // 设置窗体在屏幕的显示位置
    jf.setResizable(false);           // 禁止改变窗体大小
    jf.setVisible(true);              // 显示 JFrame 窗体
// 根据动物园管理系统登录界面效果,进行布局分配
    jf.setLayout(new BorderLayout());
    // 设置界面背景
    ImageIcon image=new ImageIcon("C:\\Users\\lenovo\\Desktop\\zoo.jpg");
    JLabel background=new JLabel(image);
    background.setSize(image.getIconWidth(),image.getIconHeight());
    jf.getLayeredPane().add(background,new Integer(Integer.MIN_VALUE));
    jf.add(background);               // 加入主体界面中
```

2. 创建登录窗体

在最底层容器窗体设置完成的情况下，可以将容器窗体 JFrame 作为参数进行传递。以 JFrame 窗体为参数传递并返回 JPanel 面板，通过相应的布局使用 add( ) 方法添加到 JFrame 窗体中，在 JPanel 中可以添加布置各种组件，从而丰富登录窗体，实现登录界面的配置。代码如下：

```
    // 创建并加入顶部面板
    jf.add(NorthPanel(jf),BorderLayout.PAGE_START);
    // 创建并加入中心面板
    jf.add(CenterPanel(jf),BorderLayout.CENTER);
// 下面是相关方法的调用实例
// 创建并设置动物园管理系统登录界面顶部布局面板
  public JLabel NorthPanel(JFrame jf) {
    // 创建一个标题标签
    JLabel nameLabel=new JLabel("动物园管理系统",JLabel.CENTER);
    // 设置字体
    nameLabel.setFont(new Font("华文行楷",Font.PLAIN,40));
    // 设置大小
    nameLabel.setPreferredSize(new Dimension(0,80));
    // 返回 JLabel 类型
    return nameLabel;
    }
    // 创建并设置动物园管理系统登录界面中部布局面板
  public JPanel CenterPanel(JFrame jf) {
    // 创建一个标签,并设置为流布局
    JPanel centerPanel=new JPanel(new FlowLayout(FlowLayout.CENTER));
    centerPanel.setOpaque(false);
    JLabel userNameLabel=new JLabel("用户名:");         // 创建一个标签
    // 创建一个 JcomboBox 下拉框组件,并初始化用户名
    String str[]={"123456789","987654321","1314520888"};
    JComboBox<Object> userTxt=new JComboBox<Object>(str);
    // 设置下拉框可编辑
```

```
        userTxt.setEditable(true);
        // 设置下拉框内容字体
        userTxt.setFont(new Font("Calibri",0,13));
        JLabel pwdLabel=new JLabel("密 码 :");                    // 创建一个标签
        JPasswordField pwdField=new JPasswordField();             // 创建一个密码框组件
        JButton loginBth=new JButton("登录");                     // 创建一个按钮
        Font centerFont=new Font("楷体",Font.BOLD,15);            // 创建一个字体类,设置字体
        userNameLabel.setFont(centerFont);
        userTxt.setPreferredSize(new Dimension(200,30));          // 设置下拉框的大小
        pwdLabel.setFont(centerFont);
        pwdField.setPreferredSize(new Dimension(200,30));         // 设置密码框的大小
        loginBth.setFont(centerFont);
        // 把组件加入面板
        centerPanel.add(userNameLabel);
        centerPanel.add(userTxt);
        centerPanel.add(pwdLabel);
        centerPanel.add(pwdField);
        // 创建事件对象,并增加按键事件
        Listener li=new Listener(userTxt,pwdField,jf) {};
        loginBth.addActionListener(li);
        centerPanel.add(loginBth);
        return centerPanel;
    }.
```

8.6.2   "登录"按钮的事件处理

    创建一个按钮,并调用 addActionListener( )添加事件,需要一个 ActionListener 参数,由于
ActionListener 本身是一个接口,因此新建一个类实现 ActionListener 接口,便可以通过调用方法实
现事件监听。具体代码如下:

```
    JButton loginBth=new JButton("登录");                 // 创建一个按钮
// 创建事件对象,并增加按键事件
    Listener li=new Listener(userTxt,pwdField,jf) {};
    loginBth.addActionListener(li);
    centerPanel.add(loginBth);
public abstract class Listener implements ActionListener {
    private JComboBox<Object> jco;                       // 用来获取动物管理系统账号的对象
    private JPasswordField jpa;                          // 用来获取动物管理系统密码的对象
    private JFrame jf;
    // 创建事件的无参构造方法
public Listener() {    }
    // 创建事件的有参构造方法
public Listener(JComboBox<Object> jco,JPasswordField jpa,JFrame jf) {
```

```java
        this.jco = jco;
        this.jpa = jpa;
        this.jf = jf;
    }
    // 为登录动作监听事件执行处理
public void actionPerformed(ActionEvent e) {
    // 获取登录的账号和密码
  String name = (String) jco.getSelectedItem();
   String pwd = new String(jpa.getPassword());
   // 判断输入的账号和密码是否正确
   if (name.equals("12345678") && pwd.equals("123")) {
   // 模拟显示登录成功后的窗体
       JFrame jfn = new JFrame("动物园管理系统界面");
       // 登录成功后的窗体为边界布局
       jfn.setLayout(new BorderLayout());
       jfn.setSize(350,300);                      // 设置大小
       jfn.setLocation(800,100);                  // 设置位置
       jfn.setResizable(true);
       jfn.setVisible(true);
   // 为显示窗体添加背景图片
       JPanel panel = new JPanel(new FlowLayout(FlowLayout.CENTER));
       panel.setOpaque(false);
       ImageIcon image = new ImageIcon("C:\\Users\\lenovo\\Desktop\\zoo.jpg");
       JLabel background = new JLabel(image);
       background.setSize(image.getIconWidth(),image.getIconHeight());
       jfn.getLayeredPane().add(background,new Integer(Integer.MIN_VALUE));
       jfn.add(background);                        // 添加到登录成功后的界面中
   // 创建登录成功后界面的按钮
       JButton jb1 = new JButton("订票平台");
       JButton jb2 = new JButton("动物管理系统");
       JButton jb3 = new JButton("饲养员管理系统");
   // 添加到面板中
       panel.add(jb1);
       panel.add(jb2);
       panel.add(jb3);
   // 将面板添加到登录成功后的界面中
       jfn.add(panel,BorderLayout.CENTER);
   } else {
       // 账号或密码输入错误,弹出提示信息
       JOptionPane.showMessageDialog(null, "你输入的账户名或密码不正确,请重新输入!");
   }
  }
}
```

8.7　本章小结

本章主要讲解了 Java 中比较流行的 GUI 工具——Swing。首先讲解了 Swing 的顶层容器，包括 JFrame 和 JDialog；其次讲解了常用的 3 种布局管理器，包括 FlowLayout、BorderLayout 和 GridLayout；然后讲解了 Swing 的常用组件，包括面板组件、文本组件、标签组件、按钮组件、菜单组件和下拉框组件；最后讲解了事件处理机制，以及常见的事件处理，包括窗体事件、鼠标事件、键盘事件。通过学习本章的内容，读者可真正具备独立开发实际应用系统的能力，为更高级的编程打下基础。

8.8　本章习题

一、选择题

1. 下列选项中，布局（　　）是 JPanel 容器的默认布局。

A. GridLayout　　　　　　　　　　　　B. BorderLayout

C. FlowLayout　　　　　　　　　　　　D. CardLayout

2. 下列叙述中，正确的是（　　）。

A. 当非模式对话框处于激活状态时，程序仍能激活对话框所在程序中的其他窗体

B. 当模式对话框处于激活状态时，程序仍能激活对话框所在程序中的其他窗体

C. 非模式对话框中不可以添加按钮组件

D. 模式对话框中不可以添加按钮组件

3. 下列选项中属于容器组件的是（　　）。

A. JButton　　　　　　　　　　　　　B. JTextArea

C. JCheckBox　　　　　　　　　　　　D. JFrame

4. 下列 Swing 提供的 GUI 组件类和容器类中，不属于顶层容器的是（　　）。

A. JFrame　　　　　　　　　　　　　　B. JApplet

C. JDialog　　　　　　　　　　　　　D. JMenuItem

5. 下列选项中，可以在 Swing 中创建一个"确定"按钮的语句是（　　）。

A. JLabel lb＝new JLabel（"确定"）;

B. JCheckBox cb＝new JCheckBox（"确定"）;

C. JButton bn＝new JButton（"确定"）;

D. JTextField tf＝new JTextField（"确定"）;

二、填空题

1. 菜单组成的基本要素包括＿＿＿＿＿＿，＿＿＿＿＿＿，＿＿＿＿＿＿。

2. 将 GUI 窗体划分为东、西、南、北、中 5 个部分的布局管理器是＿＿＿＿＿＿。

3. 对于可以随着窗体的宽度变化而改变相应的控件的位置的布局对象是＿＿＿＿＿＿。

4. 在 Swing 中，带有滚动条的面板的类名是＿＿＿＿＿＿。

5. 当单击鼠标或拖动鼠标时，触发的事件是＿＿＿＿＿＿。

三、编程题

1. 创建一个标题为"欢迎使用购票系统"的窗体，窗体的背景颜色为绿色，并在其中添加"登录"和"退出"命令按钮。

2. 创建一个窗体，包含一个"点击"按钮，当用鼠标单击该按钮时，窗体的背景色变为红色。

3. 设计一个面板，该面板中有4个运动项目选择框和一个文本区。当某个选择项目被选中时，在文本区中显示该选择项目。

4. 设计一个窗体，使用默认布局，顶部添加一个列表，有4门课程选项，中心添加一个文本区，当选择列表中的某门课程后，文本区显示相应课程的介绍。

5. 使用 Swing 实现一个窗体程序，窗体包括一个菜单栏，请按以下要求实现相应功能。

（1）窗体标题为"GUI 程序"，大小为 300×200，居中显示；窗体上有一个面板，面板背景色为灰色。

（2）面板上有一个标签，内容为"黄河交通学院"，字体为"黑体"，字号为"30"；菜单栏上有两个菜单"字体"和"退出"，菜单"字体"中有菜单项"宋体"和"楷体"，菜单"退出"中有菜单项"关闭"。

（3）当单击菜单项"宋体"时，标签内容"黄河交通学院"显示宋体样式；单击菜单项"楷体"时，标签内容"黄河交通学院"显示楷体样式；单击菜单项"关闭"时，退出应用程序。

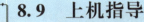

8.9　上机指导

1. 创建 JFrame 窗体，进行基础的窗体设计，添加主体背景界面。

2. 创建相应的方法，返回值是 JPanel，通过 JFrame 的 add() 方法来添加相应的面板。

3. 在创建的 JPanel 面板中添加相应的组件，包括下拉框、文本框、标签、按钮等。

4. 添加相应的事件，可以通过创建类实现接口 ActionListener 来满足按钮等添加事件方法所需参数。

5. 在 main() 方法里面运行调试。

第 8 章习题答案

第 9 章 JDBC 数据库编程

【学习目标】

1. 了解什么是 JDBC。
2. 理解 JDBC 原理。
3. 熟悉 JDBC 的常用 API。
4. 掌握如何使用 JDBC 操作数据库。

9.1　JDBC 概述

　　JDBC（Java Database Connectivity，Java 数据库连接）是一套用于执行 SQL 语句的 JavaAPI。应用程序可通过这套 API 连接到关系型数据库，并使用 SQL 语句来完成对数据库中的数据的查询、新增、更新和删除等操作。

　　不同的数据库（如 MySQL、Oracle 等）处理数据的方式是不同的，因此每一个数据库厂商都提供了自己数据库的访问接口。如果直接使用数据库厂商提供的访问接口操作数据库，应用程序的可移植性就会受到影响，变得很差。例如，用户在当前项目中使用的是 MySQL 提供的接口操作数据库，如果想要换成 Oracle 数据库，就需要在项目中重新使用 Oracle 数据库提供的接口，这样代码的改动量就会非常大。由此引入 JDBC 的概念，有了 JDBC 之后，以上情况就不存在了，因为它要求各个数据库厂商按照统一的规范来提供数据库驱动，在程序中由 JDBC 和具体的数据库驱动联系，这样应用程序就不必直接与底层的数据库进行交互，从而使代码的通用性变得更强。

　　应用程序使用 JDBC 访问数据库的方式如图 9-1 所示。

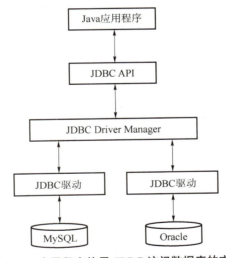

图 9-1　应用程序使用 JDBC 访问数据库的方式

　　由图 9-1 可以看出，JDBC 在应用程序与数据库之间起到了桥梁作用，当应用程序使用 JDBC 访问特定的数据库时，只需要通过不同的数据库驱动与其对应的数据库进行连接，连接后即可对该数据库进行相应的操作。

9.2　JDBC 常用 API

　　JDBC API 主要位于 java.sql 包中，该包定义了一系列访问数据库的接口和类。JDBC API 的主要功能是与数据库建立连接、执行 SQL 语句、处理结果等。下面对这些类和接口进行详细讲解。

9.2.1　Driver 接口

Driver 接口是所有 JDBC 驱动程序必须实现的接口，该接口专门提供给数据库厂商使用。需要注意的是，在编写 JDBC 程序时，必须把所使用的数据库驱动程序或类库加载到项目的 classpath 中，也就是加载数据库驱动。

9.2.2　DriverManager 接口

DriverManager 类用于加载 JDBC 驱动并且创建与数据库的连接。在 DriverManager 类中，定义了两种比较重要的静态方法，如表 9-1 所示。

表 9-1　DriverManager 类的重要方法

方法声明	功能描述
static synchronized void registerDriver（Driver driver）	用于向 DriverManager 中注册给定的 JDBC 驱动程序
static Connection getConnection（String url,String user, String pwd）	用于建立和数据库的连接，并返回表示连接的 Connection 对象

需要注意的是，在实际开发过程当中，我们通常不使用 DriverManager.registerDriver（Driver driver)这种方法来进行驱动的注册，因为选择要注册的 JDBC 驱动类 com.mysql.jdbc.Driver 中有一段静态代码块，是向 DriverManager 注册一个 Driver 实例，当再次执行DriverManager.registerDriver（new Driver( )）的时候，静态代码块也已经执行了，相当于实例化了两个 Driver 对象，因此在加载数据库驱动时通常使用反射加载驱动，通过使用类 Class 的静态方法 forName( )来实现，后面我们还会详细介绍。

9.2.3　Connection 接口

Connection 接口代表 Java 程序和数据库的连接对象，只有获取该连接对象后，才能访问数据库，并操作数据库。在 Connection 接口中定义了一系列方法，其常用方法如表 9-2 所示。

表 9-2　Connection 接口中的常用方法

方法声明	功能描述
Statement createStatement( )	用于返回一个向数据库发送语句的 Statement 对象
PreparedStatement prepareStatement(String sql)	用于返回一个 PreparedStatement 对象，该对象用于向数据库发送参数化的 SQL 语句
CallableStatement prepareCall(String sql)	用于返回一个 CallableStatement 对象，该对象用于调用数据库中的存储过程

9.2.4　Statement 接口

Statement 是 Java 执行数据库操作的一个重要接口，它用于执行静态的 SQL 语句，并返回一个结果对象。Statement 接口对象可以通过 Connection 实例的 createStatement( )方法获得，该对象会把静态的 SQL 语句发送到数据库中编译执行，然后返回数据库的处理结果。在 Statement 接口中，提供了 3 种常用的执行 SQL 语句的方法，如表 9-3 所示。

表 9-3　Statement 接口中常用的执行 SQL 语句的方法

方法声明	功能描述
boolean execute(String sql)	用于执行各种 SQL 语句，返回一个 boolean 类型的值，如果为 True，表示所执行的 SQL 语句有查询结果，可通过 Statement 的 getResultSet( )方法获得查询结果
int executeUpdate(String sql)	用于执行 SQL 中的 insert、update 和 delete 语句，该方法返回一个 int 类型的值，表示数据库中受该 SQL 语句影响的记录条数
ResultSet executeQuery(Sring sql)	用于执行 SQL 中的 select 语句，该方法返回一个表示查询结果的 ResultSet 对象

9.2.5　PreparedStatement 接口

Statement 接口封装了 JDBC 执行 SQL 语句的方法，虽然可以完成 Java 程序执行 SQL 语句的操作，但是在实际开发过程当中，我们往往需要将程序中的变量作为 SQL 语句的查询条件，而使用 Statement 接口操作这些 SQL 语句会过于烦琐，并且存在安全方面的问题。针对这一问题，JDBC API 中提供了扩展的 PreparedStatement 接口。

PreparedStatement 是 Statement 的子接口，用于执行预编译的 SQL 语句。该接口扩展了带有参数 SQL 语句的执行操作，应用接口中的 SQL 语句可以使用占位符"?"来代替其参数，然后通过 setXxx( )方法为 SQL 语句的参数进行赋值。

在 PreparedStatement 接口中，提供了一些常用方法，如表 9-4 所示。

表 9-4　PreparedStatement 接口中的常用方法

方法声明	功能描述
int executeUpdate( )	在此 PreparedStatement 对象中执行 SQL 语句，该语句必须是一个 DML 语句或者是无返回内容的 SQL 语句，如 DDL 语句
ResultSet executeQuery( )	在此 PreparedStatement 对象中执行 SQL 查询，该方法返回的是 ResultSet 对象
void setInt(int parameterIndex, int x)	将指定参数设置为给定的 int 值
void setFloat(int parameterIndex, floatx)	将指定参数设置为给定的 float 值
void setString(int parameterIndex, String x)	将指定参数设置为给定的 String 值
void setDate(int parameterIndex, Date x)	将指定参数设置为给定的 Date 值
void addBatch( )	将一组参数添加到此 PreparedStatement 对象的批处理命令中
void setCharacterStream(int parameterIndex, java.io.Reader reader, int length)	将指定的 I/O 流写入数据库的文本字段
void setBinaryStream(int parameterIndex, java.io.InputStream x, int length)	将二进制的 I/O 流数据写入二进制字段中

需要注意的是，表 9-4 中的 setDate( )方法可以设置日期内容，但参数 Date 的类型必须是 java.sql.Date，而不是 java.util.Date。

在为 SQL 语句中的参数赋值时，可以通过输入参数与 SQL 类型相匹配的 setXxx( )方法，如字段数据类型是 int 或 Integer，那么应该使用 setInt( )方法，亦可以通过 setObject( )方法设置多种类型的输入参数。具体代码如下：

```
// 假设动物管理员 admins 表中的字段 id、name、email 类型分别是 int、varchar、varchar
String sql = "INSERT INTO admins (id,name,email) VALUES (?,?,?)";
PreparedStatement psmt = conn.prepareStatement(sql);
psmt.setInt(1,1);                           // 使用参数与 SQL 类型相匹配的方法
psmt.setString(2,"李丽");                   // 使用参数与 SQL 类型相匹配的方法
psmt.setObject(3,"abc@qq.com");             // 使用 setObject()方法设置参数
psmt.executeUpdate();
```

9.2.6   ResultSet 接口

ResultSet 接口用于保存 JDBC 执行查询时返回的结果集，该结果集封装在一个逻辑表格中。在 ResultSet 接口内部有一个指向表格数据行的游标（或指针），ResultSet 对象初始化时，游标在表格的第一行之前，调用 next( )方法后可将游标移动到下一行，如果下一行没有数据，则返回 false。在应用程序中经常使用 next( )方法作为 while 循环的条件来迭代 ResultSet 结果集。ResultSet 接口中的常用方法如表 9-5 所示。

表 9-5   ResultSet 接口中的常用方法

方法声明	功能描述
String getString(int columnIndex)	用于获取指定字段的 String 类型的值，参数 columnIndex 代表字段的索引
String getString(Stirng columnName)	用于获取指定字段的 String 类型的值，参数 columnName 代表字段的名称
int getInt(int columnIndex)	用于获取指定字段的 int 类型的值，参数 columnIndex 代表字段的索引
int getInt(Stirng columnName)	用于获取指定字段的 int 类型的值，参数 columnName 代表字段的名称
Date getDate(int columnIndex)	用于获取指定字段的 Date 类型的值，参数 columnIndex 代表字段的索引
Date getDate(Stirng columnName)	用于获取指定字段的 Date 类型的值，参数 columnName 代表字段的名称
boolean next( )	将游标从当前位置向下移一行
boolean absolute(int row)	将游标移动到此 ResultSet 对象的指定行
void afterLast( )	将游标移动到此 ResultSet 对象的末尾，即最后一行之后
void beforeFirst( )	将游标移动到此 ResultSet 对象的开头，即第一行之前
boolean previous( )	将游标移动到此 ResultSet 对象的上一行
boolean last( )	将游标移动到此 ResultSet 对象的最后一行

从表9-5中可以看出，ResultSet 接口中定义了大量的 getXxx() 方法，而采用哪种 getXxx() 方法取决于字段的数据类型。程序既可以通过字段的名称来获取指定数据，也可以通过字段的索引来获取指定的数据，字段的索引是从 1 开始编号的。例如，假设数据表的第 1 列字段名为 id，字段类型为 int，那么既可以通过 getInt("id") 获取该列的值，也可以通过 getInt(1) 获取该列的值。

9.3　JDBC 编程

本节介绍 JDBC 的编程步骤以及如何使用 JDBC 的常用 API 来实现一个 JDBC 程序。

9.3.1　JDBC 的编程步骤

通常情况下，JDBC 的使用可以按照以下几个步骤进行。

① 加载数据库驱动：通过 Class.forName 加载驱动程序。

② 建立数据库连接：通过 DriverManager 获得数据库连接。

③ 创建 stmt 或者 psmt 对象：通过连接创建 Statement 对象或者 Prepared-

Statement 对象。

④ 通过 stmt 或者 psmt 对象执行 SQL 语句，获得 ResultSet 结果集。

JDBC 数据库编程

⑤ 处理 ResultSet 结果集。

⑥ 关闭连接，释放资源。

下面我们针对以上步骤进行详细讲解。

（1）加载数据库驱动。

加载数据库驱动通常使用 Class 类的静态方法 forName() 来实现，具体实现方式如下：

```
Class.forName("DriverName");
```

在以上代码中，DriverName 就是数据库驱动类所对应的字符串。例如，要加载 MySQL 数据库的驱动可以采用如下代码：

```
Class.forName("com.mysql.jdbc.Driver");
```

加载 Oracle 数据库的驱动可以采用如下代码：

```
Class.forName("oracle.jdbc.driver.OracleDriver");
```

加载 SQL Server 数据库的驱动可以采用如下代码：

```
Class.forName("com.microsoft.sqlserver.jdbc.SQLServerDriver");
```

采用该方式的优点：不会导致驱动对象在内存中重复出现，并且，程序仅需一个字符串，不依赖具体的驱动，程序的灵活性更高。

（2）通过 DriverManager 建立数据库连接。

DriverManager 中提供了一个 getConnection() 方法来获取数据库连接，获取方式如下：

```
DriverManager.getConnection(String url,String user,String password);
```

从上述代码可以看出，getConnection() 方法中有 3 个参数，它们分别表示连接数据库的

URL、登录数据库的用户名和密码。其中，用户名和密码通常由数据库管理员设置，而连接数据库的 URL 则遵循一定的写法。同样，URL 的标准也由 3 个部分组成，分别为 JDBC:<子协议>:<子名称>。书写格式如下：

> jdbc:mysql:// hostname:port/databasename

下面针对 MySQL 的 URL 进行分析说明，jdbc:mysql:是固定写法，mysql 指的是 MySQL 数据库；hostname 指的是主机名称（如果数据库在本机上，hostname 可以是 localhost 或127.0.0.1，如果在其他机器上，那么 hostname 为所要连接机器的 IP 地址）；port 指的是连接数据库的端口号，databasename 指的是 MySQL 中相应数据库的名称。

下面是几种常用的数据库的 URL 的写法。

MySQL 的 URL 写法：

> jdbc:mysql:// localhost:3306/sid

Oracle 的 URL 写法：

> JDBC:oracle:thin:@ localhost:1521:sid

SQL Server 的 URL 写法：

> jdbc:microsoft:sqlserver// localhost:1433;DatabaseName=sid

（3）通过连接对象获取 Statement 对象。

通过连接创建 Statement 对象的方式有以下 3 种。

① createStatement( )：创建基本的 Statement 对象。

② prepareStatement(String sql)：根据传递的 SQL 语句创建 PreparedStatement 对象。

③ prepareCall(String sql)：根据传递的 SQL 语句创建 CallableStatement 对象。

以创建基本的 Statement 对象为例，其创建方式如下：

> Statement stmt=conn.createStatement();

这种方法没有 PreparedStatement 对象安全，通常在实际编程中不使用。实际开发过程中我们通过以下方法创建 Statement 对象：

> PreparedStatement psmt=conn.prepareStatement(sql);

（4）使用 Statement 对象执行 SQL 语句。

所有的 Statement 对象都有以下 3 种执行 SQL 语句的方法。

① execute(String sql)：用于执行任意的 SQL 语句。

② executeQuery(String sql)：用于执行查询语句，返回一个 ResultSet 结果集对象。

③ executeUpdate(String sql)：主要用于执行 DML（数据操作语言）和 DDL（数据定义语言）语句。执行 DML 语句（INSERT、UPDATE 或 DELETE）时，会返回受 SQL 语句影响的行数；执行 DDL（CREATE、ALTER）语句返回 0。

以 executeQuery( )方法为例，其使用方法如下：

> // 执行 SQL 语句,获取结果集 ResultSet
> ResultSet rs=psmt.executeQuery();

（5）处理 ResultSet 结果集。

如果执行的 SQL 语句是查询语句，将返回一个 ResultSet 结果集对象，该对象里保存了 SQL

语句查询的结果。程序可以通过操作该 ResultSet 结果集对象来取出查询结果。

（6）关闭连接，释放资源。

每次操作数据库结束后都要关闭数据库连接，释放资源，以重复利用资源。需要注意的是，资源的关闭顺序通常与打开顺序相反，顺序是 ResultSet、Statement（或 PreparedStatement）和 Connection（连接）。为了保证在异常情况下也能关闭资源，需要在 try…catch 的 finally 代码块中统一关闭资源。

9.3.2　实现第一个 JDBC 程序

熟悉了 JDBC 的编程步骤之后，接下来通过一个案例并按照上一小节所讲授的步骤来演示 JDBC 的应用。此案例会从 admins 表中读取数据，并将结果打印在控制台上。

需要说明的是，Java 中的 JDBC 是用来连接数据库从而执行相关数据的相关操作的，因此在使用 JDBC 时，一定要确保安装有数据库。常用的关系型数据库有 MySQL 和 Oracle，本书以 MySQL 数据库为例进行讲解。

案例的具体实现步骤如下。

1）MySQL 数据库的安装

安装服务器端，以 mysql-5.6.28 为例，将该数据库放到指定的文件夹下，这里放在 D 盘下，以 mysql 命名，如图 9-2（a）所示。

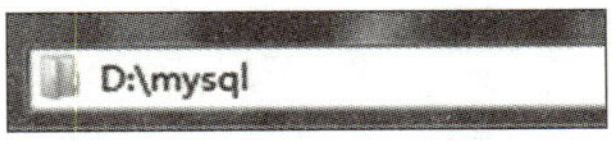

D:\mysql

(a)

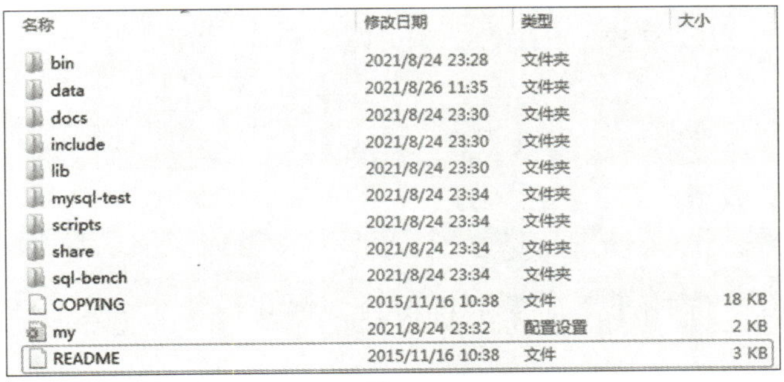

名称
修改日期
类型
大小
bin 2021/8/24 23:28 文件夹
data 2021/8/26 11:35 文件夹
docs 2021/8/24 23:30 文件夹
include 2021/8/24 23:30 文件夹
lib 2021/8/24 23:30 文件夹
mysql-test 2021/8/24 23:34 文件夹
scripts 2021/8/24 23:34 文件夹
share 2021/8/24 23:34 文件夹
sql-bench 2021/8/24 23:34 文件夹
COPYING 2015/11/16 10:38 文件 18 KB
my 2021/8/24 23:32 配置设置 2 KB
README 2015/11/16 10:38 文件 3 KB

(b)

图 9-2　MySQL 的安装位置及 mysql 文件夹下的文件

（a）MySQL 的安装位置；（b）mysql 文件夹下的文件

如果安装的是安装版的，那么服务当中出现 MySQL 已启动，说明我们已安装成功，如图 9-3所示。

服务
选择一个项目来查看它的描述。
名称
描述
状态
启动类型
登录为
MySQL
已启动
自动
本地系统

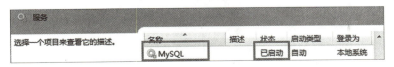

图 9-3　MySQL 服务已启动界面

如果安装的是压缩包版的，那么解压之后还需要做以下几件事。

（1）配置文件 my.ini，配置如下：

```
# For advice on how to change settings please see
# http:// dev.mysql.com/doc/refman/5.6/en/server- configuration- defaults.html
# ***   DO NOT EDIT THIS FILE. It's a template which will be copied to the
# ***   default location during install, and will be replaced if you
# ***   upgrade to a newer version of MySQL.
[mysqld]
# Remove leading # and set to the amount of RAM for the most important data
# cache in MySQL. Start at 70% of total RAM for dedicated server, else 10%.
# innodb_buffer_pool_size=128M
# Remove leading # to turn on a very important data integrity option: logging
# changes to the binary log between backups.
# log_bin
# These are commonly set, remove the # and set as required.
 basedir=D:\mysql
 datadir=D:\mysql\data
# port=.....
# server_id=.....
# Remove leading # to set options mainly useful for reporting servers.
# The server defaults are faster for transactions and fast SELECTs.
# Adjust sizes as needed, experiment to find the optimal values.
# join_buffer_size=128M
# sort_buffer_size=2M
# read_rnd_buffer_size=2M
sql_mode=NO_ENGINE_SUBSTITUTION,STRICT_TRANS_TABLES
#服务端的编码方式
character- set- server=utf8
[client]
#客户端编码方式,最好和服务端保存一致
loose- default- character- set=utf8
```

（2）以管理员身份打开命令提示符窗口，将其切换到 mysql 目录下的 bin 目录，如图 9-4 所示。

图 9-4　在命令提示符窗口切换到安装目录

（3）执行 mysqld－install 命令，出现"Service successfully installed"提示，说明安装成功，如图 9-5 所示。

（4）执行 net start mysql 命令，开启服务，当出现"MySQL 服务已经启动成功"时，说明 MySQL 服务启动成功，如图 9-6 所示。

图9-5　MySQL 安装成功 　　　　图9-6　MySQL 服务已经启动成功

（5）登录 MySQL 数据库。登录 MySQL 数据库有两种方式，一种是通过命令提示符窗口登录，另一种是通过客户端登录。

① 通过命令提示符窗口登录。通过命令 mysql －u root －p 登录，首次登录无密码，直接按〈Enter〉键即可，出现"Welcome to the MySQL monitor…"说明登录成功，如图9-7所示。

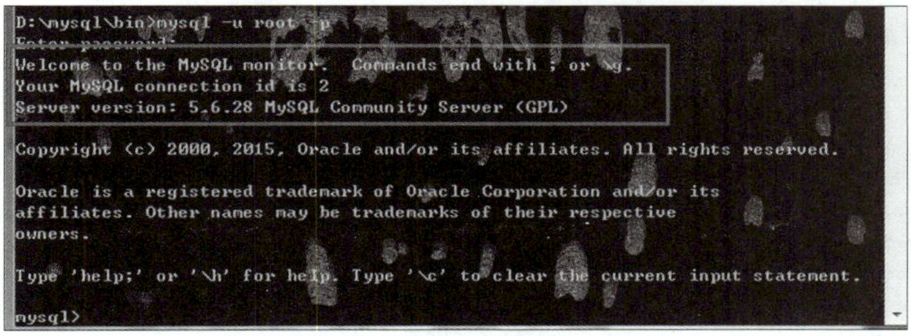

图9-7　登录成功

通过命令 create database zoo;创建数据库 zoo，当出现"Query OK，1 row affected"时，表示数据库创建成功，如图9-8所示。

通过命令 use zoo;切换到数据库 zoo 下，当出现"Database changed"时，说明命令执行成功。通过命令

```
create table admins(
    id int primary key auto_increment,
    name varchar(20),
    sex varchar(4),
    email varchar(60));
```

创建数据表 admins，同样出现"Query OK，0 rows affected"，表示数据表 admins 创建成功，如图9-9所示。

图9-8　创建数据库 zoo 成功

图9-9　数据表 admins 创建成功

上述创建的数据表 admins 是动物园的管理员，包含 id、name、sex 和 email 共4个字段。接下来再往该数据表插入3条数据，插入的 SQL 语句命令如下：

```
Insert into admins (name,sex,email)
        Values ("李丽","女","lili@qq.com"),
               ("露西","女","luxi@qq.com"),
               ("张浩","男","zhanghao@qq.com");
```

当出现"Query OK，3 rows affected…"时，表示插入成功，如图9-10所示。

为了验证数据是否插入成功，执行select * from admins;命令，结果如图9-11所示。

图9-10　插入数据成功

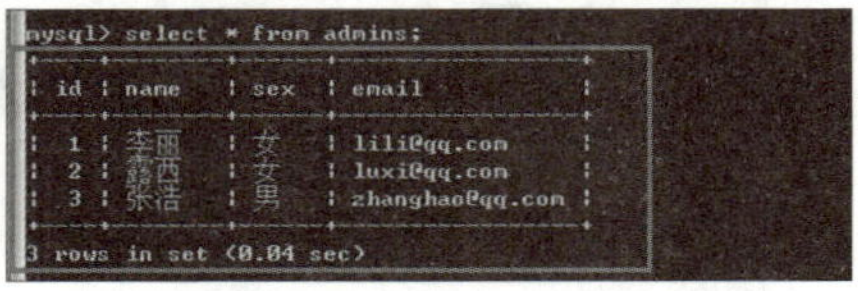

图9-11　查询数据表admins中的数据

② 通过客户端SQLyog或者Navicat登录，本书以SQLyog为例进行讲解。安装以后首先双击SQLyogEnt.exe登录，如图9-12所示。

打开以后，单击"新建"按钮，创建名为"mysql"的连接，如图9-13所示。

图9-12　安装目录

图9-13　新建连接mysql

填写主机地址"localhost"、用户名"root"、端口号"3306"后，单击"测试连接"按钮，弹出一个对话框，出现"连接成功!"字样，如图9-14所示。

之后，单击"连接"按钮，登录成功界面如图9-15所示，之前创建的动物园数据库zoo用方框标出。如果之前没有创建，那么可以将创建数据库命令填入Query窗口，单击执行命令即可，如图9-16所示。

图9-14　连接成功

图9-15　登录成功界面

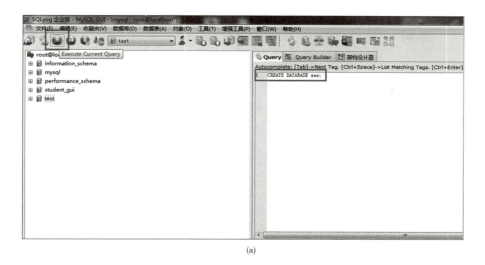

(a)

(b)

图9-16　执行创建数据库命令

(a) 执行命令前；(b) 执行命令后

然后创建数据表admins，结果如图9-17所示。

最后向数据表admins中插入3条数据，如图9-18所示。

至此，数据库搭建完成。

【注意】数据库和数据表创建成功后，如果使用的是命令提示符窗口向admins表中插入带有中文的数据，命令行窗口可能会报错，同时从MySQL数据库查询带有中文的数据时还可能会显示乱码，这是因为MySQL数据库默认使用的是UTF-8编码格式，而命令提示符窗口默认使用的是GBK编码格式，两个编码格式不统一，所以执行带有中文数据的插入语句会出现解析错误的现象。为了在命令提示符窗口也能正常向MySQL数据库插入中文数据，以便查询中文数据，可以在执行插入语句和查询语句前，使得两个环境的编码保持一致。

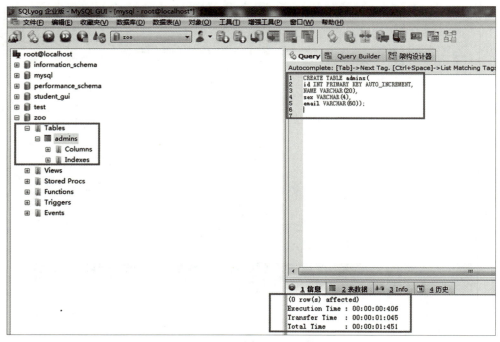

图 9-17　创建数据表 admins

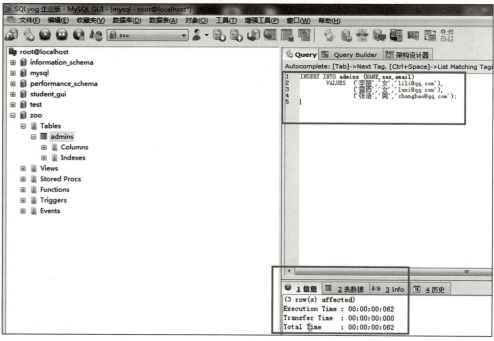

(a)

图 9-18　插入数据

（a）插入数据前

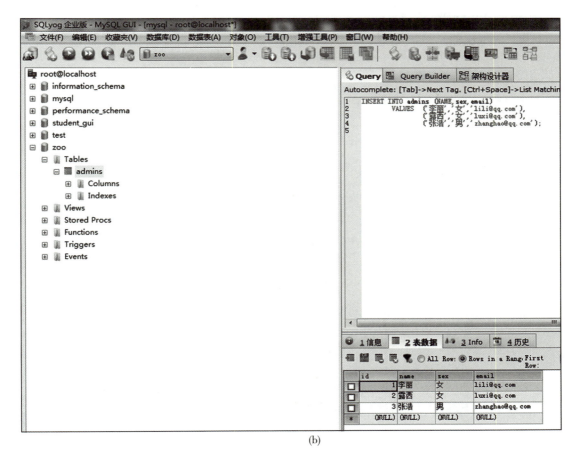

(b)

图9-18 插入数据（续）

（b）插入数据后

2）创建项目环境，导入数据库驱动

在 Eclipse 中新建一个名为 chapter09 的 Java 项目，右击该项目名称，然后选择 New→Folder 选项，在弹出窗口中将该文件夹命名为 lib 并单击 Finish 按钮，此时项目根目录就会出现一个名称为 lib 的文件夹。将事先下载好的 MySQL 数据库驱动文件 JAR 包（mysql-connector-java-5.1.7-bin.jar）复制到该项目的 lib 目录中，并右击该 JAR 包，在弹出快捷菜单中选择 Build Path→Add to Build Path 选项，此时 Eclipse 会将该 JAR 包发布到类路径下。加入驱动后的项目结构如图9-19所示。

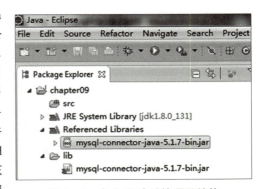

图9-19 加入驱动后的项目结构

其中，MySQL 驱动文件可以在其官网上下载，找到 Product Version 选项，选择合适的版本，本书选择的是较为稳定的驱动版本 5.1.7，然后单击 Platform Independent（Architecture Independent），ZIP Archive 后面的 Download 按钮，下载完成后解压即可得到相应的 JAR 包。当然，也可使用其他版本的文件。

3）编写 JDBC 程序

在项目 chapter09 的 src 目录下，新建一个名称为 cn.hhjtxy.jdbc 的包，并在该包中创建类 Example01。在该类中读取数据库 zoo 中的 admins 表，并将结果输出到控制台上，如引例 9-1 所示。

【引例 9-1】 Example01.java，代码如下：

```java
import java.sql.Connection;
import java.sql.DriverManager;
import java.sql.PreparedStatement;
import java.sql.ResultSet;
import java.sql.SQLException;
public class Example01 {
    public static void main(String[] args) {
        Connection conn=null;
        PreparedStatement psmt=null;
        ResultSet rs=null;
        try {
            // 加载数据库驱动
            Class.forName("com.mysql.jdbc.Driver");
            // 通过 DriverManager 建立数据库连接
conn=DriverManager.getConnection("jdbc:mysql:// localhost:3306/zoo", "root","");
            // 通过连接 Connection 获取 PreparedStatement 对象
            psmt=conn.prepareStatement("select*from admins");
            // 使用 PreparedStatement 执行查询语句获取 ResultSet 结果集
            rs=psmt.executeQuery();
            // 处理 ResultSet 结果集
            System.out.println("管理员 id\t 管理员姓名 \t 管理员性别 \t 管理员邮箱");
            while(rs.next()){
                int id=rs.getInt(1);
                String name=rs.getString(2);
                String sex=rs.getString(3);
                String email=rs.getString(4);
                System.out.println(id+"\t"+name+"\t"+sex+"\t"+email);
            }
        } catch (ClassNotFoundException e) {
            // TODO Auto- generated catch block
            e.printStackTrace();
        } catch (SQLException e) {
            // TODO Auto- generated catch block
            e.printStackTrace();
        }finally{
            // 关闭连接,释放资源
            if(rs !=null){
                try {
                    rs.close();
                } catch (SQLException e) {
```

```
                // TODO Auto- generated catch block
                e.printStackTrace();
            }
        }
        if(psmt !=null){
            try {
                psmt.close();
            } catch (SQLException e) {
                // TODO Auto- generated catch block
                e.printStackTrace();
            }
        }
        if(conn !=null){
            try {
                conn.close();
            } catch (SQLException e) {
                // TODO Auto- generated catch block
                e.printStackTrace();
            }
        }
    }
  }
}
```

运行结果如图9-20所示。

Problems | @ Javadoc | Declaration | Console

\<terminated\> Example01 [Java Application] C:\Program Files\Java\jdk1.8.0_131\bin\javaw.

管理员id	管理员姓名	管理员性别	管理员邮箱
1	李丽	女	lili@qq.com
2	露西	女	luxi@qq.com
3	张浩	男	zhanghao@qq.com

图9-20 【引例9-1】运行结果

在引例9-1中,首先注册了MySQL数据库驱动,通过DriverManager获取一个Connection对象;然后利用Connection对象创建一个PreparedStatement对象,PreparedStatement对象通过executeQuery( )方法执行SQL语句,并返回结果集ResultSet;接下来通过遍历ResultSet得到查询结果并输出;最后关闭连接,释放数据库资源。

从图9-20中可以看出,admins表中的数据均已获取,并打印在了控制台上。至此,第一个JDBC程序实现成功。

【提示】 在进行数据连接时,连接MySQL数据库的用户名username和密码password都要与创建MySQL数据库时设置的登录账户一致,否则会登录失败。本章的案例中MySQL数据库登录的用户名username为root,密码password为空。

9.4 案例——使用 JDBC 实现 QQ 登录

通过前面的学习，相信大家对 JDBC 的使用有了一定的了解。本节将使用 JDBC 模拟使用 QQ 账号和密码进行登录。在实际开发中，用户信息是存放在数据库当中的，登录时，需要去数据库当中查询账号和密码信息。那么我们试着创建一个数据库。

9.4.1 创建数据表，并添加用户数据

在 JDBC 数据库中创建数据表 tb_QQuser，并在表中插入 3 条数据，其执行的 SQL 语句如下：

```sql
CREATE TABLE tb_QQuser(
    id INT PRIMARY KEY AUTO_INCREMENT,
    qqnumber VARCHAR(50),
    password VARCHAR(50)
);
    INSERT INTO tb_QQuser(qqnumber,password)
            VALUES ('123568796' ,' 123' );
INSERT INTO tb_QQuser(qqnumber,password)
            VALUES ('987456785' ,' 456' );
INSERT INTO tb_QQuser(qqnumber,password)
            VALUES ('135482531' ,' 789' );
```

9.4.2 编写查询用户方法

创建一个用于实现用户登录相关操作的类 LoginDao，并在类中编写查询用户的方法 findUser( )，如引例 9-2 所示。

【引例 9-2】LoginDao.java，代码如下：

```java
import java.sql.Connection;
import java.sql.DriverManager;
import java.sql.PreparedStatement;
import java.sql.ResultSet;
import java.sql.SQLException;
public class LoginDao {
    PreparedStatement ptmt=null;
    Connection conn=null;
    ResultSet rs=null;
    // 查询用户
    public Boolean findUser(String qqnumber,String pwd){
        try {
            // 1.加载数据库驱动
```

```
        Class.forName("com.mysql.jdbc.Driver");
        // 2.通过 DriverManager 获取数据库连接
        /*
         * url:固定写法：jdbc:mysql:// hostname:port/databasename
         * 用户名：自己创建的用户名，默认是 root
         * 密码：自己设置的密码，默认为空
         * 注意：如果连接的是本机，并且端口号还是默认的 3306，那么可以简写为 jdbc:
mysql:// /QQ
         * /
        String url="jdbc:mysql:// localhost:3306/QQ";
        String username="root";
        String password="";
        conn=DriverManager.getConnection(url,username,password);
        // 3.通过 connection 对象获取 Statement 对象，建议获得 PreparedStatement
        // Statement stmt=conn.createStatement();
        String sql="select*from tb_QQuser"+
                "while qqnumber=? and password=?";
        ptmt=conn.prepareStatement(sql);
        ptmt.setString(1,qqnumber);
        ptmt.setString(2,pwd);
        // 4.使用 PreparedStatement 对象执行 SQL 语句
        rs=ptmt.executeQuery();
        // 5.操作 ResultSet 结果集
        while(rs.next()) {
            return true;// ...
        }
    } catch (ClassNotFoundException e) {
        e.printStackTrace();
    } catch (SQLException e) {
        e.printStackTrace();
    } finally {
        // 6.关闭连接,释放资源
        if(rs !=null){
            try {
                rs.close();
            } catch (SQLException e) {
                e.printStackTrace();
            }
        }
        if(ptmt !=null){
            try {
                ptmt.close();
            } catch (SQLException e) {
                e.printStackTrace();
```

```
                    }
                }
            if(conn != null){
                try {
                    conn.close();
                } catch (SQLException e) {
                    e.printStackTrace();
                }
            }
        }
    return false;
    }
}
```

在上述查询用户方法中，加粗部分的代码就是查询操作的主要代码。在定义的 SQL 中，使用占位符 "?" 来表示查询条件，并通过 PreparedStatement 对象的 setString( ) 方法设置参数值。执行 SQL 语句后，如果结果集中有超过一条以上的数据，那么就表示数据表中有此用户，返回 true；否则表示没有此用户，返回 false。

9.4.3　修改监听方法

将登录监听器类 LoginListener 中 actionPerformed( ) 方法内的模拟查询用户名和密码的代码修改为查询数据库的方法，修改后的代码如下：

```java
import java.awt.Dimension;
import java.awt.Event;
import java.awt.event.ActionEvent;
import java.awt.event.ActionListener;
import java.sql.SQLException;
import javax.swing.ImageIcon;
import javax.swing.JButton;
import javax.swing.JComboBox;
import javax.swing.JFrame;
import javax.swing.JLabel;
import javax.swing.JOptionPane;
import javax.swing.JPanel;
import javax.swing.JPasswordField;
// QQ 登录监听器
public class LoginListener implements ActionListener {
    private JComboBox<Object> jco;            // 用来获取 QQ 账号的对象
    private JPasswordField jpa;               // 用来获取 QQ 密码的对象
    private JFrame jf;
    public LoginListener(JComboBox<Object> jco,JPasswordField jpa,JFrame jf) {
        super();
        this.jco = jco;
```

```java
        this.jpa=jpa;
        this.jf=jf;
    }
    /* *
     * 为登录动作监听事件执行处理
     * /
    public void actionPerformed(ActionEvent e) {
        // 1.获取登录的账号和密码
        String name=(String) jco.getSelectedItem();
        String pwd=new String(jpa.getPassword());
        // 创建 LoginDao 对象
        LoginDao loginDao=new LoginDao();
        // 查询登录用户，如果有此用户并且密码正确则返回 true
        Boolean bl=false;
        try {
            bl=loginDao.findUser(name, pwd);
        } catch (SQLException e1) {
            e1.printStackTrace();
        }
        // 2.判断输入的账号和密码是否正确
        if (bl) {
            // 账号正确，先关闭当前 JFrame 登录窗口
            jf.dispose();
            // 模拟显示登录成功后的 QQ 窗口
            JFrame jfn=new JFrame();
            jfn.setSize(289,687);
            jfn.setLocation(800,100);
            jfn.setUndecorated(true);
            jfn.setResizable(true);
            jfn.setVisible(true);
            // 为 QQ 显示窗口添加背景图片和退出按钮组件
            JPanel panel=new JPanel();
            panel.setLayout(null);
            panel.setPreferredSize(new Dimension(0,140));
            ImageIcon image=new ImageIcon("images/qqSuccess.jpg");
            JLabel background=new JLabel(image);
            background.setBounds(0,0,289,687);
            panel.add(background);
            // 添加退出按钮
            JButton out=new JButton(new ImageIcon("images/close2_normal.jpg"));
            out.setBounds(265,0,26,26);
            out.setRolloverIcon(new ImageIcon("images/close2_hover.jpg"));
            out.setBorderPainted(false);
            panel.add(out);
```

```
                jfn.add(panel);
                // 为退出按钮注册监听器，关闭当前窗口
                out.addActionListener(Event- >jfn.dispose());
            } else {
                // QQ 账号或密码输入错误，弹出提示信息
                JOptionPane.showMessageDialog(null,"你输入的账户名或密码不正确,请重新输入!");
            }
        }
    }
}
```

从上述代码可以看出，所修改的部分其实非常简单。首先创建了 LoginDao 对象，然后使用该对象的 findUser( ) 方法来查询是否存在输入的用户，如果返回结果为 true，则表示存在该用户，可以成功登录；如果为 false，则提示账户名或密码错误。

9.5　本章小结

本章主要讲解了 JDBC 的基本知识，包括什么是 JDBC、JDBC 的常用 API、如何使用JDBC进行编程，以及如何在项目中使用 JDBC。通过对本章的学习，读者不仅可以了解到什么是 JDBC，还能掌握运用 JDBC 操作数据库的步骤。

9.6　本章习题

一、选择题

1. JDBC 是一套用于执行 （　　） 的 Java API。

A. SQL 语句　　　　　B. 数据库连接　　　　C. 数据库操作　　　　D. 数据库驱动

2. 当应用程序使用 JDBC 访问特定的数据库时，只需要通过不同的 （　　） 与其对应的数据库进行连接，连接后即可对该数据库进行相应的操作。

A. JavaAPI　　　　　B. JDBC API　　　　C. 数据库驱动　　　　D. JDBC 驱动

3. JDBC API 主要位于 （　　） 包中，该包定义了一系列访问数据库的接口和类。

A. java.sql　　　　　B. java.util　　　　　C. java.jdbc　　　　　D. java.lang

4. 在编写 JDBC 程序时，必须要把所使用的数据库驱动程序或类库加载到项目的（　　）。

A. 根目录下　　　　　　　　　　　B. JDBC 程序所在目录下

C. 任意目录下　　　　　　　　　　D. classpath

5. 下面是 Statement 接口中常用的执行 SQL 语句的方法，（　　） 是正确的 （多选）。

A. execute（String sql）用于执行各种 SQL 语句，该方法返回一个 boolean 类型的值

B. executeUpdate（String sql）用于执行 SQL 中的 Query、insert、update 和 delete 语句

C. executeQuery（String sql）用于执行 SQL 中的 select 语句

D. executeUpdate（String sql）用于执行各种 SQL 语句并返回 int 类型结果

二、填空题

1. JDBC 是_____的缩写，简称 Java 数据库连接。

2. JDBC API 主要位于_____包中。

3. 在编写 JDBC 程序时，必须要把所使用的数据库驱动程序或类库加载到项目的_____中。

4. DriverManager 类的_____方法可用于向 DriverManager 中注册给定的 JDBC 驱动程序。

5. 在 ResultSet 接口内部有一个指向表格数据行的游标（或指针），ResultSet 对象初始化时，游标在表格的第一行之前，调用_____方法可将游标移动到下一行。

三、简答题

1. 简述什么是 JDBC。

2. 简述 JDBC 的编程步骤。

3. 简述 PreparedStatement 相比 Statement 的优点。

9.7 上机指导

1. 使用纯 Java 方式连接数据库。

数据库为 MySQL，数据库名"epet"，用户名"epetadmin"，密码"0000"。使用纯 Java 方式连接该数据库，如果连接成功，输出"建立连接成功！"，如果连接失败，输出"建立连接失败！"，并进行相关异常处理。

2. 设计一个程序，对宠物信息进行管理。宠物信息存储在 MySQL 数据库中，通过 JDBC 对宠物进行增删改查。

第 9 章习题答案

第10章　多线程

【学习目标】

1. 了解多线程的概念。
2. 掌握多线程创建的3种方式。
3. 掌握多线程的生命周期及调度方式。
4. 操作线程的方法。
5. 线程的优先级。
6. 掌握多线程的安全和同步。
7. 掌握多线程之间的通信。
8. 熟悉线程池的使用。

10.1 线程概述

我们观察客观世界可以发现，世间万物大多可以同时完成很多工作。例如，人体可以同时进行呼吸、血液循环、思考问题、运动等多种活动。我们使用计算机工作时可以一边编辑文档一边听歌，这些活动也是同时进行的。这种思想放在 Java 中被称为并发，而将并发完成的每一件事称为线程。

在之前的章节中，所有的程序都是利用单线程来实现的，共同特点是从 main( ) 方法入口开始执行到程序结束，整个过程只能按照程序的顺序执行。这种情况下，如果程序的某个地方出现 bug，那么整个程序就会中断或崩溃，这也说明了单线程在某些方面的局限性和脆弱性。

单线程的程序就像车站的售票大厅只开设了一个售票窗口，所有需要购票的人都只能在这一个窗口排队买票，如果售票员临时有事离开，那么售票就需要停止。这种方式虽然可以实现售票任务，但工作效率非常低，且容易出现中断情况。解决办法就是同时开设多个售票窗口，不仅可以提高售票效率，而且不会因为一个窗口的停止而导致整个售票任务的终止。生活中这样的例子数不胜数，这种设计思路就相当于程序中的多线程。多线程应用非常广泛，使用多线程可以创建窗口程序、网络程序等。

10.1.1 进程

在开始学习线程之前，需要先了解什么是进程。在一个操作系统中，每个独立执行的程序都可以称为一个进程，也就是"正在运行的程序"。例如，我们的计算机上同时会运行着 QQ、钉钉、微信、杀毒软件、浏览器等多个应用程序，每个运行中的应用程序都称为一个进程。在多任务操作系统（能同时执行多个应用程序）中，可以查看当前系统中的所有进程。以 Windows 操作系统为例，打开 "Windows 任务管理器" 窗口，在 "进程" 选项卡中查看当前系统的进程，如图 10-1 所示。

图 10-1　任务管理器中的 "进程" 选项卡

在多任务操作系统中，表面上看系统是支持进程并发执行的，如我们可以一边听歌曲一边写代码，但实际上这些进程并不是在同一时刻运行的。也就是说在某一个时间点，只有一个进程在运行。为什么我们在使用计算机的过程中体验不到这种差异呢？那是因为在计算机中，所有的应用程序都是由 CPU 执行的，对于 CPU 来说，在某个时间点只能运行一个程序。操作系统会为每个进程分配一段有限的 CPU 占用时间，在这个时间段内这个程序运行，在下一个时间段内会切换到另一个程序运行。由于 CPU 的运行速度非常快，能够在很短的时间内在不同的进程之间进行切换，因此我们感受不到这种切换的时间差异，也就形成了计算机可以同时执行多个程序的感觉。

10.1.2 线程

在多任务操作系统中，每个运行的程序都是一个进程，用来执行不同的任务，在同一个进程中还可以有多个执行单元同时运行，来同时完成一个或多个程序任务，这些执行单元可以看作程序执行的一条条线索，被称为线程。操作系统中的每一个进程中都至少存在一个线程。当一个 Java 程序启动时，就会产生一个进程，该进程中会默认创建一个线程，在这个线程中运行 main() 方法中的代码。

在 Java 中，并发机制非常重要，但并不是所有的程序语言都支持线程。在以往的程序中，多以一个任务完成后再执行下一个任务的模式开发，这样下一个任务的开始必须等待前一个任务的结束。Java 提供了并发机制，程序员可以在程序中执行多个线程，每一个线程完成一个功能，并与其他线程并发执行，这种机制称为多线程。

多线程是非常复杂的机制。例如，同时阅读 3 本书，首先阅读第一本书的第一章，然后阅读第二本书的第一章，再阅读第三本书的第一章，回过头再阅读第一本书的第二章，以此类推，就体现了多线程的复杂性。

那么，在操作系统中多线程是如何工作的呢？其实，Java 中的多线程在每种操作系统中的运行方式也不太一样。以 Windows 操作系统为例，Windows 操作系统是多任务操作系统，它以进程为单位。一个进程是一个包含有自身地址的程序，每个独立执行的程序都称为进程，也就是正在执行的程序。系统可以分配给每个进程一段有限的使用 CPU 的时间（也就是 CPU 时间片），CPU 在这段时间中执行某个进程，然后下一个时间片又跳至另一个进程中去执行。而一个线程是进程中的执行流程，一个进程中可以同时包括多个线程，每个线程也可以得到一小段程序的执行时间，这样一个进程就可以具有多个并发执行的线程。在单线程中，程序代码按照调用顺序依次往下执行，如果需要一个进程同时完成多段代码的执行，则需要将多段代码放置在多段线程中，并发执行即可，即需要产生多线程。

从图 10-2 中可以看出，单线程就是一条顺序执行线索，而多线程则是并发执行的多条线索，这样的并发机制可以充分利用 CPU 资源，进一步提升程序的执行效率。但是要注意，表面上多线程是同时并发执行的，但实际上和进程一样，在一个时间点内，CPU 只能执行一个线程，也是由 CPU 控制轮流执行的，只不过由于 CPU 运算速度非常快，人们感觉不到轮换的时间差而已。

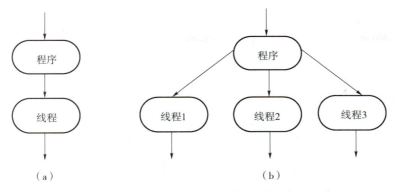

（a）　　　　　　　　　　　　　（b）

图 10-2　单线程与多线程

（a）单线程；（b）多线程

10.2　线程的创建

Java 为多线程开发提供了很好的技术支持，在 Java 中，可以通过 3 种方式来实现多线程：第一种是继承 Thread 类，重写 run（）方法；第二种是实现 Runnable 接口，重写 run（）方法；第三种是实现 Callable 接口，重写 call（）方法，并使用 Future 来获取 call（）方法的返回结果。本节围绕创建多线程的前两种方式分别讲解，并对比它们的优缺点。

10.2.1　Thread 类实现多线程

Thread 类是 java.lang 包中的一个线程类，从这个类中实例化的对象代表线程，程序员启动一个新线程需要建立 Thread 实例。Thread 类中两个常用的构造方法如下。

（1）Public Thread（）：创建一个新的线程对象。

（2）public Thread（String threadName）：创建一个名称为 threadName 的线程对象。

通过继承 Thread 类的方式实现多线程非常简单，主要步骤如下。

（1）创建一个 Thread 多线程的子类（子线程），同时重写 Thread 类的 run（）方法；完成线程真正功能的代码放在 run（）方法中，当一个类继承 Thread 类后，就可以在该类中覆盖 run（）方法，将实现该线程功能的代码写入 run（）方法中。

（2）创建该子类的实例对象，并通过调用 start（）方法启动线程，也就是调用 run（）方法。

【例 10-1】通过继承 Thread 类的方式来实现多线程。

【解】示例代码如下：

```
// 1. 定义一个继承 Thread 线程类的子类
public class MyThread extends Thread{
    // 创建子线程类有参构造方法
    public MyThread (String name) {
        super(name);
    }
    // 重写 Thread 类的 run()方法
```

```
public void run() {
    int i=0;
    while (i++<5) {
System.out.println(Thread.currentThread().getName()+"的 run()方法在运行");
    }
}
public static void main(String[] args) {
    // 2. 创建 MyThread 实例对象
    MyThread thread1=new MyThread("thread1");
    // 调用 start()方法启动线程
    thread1.start(); .
    // 创建并启动另一个线程 thread2
    MyThread thread2=new MyThread("thread2");
    thread2.start();
}
}
```

运行结果如图 10-3 所示。

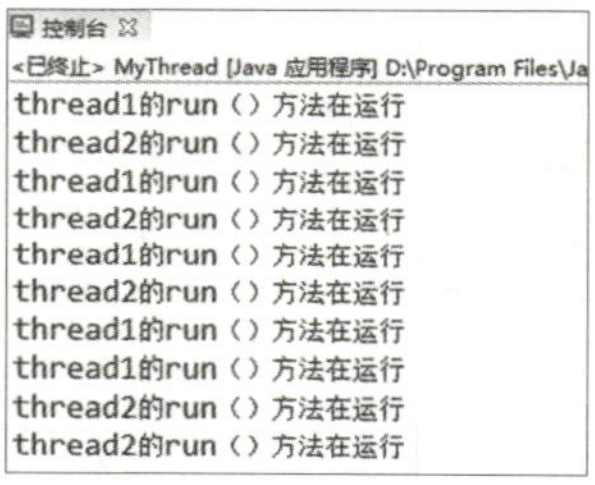

在例 10-1 中，定义了一个继承了 Thread 线程类的子类 MyTh-
read，并重写了 run( )方法，在 run( )方法中，将线程名称循环输
出 5 次。其中，currentThread( )是 Thread 类的静态方法，所以需要
用 Thread 类名直接调用，作用是获取当前线程对象，getName( )方
法用于获取线程名称。在 main( )方法中分别创建了两个线程实例，
并指定线程名称为"thread1" 和"thread2"，最后通过 start( )方法
启动线程。

图 10-3　【例 10-1】运行结果

从运行结果中可以看出，两个线程对象交互执行了各自重写的 run( )方法，并打印出对应的
输出信息，如果多执行几次例 10-1 的代码，读者会发现每次运行的结果有所不同。从而可以看
出不是按照编程顺序先执行完第一个线程方法后才执行的第二个线程方法，也说明本程序已
经实现了多线程功能。

【注意】 在例 10-1 的代码中，从程序运行结果可以看出创建的两个线程实例交互运行，但
实际上，本例中还有一个 main( )方法开启的主线程，这是程序的入口，仅用于创建、启动两个
子线程实例，并没有执行其他动作的输出。

10. 2. 2　Runnable 接口实现多线程

在例 10-1 中，线程是通过继承 Thread 类来实现的，这种方式有一定的局限性。因为 Java 只
支持类的单继承，如果某个类已经继承了别的父类，就无法通过继承 Thread 类来实现多线程了。
在这种情况下，可以通过 Runnable 接口来实现多线程。

实现 Runnable 接口的语法格式如下：

```
public class Thread extends Object implements Runnable
```

实现 Runnable 接口的程序会创建一个 Thread 对象，并将 Runnable 对象与 Thread 对象关联。
Thread 类中有以下两个构造方法：

```
public Thread(Runnable target);
public Thread(Runnable target,String name);
```

这两个构造方法的参数中都存在 Runnable 实例，使用上述构造方法就可以将 Runnable 实例与 Thread 实例相关联。

使用 Runnable 接口实现多线程的主要步骤如下：

（1）创建一个 Runnable 接口的实现类对象，同时重写接口中的 run( )方法；

（2）使用 Thread 有参构造方法创建线程实例，并将 Runnable 接口的实现类的实例作为参数传入；

（3）调用线程实例的 start( )方法启动线程。

【例10-2】通过实现 Runnable 接口的方式来实现多线程。

【解】示例代码如下：

```
public class Example10_2 {
    public static void main(String[] args) {
        // 2.创建 Runnable 接口实现类的实例对象
        MyThread2 myThread2=new MyThread2();
        // 3.使用 public Thread(Runnable target,String name)构造方法创建线程对象
        Thread thread1=new Thread(myThread2,"thread1");
        // 4.调用线程对象的 start()方法启动线程
        thread1.start();
        // 创建并启动另一个线程 thread2
        Thread thread2=new Thread(myThread2,"thread2");
        thread2.start();
    }
}
// 1.定义一个实现 Runnable 接口的实现类
class MyThread2 implements Runnable{
    // 重写 Runnable 接口的 run()方法
    public void run() {
        int i=0;
        while (i++<5) {
        System.out.println(Thread.currentThread().getName()+"的 run( )方法在运行");
        }
    }
}
```

运行结果如图 10-4 所示。

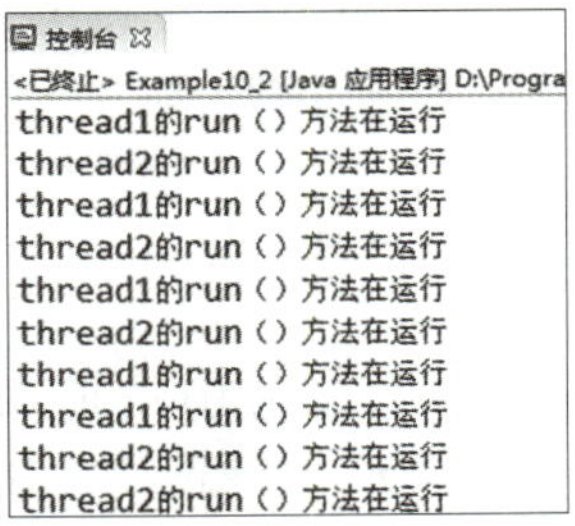

在例 10-2 中，定义了一个 Runnable 接口的实现类 MyThread2，并重写了 run( )方法，然后在 main( )方法中先后创建并启动了两个线程实例。在 main( )方法中创建线程实例时，先创建了 Runnable 接口的实现类对象 myThread2，然后将 myThread2 作为 Thread 构造方法的参数用来创建线程实例，最后通过 start( )方法启动线程实例。

从图 10-4 中可以看出，两个线程对象同样交互执行了各自

图 10-4 【例10-2】运行结果

重写的 run( )方法，并打印出对应的输出信息，这就说明利用 Runnable 接口的方式可以实现多线程。同样，本题代码多次运行，结果可能会不同。

10.3 线程的生命周期及状态转换

在 Java 中，任何对象都有生命周期，线程也不例外。线程包含 7 种状态，分别为出生状态、就绪状态、运行状态、等待状态、休眠状态、阻塞状态和死亡状态。出生状态就是线程被创建时处于的状态，此时它不能运行，和其他 Java 对象一样，仅仅由 Java 虚拟机为其分配了内存，没有表现出任何线程的动态特征。在用户使用该线程实例调用 start( )方法之前，线程都处于出生状态；当用户调用 start( )方法后，线程处于就绪状态（又被称为可执行状态）；处于就绪状态的线程位于可运行池中，此时它只是具备了运行的条件，能否获得 CPU 的使用权开始运行，还需要等待系统的调度。如果处于就绪状态的线程获得了 CPU 的使用权，开始执行 run( )方法中的线程执行体，则该线程处于运行状态。当一个线程启动后，它不可能一直处于运行状态（除非它的线程执行体足够短，瞬间就结束了），当使用完系统分配的时间后，系统就会剥夺该线程占用的 CPU 资源，让其他线程获得执行的机会。需要注意的是，只有处于就绪状态的线程才可能转换到运行状态。

一旦线程进入就绪状态，它会在就绪与运行状态下转换，同时也有可能进入等待、休眠、阻塞或死亡状态。当处于运行状态下的线程调用 Thread 类中的 wait( )方法时，该线程便进入等待状态，进入等待状态的线程必须调用 Thread 类中的 notify( )方法才能被唤醒，而 notifyAll( )方法是将所有处于等待状态下的线程唤醒；当线程调用 Thread 类中的 sleep( )方法时，则会进入休眠状态。如果一个线程在运行状态下发出输入/输出请求，该线程将进入阻塞状态，在其等待输入/输出结束时进入就绪状态。对于阻塞的线程来说，即使系统资源空闲，依然不能回到运行状态。

下面就列举一下线程由运行状态转换成阻塞状态的原因，以及如何从阻塞状态转换成就绪状态。当线程试图获取某个对象的同步锁时，如果该锁被其他线程所持有，则当前线程会进入阻塞状态，如果想从阻塞状态进入就绪状态，必须得获取其他线程所持有的同步锁。

当线程调用了一个阻塞式的 IO( )方法时，该线程就会进入阻塞状态，如果想进入就绪状态，就必须要等到这个阻塞的 IO( )方法返回。

当线程调用了某个对象的 wait( )方法时，也会使线程进入阻塞状态，如果想进入就绪状态，就需要使用 notify( )方法唤醒该线程。

当线程调用了 Thread 的 sleep(long millis)方法时，也会使线程进入阻塞状态，睡眠的时间到了以后，线程又会自动进入就绪状态。

当在一个线程中调用了另一个线程的 join( )方法时，会使当前线程进入阻塞状态，在这种情况下，需要等到新加入的线程运行结束后才会结束阻塞状态，进入就绪状态。

线程的 run( )方法正常执行完毕或者线程抛出一个未捕获的异常(Exception)、错误（Error），线程就进入死亡状态。一旦进入死亡状态，线程将不再拥有运行的资格，也不能再转换到其他状态。

下面通过图 10-5 描述线程生命周期的各种状态。

虽然多线程看起来像同时执行，但事实上在同一时间点上只有一个线程被执行，只是线程之间切换较快，所以才会使人产生线程是同时进行的错觉。在 Windows 操作系统中，系统会为每个线程分配小段 CPU 时间片，一旦 CPU 时间片结束就会将当前线程换为下一个线程，即使该线程没有结束。

观察图 10-5，可以总结出使线程处于就绪状态有 3 种方法：调用 sleep( ) 方法，调用 wait( ) 方法，等待输入/输出完成。

当线程处于就绪状态后，可以使用以下 5 种方法使线程再次进入运行状态：

线程调用 notify( ) 方法，线程调用 notifyAll( ) 方法，线程调用 interrupt( ) 方法，线程的休眠时间结束，输入/输出结束。

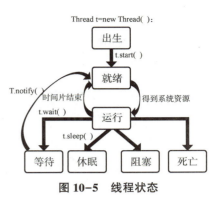

图 10-5　线程状态

10.4　操作线程的方法

10.4.1　Thread 类实现多线程

Sleep( ) 方法是一种能控制线程行为的方法，使用 sleep( ) 方法可以使线程休眠，sleep( ) 方法需要一个参数用于指定该线程休眠的时间，该时间以毫秒为单位。Sleep( ) 方法的语法格式如下：

```
try {
Thread.sleep(1000);
} catch(InterruptedException e) {
e.printStackTrace()
}
```

上面代码会使线程在 1 s 内不会进入就绪状态。由于 sleep( ) 方法的执行有可能抛出 InterruptedException 异常，因此将 sleep( ) 方法的调用放在 try-catch 块中。虽然使用了 sleep( ) 方法的线程在一段时间内会醒来，但是并不能保证它醒来后进入运行状态，只能保证它进入就绪状态。

下面通过一个例子演示该方法的使用。

在项目中创建 Example10_3 类，该类继承了 JFrame 类，实现在窗体中自动画线段的功能，并且为线段设置颜色，颜色是随机产生的。代码如下：

```
public class Example10_3 extends JFrame {
    private Thread t;
    private static Color[] color={Color.BLACK,Color.BLUE,
            Color.CYAN,Color.GREEN,Color.ORANGE,Color.YELLOW,Color.RED,
            Color.PINK,Color.LIGHT_GRAY};
    private static final Random rand=new Random();
    private static Color getC() {
        return color[rand.nextInt(color.length)];
    }
```

```
        public SleepMethodTest() {
            t=new Thread(new Runnable() {
                int x=30;
                int y=60;
                public void run() {
                    while(true) {
                        try {
                            Thread.sleep(100);
                        }catch(InterruptedException e) {
                            e.printStackTrace();
                        }
                        Graphics graphics=getGraphics();
                        graphics.setColor(getC());
                        graphics.drawLine(x,y,100,y++);
                        if(y>=80) {
                            y=60;
                        }
                    }
                }
            });
            t.start();
        }
        public static void main(String[] args) {
            init(new SleepMethodTest(),100,100);
        }
        public static void init(JFrame frame,int width,int height) {
            frame.setDefaultCloseOperation(JFrame.EXIT_ON_CLOSE);
            frame.setSize(width,height);
            frame.setVisible(true);
        }
    }
```

运行结果如图 10-6 所示。

在上述代码中定义了 getC( ) 方法, 该方法用于随机产生 Color 类型的对象, 并且在产生线程的匿名内部类中使用 get Graphics ( ) 方法获取 Graphics 对象, 使用该对象调用 setColor ( ) 方法为图形设置颜色; 调用 drawLine ( ) 方法绘制一条线段, 同时线段会根据纵坐标的变化自动调整。

图 10-6 运行结果

10.4.2 线程的加入

如果当前某程序为多线程程序, 且存在一个线程 A, 现在需要插入线程 B, 并要求线程 B 先执行完毕, 然后再继续执行线程 A, 此时可以使用 Thread 类中的 join( ) 方法来完成。这就好比此时读者正在看电视, 突然有人上门收水费, 读者必须付完水费后才能继续看电视。当某个线程使

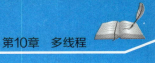

用 join( )方法加入另外一个线程时，另一个线程会等待该线程执行完毕后再继续执行。下面看一下使用 join( )方法的实例，代码如下：

```
import java.awt.BorderLayout;
import javax.swing.JFrame;
import javax.swing.JProgressBar;
public class Example10_4 extends JFrame {
    private Thread threadA;
    private Thread threadB;
    final JProgressBar progressBar＝new JProgressBar();
    final JProgressBar progressBar2＝new JProgressBar();
    int count＝0;
    public    Example10_4() {
        super();
        getContentPane().add(progressBar,BorderLayout.NORTH);
        getContentPane().add(progressBar2,BorderLayout.SOUTH);
        progressBar.setStringPainted(true);
        progressBar2.setStringPainted(true);
        threadA＝new Thread(new Runnable() {
            int count＝0;
            public void run() {
                while(true) {
                    progressBar.setValue(++count);
                    try {
                        Thread.sleep(100);
                        threadB.join();
                    } catch(Exception e) {
                        e.printStackTrace();
                    }
                }
            }
        });
        threadA.start();
        threadB＝new Thread(new Runnable() {
            int count＝0;
            public void run() {
                while(true) {
                    progressBar2.setValue(++count);
                    try {Thread.sleep(100);
                    } catch(Exception e) {
                        e.printStackTrace();
                    }
                    if(count＝＝100)
                        break;
                }
```

```
        }
    });
    threadB.start();
}
public static void main(String[] args) {
    init(new Example10_4(),100,100);
}
public static void init(JFrame frame,int width,int height) {
    frame.setDefaultCloseOperation(JFrame.EXIT_ON_CLOSE);
    frame.setSize(width,height);
    frame.setVisible(true);
}
}
```

运行结果如图 10-7 所示。

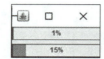  

图 10-7 运行结果

在上述代码中同时创建了两个线程,这两个线程分别负责进度条的滚动。在线程 A 的 run( )方法中使线程 B 的对象调用 join( )方法,而 join( )方法使当前运行线程暂停,直到调用 join( )方法的线程执行完毕后再执行,所以线程 A 等待线程 B 执行完毕后再开始执行,即下面的进度条滚动完毕后上面的进度条才开始滚动。

10.4.3 线程的中断

以往有的时候会使用 stop( )方法停止线程,但当前版本的 JDK 已废除了 stop( )方法,因此不建议使用 stop( )方法来停止一个线程的运行。现在提倡在 run( )方法中使用无限循环的形式,然后使用一个布尔型标记控制循环的停止。

在项目中创建 Example10_5 类,该类实现了 Runnable 接口,并设置线程正确的停止方式,代码如下:

```
public class Example10_5 implemnets Runnable {
    private boolean isContinue=false;
    public void run() {
        while(true) {
            if(isContinue)
            break;
        }
    }
    Public void setContinue(){
        This.isContinue=ture;
    }
}
```

如果线程是因为使用了 sleep( )或 wait( )方法进入了就绪状态，则可以使用 Thread 类中的 Interrupt( )方法使线程离开 run( )方法，同时结束线程，但程序会抛出 InterruptedException 异常，用户可以在处理该异常时完成线程的中断业务处理，如终止 while 循环。下面通过实例演示某个线程使用 interrupt( )方法，同时程序抛出 InterruptedException 异常，在异常处理时结束了 while 循环。在项目中，经常执行关闭数据库连接和关闭 Socket 连接等操作。

创建一个 Example10_6 类，该类实现了 Runnable 接口，创建一个进度条，在表示进度条的线程中使用 interrupt( )方法，代码如下：

```java
import java.awt.BorderLayout;
import javax.swing.JFrame;
import javax.swing.JProgressBar;
public class Example10_6 extends JFrame {
    Thread thread;
    public static void main(String[] args) {
        init(new Example10_6(),100,100);
    }
    public Example10_6() {
        super();
        final JProgressBar progressBar=new JProgressBar();
        getContentPane().add(progressBar,BorderLayout.NORTH);
        progressBar.setStringPainted(true);
        thread=new Thread(new Runnable() {
            int count=60;
            public void run() {
                while(true) {
                    progressBar.setValue(++count);
                    try {
                        thread.sleep(1000);
                    }catch(InterruptedException e) {
                        System.out.println("当前线程被中断");
                        break;
                    }
                }
            }
        });
        thread.start();
        thread.interrupt();
    }
    public static void init(JFrame frame,int width,int height) {
        frame.setDefaultCloseOperation(JFrame.EXIT_ON_CLOSE);
        frame.setSize(width,height);
        frame.setVisible(true);
    }
}
```

运行结果如图 10-8 所示。

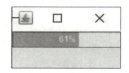

图 10-8　运行结果

在上述代码中由于调用了 interrupt( ) 方法，因此抛出了 InterruptedException 异常。

10.4.4　线程的礼让

Thread 类中提供了一种礼让方法，使用 yield( ) 方法表示，它只是给当前正处于运行状态的线程一个提醒，告知它可以将资源礼让给其他线程，但这仅是一种暗示，没有任何一种机制保证当前线程会将资源礼让。yield( ) 方法使具有同样优先级的线程有进入可执行状态的机会，当当前线程放弃执行权时会再度回到就绪状态。对于支持多任务的操作系统来说，不需要调用 yield( ) 方法，因为操作系统会为线程自动分配 CPU 时间片来执行。

10.5　线程的优先级

每个线程都具有各自的优先级，线程的优先级可以表明其在程序中的重要性，如果有很多线程处于就绪状态，系统会根据优先级来决定首先使哪个线程进入运行状态。但这并不意味着低优先级的线程得不到运行，而只是它运行的概率比较小，如垃圾回收线程的优先级就较低。

Thread 类中包含的成员变量代表了线程的某些优先级，如 Thread.MIN_PRIORITY（常数 1）、Thread.MAX_PRIORITY（常数 10）、Thread.NORM_PRIORITY（常数 5）。其中，每个线程的优先级都在 Thread.MIN_PRIORITY ~ Thread MAX_PRIORITY 之间，在默认情况下其优先级都是 Thread.NORM_PRIORITY。每个新产生的线程都继承了父线程的优先级。在多任务操作系统中，每个线程都会得到一小段 CPU 时间片运行，在时间结束时，将轮换另一个线程进入运行状态，这时系统会选择与当前线程优先级相同的线程予以运行。系统始终选择就绪状态下优先级较高的线程进入运行状态。处于各个优先级下的线程的运行顺序如图 10-9 所示。

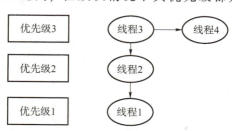

图 10-9　各个优先级下的线程的运行顺序

在图 10-9 中，优先级为 3 的线程 3 首先得到 CPU 时间片；当该时间结束后，轮换到与线程 3 相同优先级的线程 4；当线程 4 的运行时间结束后，会继续轮换到线程 3，直到线程 3 与线程 4 都执行完毕，才会轮换到线程 2；当线程 2 结束后，才会轮换到线程 1。

线程的优先级可以使用 setPriority( ) 方法调整，如果使用该方法设置的优先级不在 1~10 之内，将产生 IllegalArgumentException 异常。

在项目中创建 Example10_7 类，该类实现了 Runnable 接口。创建 4 个进度条，分别由 4 个线程来控制，并且为这 4 个线程设置不同的优先级，代码如下：

```java
public class Example10_7 extends JFrame {
    private Thread threadA;
    private Thread threadB;
    private Thread threadC;
    private Thread threadD;
        public Example10_7() {
            getContentPane().setLayout(new GridLayout(4,1));
        // 分别实例化4个线程
        final JProgressBar progressBar=new JProgressBar();
        final JProgressBar progressBar2=new JProgressBar();
        final JProgressBar progressBar3=new JProgressBar();
        final JProgressBar progressBar4=new JProgressBar();
        getContentPane().add(progressBar);
        getContentPane().add(progressBar2);
        getContentPane().add(progressBar3);
        getContentPane().add(progressBar4);
        progressBar.setStringPainted(true);
        progressBar2.setStringPainted(true);
        progressBar3.setStringPainted(true);
        progressBar4.setStringPainted(true);
        progressBar.setName("progressBar");
        progressBar2.setName("progressBar2");
        progressBar3.setName("progressBar3");
        progressBar4.setName("progressBar4");
        threadA=new Thread(new MyThread(progressBar));
        threadB=new Thread(new MyThread(progressBar2));
        threadC=new Thread(new MyThread(progressBar3));
        threadD=new Thread(new MyThread(progressBar4));
        setPriority("threadA",10,threadA);
        setPriority("threadB",5,threadB);
        setPriority("threadC",2,threadC);
        setPriority("threadD",1,threadD);
        }
        public static void setPriority(String threadName,int priority,Thread t) {
            t.setPriority(priority);
            t.setName(threadName);
            t.start();
            }
    public static void main(String[] args) {
            init(new Example10_7(),100,100);
    }
    public static void init(JFrame frame, int width, int height)
    {
            frame.setDefaultCloseOperation(JFrame. EXIT_ON_CLOSE);
```

```
        frame.setSize(width, height);
        frame.setVisible(true);
        frame.setLocationRelativeTo(null);              // 窗体居中显示
    }

    private final class MyThread implements Runnable{
        private final JProgressBar bar;
        int count=0;
        private MyThread(JProgressBar bar) {
            this.bar=bar;
            System.out.println(bar.getName());
        }
        public void run() {
            while(true) {
                bar.setValue(count+=25);
                try {
                    Thread.sleep(2000);
                }catch(InterruptedException e) {
                    System.out.println("当前线程被中断");
                }
            }
        }
    }
}
```

上述代码运行结果如图 10-10 所示。

在上述代码中定义了 4 个线程，这 4 个线程用于设置 4 个进度条的进度。这里定义了 setPriority( ) 方法，该方法设置了每个线程的优先级和名称等。虽然在图 10-10 中看这 4 个进度条好像是在一起滚动，但实际上第一个进度条总是最先变化。由于 threadA 线程优先级最高，因此系统首先处理这个线程，然后是 threadB、threadC 和 threadD 这 3 个线程。

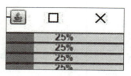

图 10-10　运行结果

10.6　线程的安全和同步

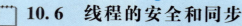

在单线程程序中，每次只能做一件事情，后面的事情需要等待前面的事情完成后才可以进行，但是如果使用多线程程序，就会发生两个线程抢占资源的问题，如两个人同时过同一个独木桥等。所以，在多线程编程中需要防止这些资源访问的冲突。Java 提供了线程同步的机制来防止资源访问的冲突。

10.6.1　线程安全

实际开发中，使用多线程程序的情况很多，如银行排号系统、火车站售票系统等。这种多线程的程序通常会发生问题，以火车站售票系统为例，在代码中判断当前票数是否大于 0，如果大于 0 则执行将该票出售给乘客的功能，但当两个线程同时访问这段代码时（假如这时只剩下 1 张票），第一个线程将票售出，与此同时第二个线程也已经执行完成判断是否有票的操作，并得出票数大于 0 的结论，于是它也执行售出操作，这样就会产生负数。所以，在编写多线程程序时，应该考虑到线程安全问题。实质上，线程安全问题来源于两个线程同时存取单一对象的数据。

在程序中创建 Example10_8 类，该类实现了 Runnable 接口，主要实现模拟火车站售票系统的功能，代码如下：

```java
public class Example10_8 implements Runnable {
    // 设置当前总票数
    int ticketsNum = 10;
    // 实现 run()方法
    public void run() {
        while(true) {
            if(ticketsNum>0) {
                try {
                    System.out.println(Thread.currentThread().getName()+"睡眠前");
                    Thread.sleep(100);
                    System.out.println(Thread.currentThread().getName()+"睡眠后");
                } catch (InterruptedException e) {
                    e.printStackTrace();
                }
                System.out.println(Thread.currentThread().getName()+"Tickets"+ticketsNum-- );
            } else {
                break;
            }
        }
    }

    public static void main(String[] args) {
        // 实例化类对象
        Example10_8 ts = new Example10_8();
        // 以该类对象分别实例化 4 个线程
        Thread tA = new Thread(ts);
        Thread tB = new Thread(ts);
        Thread tC = new Thread(ts);
        Thread tD = new Thread(ts);
        // 分别启动线程
        tA.start();
        tB.start();
```

```
                tC.start();
                tD.start();
            }
    }
```

运行结果如图 10-11 所示。

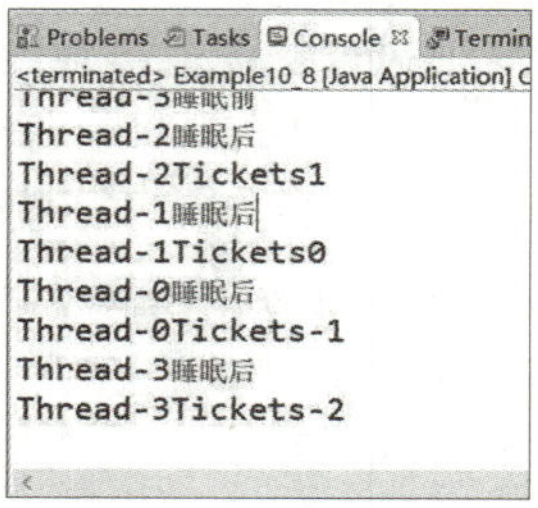

图 10-11 中，最后几行打印售出的票为 0 和负数，这种现象是不应该出现的，因为在售票程序中作了判断，只有当票号大于 0 时才会进行售票。运行结果中之所以出现了负数的票号，是因为多线程在售票时出现了安全问题。接下来对问题进行简单的分析。

在售票程序的 while 循环中添加了 sleep( ) 方法，这样就模拟了售票过程中线程的延迟。由于线程有延迟，当票数减为 1 时，线程 2 的 while 循环体睡眠后出售了 1 张票，此时票数为 0，线程 1、线程 0、线程 3 先后睡眠结束后，因为之前判断的票数都大于 1，所以此时睡眠后都在循环体内，直接对票数先后减了 3 次，变为 0、−1、−2。

图 10-11　运行结果

10.6.2　同步代码块

那么，该如何解决资源冲突的问题呢？基本上所有解决多线程资源冲突问题的方法都是采用给定时间只允许一个线程访问共享资源，这时就需要给共享资源上一道锁。这就好比一个人上洗手间时，他进入洗手间后会将门锁上，出来时再将锁打开，然后其他人才可以进入。

在 Java 中提供了同步机制，可以有效地防止资源冲突。同步机制使用 synchronized 关键字。

对前一小节的代码加上同步代码块后，代码如下：

```java
public class Example10_9 implements Runnable {
    // 设置当前总票数
        int ticketsNum = 10;
        // 实现 run()方法
        public void run() {
            while(true) {
                synchrcnized("") {
                if(ticketsNum>0) {
                    try {

System.out.println(Thread.currentThread().getName()+"睡眠前");
                            Thread.sleep(100);

System.out.println(Thread.currentThread().getName()+"睡眠后");
                    } catch (InterruptedException e) {
                            e.printStackTrace();
                    }

System.out.println(Thread.currentThread().getName()+"Tickets"+ticketsNum- - );
                    } else {
```

```
                            break;
                }
            }
        }
    }

    public static void main(String[] args) {
        // 实例化类对象
        Example10_9 ts=new Example10_9();
        // 以该类对象分别实例化 4 个线程
        Thread tA=new Thread(ts);
        Thread tB=new Thread(ts);
        Thread tC=new Thread(ts);
        Thread tD=new Thread(ts);
        // 分别启动线程
        tA.start();
        tB.start();
        tC.start();
        tD.start();
    }
}
```

运行结果如图 10-12 所示。

上面代码中，将有关 ticketsNum 变量的操作全部都放到同步代码块中。为了保证线程的持续执行，将同步代码块放在死循环中，直到ticketsNum<0时跳出循环。因此，从图 10-12 所示的运行结果可以看出，售出的票不再出现 0 和负数的情况，这是因为售票的代码实现了同步，之前出现的线程安全问题得以解决。运行结果中并没有出现其他线程售票的语句，这样的现象是很正常的，因为线程在获得锁对象时有一定的随机性，在整个程序的运行期间，其他线程始终未获得锁对象。

```
Thread-0Tickets10
Thread-0Tickets9
Thread-0Tickets8
Thread-0Tickets7
Thread-0Tickets6
Thread-0Tickets5
Thread-0Tickets4
Thread-0Tickets3
Thread-0Tickets2
Thread-0Tickets1
```

图 10-12　运行结果

10.6.3　同步方法

通过上一个小节的学习，我们了解到同步代码块可以有效解决线程的安全问题，当把共享资源的操作放在 synchronized 定义的区域内时，便为这些操作加了同步锁。在方法前面同样可以使用 synchronized 关键字来修饰，被修饰的方法为同步方法，它能实现和同步代码块同样的功能，具体语法格式如下：

```
synchronized 返回值类型 方法名([参数 1,参数 2…]){}
```

被 synchronized 修饰的方法在某一时刻只允许 1 个线程访问，访问该方法的其他线程都会发生阻塞，直到当前线程访问完毕后，其他线程才有机会执行方法。下面通过对上一小节的代码进行修改以实现相同功能，代码如下：

```java
public class Example10_10 implements Runnable {
    // 设置当前总票数
    int ticketsNum = 10;
    // 实现 run()方法
    public void run() {
        while(true) {
            saleTicket();
            if(ticketsNum<=0) {
                break;
            }
        }
    }
    private synchronized void saleTicket() {
        if(ticketsNum>0) {
            try {
                System.out.println(Thread.currentThread().getName()+"睡眠前");
                Thread.sleep(10);
                System.out.println(Thread.currentThread().getName()+"睡眠后");
            } catch(InterruptedException e) {
                e.printStackTrace();
            }
            System.out.println(Thread.currentThread().getName()+"Tickets"+ticketsNum-- );
        }
    }
    public static void main(String[] args) {
        // 实例化类对象
        Example10_10 ts = new Example10_10();
        // 以该类对象分别实例化 4 个线程
        Thread tA = new Thread(ts);
        Thread tB = new Thread(ts);
        Thread tC = new Thread(ts);
        Thread tD = new Thread(ts);
        // 分别启动线程
        tA.start();
        tB.start();
        tC.start();
        tD.start();
    }
}
```

　　运行结果和图 10-12 一样。上面代码中将售票代码抽取为售票方法 saleTicket()，并用 synchronized 关键字把 saleTicket()修饰为同步方法，然后在 run()方法中调用该方法实现了和同步代码块一样的效果。

同步代码块和同步方法解决多线程问题有好处也有弊端，好处是解决了多个线程同时访问共享数据时的线程安全问题，即只要加上同一个锁，在同一时间内只能有一条线程执行；弊端是线程在执行同步代码时每次都会判断锁的状态，非常消耗资源，效率较低。

  **10.7　多线程通信**

课程思政

在工作中应该像多线程一样，要学会团队合作，与人沟通相处，这样才能保证任务的顺利完成。

当今社会崇尚合作精神，分工合作在日常生活和工作中无处不在。例如，一条生产线的上下两个工序，它们必须以规定的速率完成各自的工作，才能保证产品在生产线中顺利地流转。如果下工序过慢，会造成产品在两道工序之间的积压；如果上工序过慢，会造成下工序长时间无事可做。在多线程的程序中，上下工序可以看作两个线程，这两个线程之间需要协同完成工作，就需要线程之间进行通信。

10.7.1　引入问题

为了更好地理解线程间的通信，我们可以模拟这样的一种应用场景：假设有两个线程同时去操作同一个存储空间，其中一个线程负责向存储空间中存入数据，另一个线程负责取出数据。下面通过一个案例来实现上述情况，首先定义一个类，在类中使用一个数组来表示存储空间，并提供数据的存取方法，具体代码如下：

```java
public class Example10_11 {
    public static void main(String[]args) {
        Storage st = new Storage();
        Input input = new Input(st);          // 两个线程承接一个相同的类进而可以进行多线程的通信
        Output output = new Output(st);
        new Thread(input).start();
        new Thread(output).start();
    }
}
public class Storage {
    private int[] cells = new int[10];
    private int inPos,outPos;
    public void put(int num) {
    // 建立写入数组元素的方法
        if(inPos >= cells.length)inPos = 0;
        cells[inPos] = num;
        System.out.println("在 cells 数组中["+inPos+"]位置放入元素:"+num);
```

```
                inPos++;
        }
        public void get() {
                if(outPos>=cells.length)outPos=0;
        System.out.println("在 cells 数组中["+outPos+"]位置取出元素:"+cells[outPos]);
                outPos++;
        }
}
class Input implements Runnable {// 建立一个多线程通信的一环,输入信息
        private Storage st;
        private int num;
        Input(Storage st) {
            this.st=st;
        }
        public void run() {
            while(true) {
                st.put(num++);
                if(num==20)num=0;
            }
        }
}
class Output implements Runnable{
    private Storage st;
    Output(Storage st) {
        this.st=st;
    }
    public void run() {
        while(true) {
            st.get();
        }
    }
}
```

    Storage 类定义的数组 cells 用来存储数据,put( )方法用于向数组存入数据,get( )方法用于获取数据。针对数组元素的存取操作都是从第一个元素开始依次进行的,每当操作完数组的最后一个元素时,索引都会被置为 0,也就是重新从数组的第一个位置开始存取操作。Input 和 Output 同时访问 Storage 类中的共享数据,它们都实现了 Runnable 接口,并且构造方法中都接收一个 Storage 类型的对象。在 Input 类的 run( )方法中使用 while 循环不停地向存储空间中存入数据 num,并在每次存入数据后将 num 进行自增,从而实现存入自然数 1,2,3,4…的效果。在 Output 类的 run( )方法中使用 while 循环不停地从存储空间中取出数据。Example10_11 类开启两个线程分别运行 Input 和 Output 类中的代码。

运行结果如图 10-13 所示。

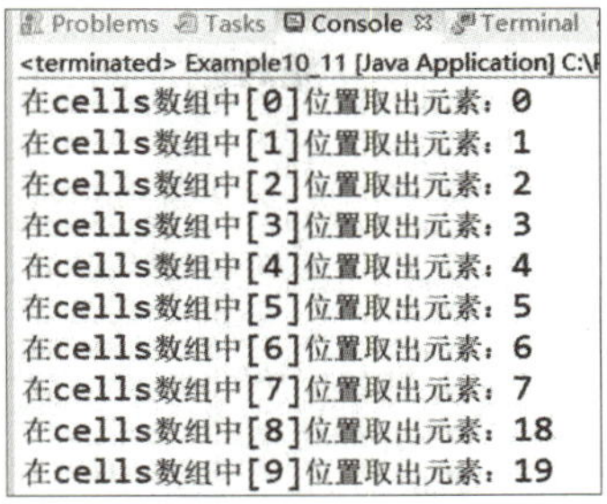

从图 10-13 中可以看到，Input 线程依次向数组中存入递增的自然数 1，2，3…，而 Output 线程依次取出数组中的数据。其中，特殊标记的两行运行结果表示在取出数字 7 后，紧接着取出的是 18，这样的现象明显是不对的。我们希望出现的运行结果是依次取出递增的自然数。之所以出现这种现象，是因为在 Input 线程存入数字 8 时，Output 线程并没有及时取出数据，Input 线程一直在持续地存入数据，直到将数组放满，又从数组的第一位置开始存入 11，12，13…，当 Output 线程再次取数据时，取出的不再是 8 而是 18。

```
🔝 Problems  🔲 Tasks  🖥 Console ⊠  📄 Terminal
<terminated> Example10_11 [Java Application] C:\
在cells数组中[0]位置取出元素：0
在cells数组中[1]位置取出元素：1
在cells数组中[2]位置取出元素：2
在cells数组中[3]位置取出元素：3
在cells数组中[4]位置取出元素：4
在cells数组中[5]位置取出元素：5
在cells数组中[6]位置取出元素：6
在cells数组中[7]位置取出元素：7
在cells数组中[8]位置取出元素：18
在cells数组中[9]位置取出元素：19
```

图 10-13 运行结果

10.7.2 问题解决

如果想解决上述问题，就需要控制多个线程按照一定的顺序轮流执行，此时需要让线程间进行通信。在 Object 类中提供了 wait()、notify()、notifyAll() 方法用于解决线程间的通信问题，由于 Java 中所有类都是 Object 类的子类或间接子类，因此任何类的实例对象都可以直接使用这些方法。接下来通过表 10-1 详细说明这几个方法的作用。

表 10-1 线程唤醒的方法

方法声明	功能描述
void wait()	使当前线程放弃同步锁并进入等待，直到其他线程进入此同步锁，并调用 notify() 方法或 notifyAll() 方法唤醒该线程为止
void notify()	唤醒此同步锁上等待的第一个调用 wait() 方法的线程
void notifyAll()	唤醒此同步锁上调用 wait() 方法的所有线程

表 10-1 中列出了 3 个与线程通信相关的方法，其中 wait() 方法用于使当前线程进入等待状态，notify() 和 notifyAll() 方法用于唤醒当前处于等待状态的线程。需要注意的是，wait()、notify() 和 notifyAll() 这 3 个方法的调用者都应该是同步锁对象，如果这 3 个方法的调用者不是同步锁对象，Java 虚拟机就会抛出 IllegalMonitorStateException 异常。

对上一小节代码中的 Storage 类改写以实现线程间的通信，代码如下：

```java
public class Storage {
    private int[] cells = new int[10];
    private int count;
    private int inPos,outPos;
    public synchronized void put(int num) {
        try {
            while(count == cells.length);
                this.wait();
            // 当写数据操作到达数组最大范围时，利用 this.wait()方法停止当前线程
            cells[inPos] = num;
            System.out.println("在 cells["+inPos+"]中放入"+cells[inPos]);
            if(++inPos == cells.length);
```

```
                    inPos=0;
                count++;
                this.notify();               // 这里来唤醒线程
            } catch(Exception e) {
            }
        }
        public synchronized void get() {
            try {
                while(count==0);
                    this.wait();
                System.out.println("在 cells["+outPos+"]中取出"+cells[outPos]);
                    if(++outPos==cells.length);
                        outPos=0;
                    count--;
                    this. notify();
            }catch(Exception e) {
            }
        }
    }
```

运行结果如图 10-14 所示。

　　Storage 类首先通过使用 synchronized 关键字将 put（）方法和 get（）方法修饰为同步方法，之后每操作一次数据，便调用一次 notify（）方法唤醒对应同步锁上等待的线程。当存入数据时，如果 count 的值与 cells 数组的长度相同，说明数组已经添满，此时就需要调用同步锁的 wait（）方法使存入数据的线程进入等待状态。同理，当取出数据时，如果 count 的值为 0，说明数组已被取空，此时就需要调用同步锁的 wait（）方法，使取出数据的线程进入等待状态。从运行结果可以看出，存入的数据和取出的数据都是依次递增的自然数。

Problems	Tasks	Console ⊠
<terminated> Example10_11 [Java A
在cells[0]中放入0
在cells[0]中取出0
在cells[1]中放入1
在cells[1]中取出1
在cells[2]中放入2
在cells[2]中取出2
在cells[3]中放入3
在cells[3]中取出3
在cells[4]中放入4
在cells[4]中取出4
在cells[5]中放入5
在cells[5]中取出5
在cells[6]中放入6
在cells[6]中取出6

图 10-14　运行结果

10.8　本章小结

　　本章主要介绍了线程是如何创建的，线程的生命周期和执行顺序，控制线程的启动和挂起，以及如何正常结束线程。本章的重点在于线程的控制和线程的同步，以及线程的通信；难点在于线程之间的同步，控制不好会产生资源冲突。为了解决资源冲突问题，可以采用同步机制，此时必须确定多个线程不会同时读取并改变这个资源，这需要合理地使用 synchronized 关键字，但是同步也会带来一定的效能延迟，并且可能产生死锁。通过对本章的学习，读者应对多线程技术有较为深入的了解，并熟练掌握多线程的创建、调度、同步及通信操作。

10.9 本章习题

一、选择题

1. Thread 类位于下列（　　　）包中。

A. Java.io
B. java.lang
C. java.util
D. java.awt

2. 线程调用 sleep( )方法后，该线程将进入以下（　　　）状态。

A. 就绪状态
B. 运行状态
C. 阻塞状态
D. 死亡状态

二、分析题

阅读下面的程序，分析代码是否能编译通过，如果能编译通过，请列出运行的结果。如果不能编译通过，请说明原因。

```
Class RunHandler {
Public void run() {
System.out.println("run");
}
}
Public class Test {
Public static void main(String[] args) {
    Thread t = new Thread(new RunHandler())
}
}
```

10.10 上机指导

1. 编写 10 个线程，第一个线程从 1 加到 10，第二个线程从 11 加到 20，……，第十个线程从 91 加到 100，最后再把 10 个线程结果相加。

2. 尝试定义一个继承 Thread 类的类，并覆盖 run( )方法，在 run( )方法中每隔 1 000 ms 打印一句话。

第 10 章习题答案

第11章　网络编程

【学习目标】

1. 了解网络编程基础。
2. 掌握 TCP 网络编程的应用。
3. 掌握 UDP 网络编程的应用。
4. 掌握广播数据报的使用。

11.1 网络编程基础

课程思政

　　网络诈骗案例分析、融合网络暴力事件等，让学生认清不良信息的危害，树立正确的三观，遵守职业道德。

　　计算机网络是指将地理位置不同的计算机通过通信线路连接起来，实现资源共享和信息传递。网络中的计算机通常称为主机，而网络编程就是通过程序实现两台以上主机之间的数据通信。实际的通信网络非常复杂，但是 Java 提供了非常强大的网络类，屏蔽了底层的复杂细节，使程序员可以很容易地编写出网络程序，而不需要非常深的网络知识。

11.1.1 网络通信协议

　　虽然通过计算机网络可以使多台计算机实现连接，但是位于同一个网络中的计算机在进行连接和通信时必须遵守一定的规则，这就好比在道路中行驶的汽车一定要遵守交通规则一样。在计算机网络中，这些连接和通信的规则称为网络通信协议，它对数据的传输格式、传输速率、传输步骤等作了统一规定，通信双方必须同时遵守网络通信协议才能完成数据交换。

　　网络通信协议有很多种，目前应用最广泛的是 TCP/IP（传输控制协议/因特网互联协议）、UDP（用户数据报协议）、ICMP（因特网控制报文协议）和其他一些协议的协议簇。

　　为了减少网络编程设计的复杂性，绝大多数网络采用分层设计方法。所谓分层设计，就是按照信息的流动过程将网络的整体功能分解为一个个的功能层，不同机器上的同等功能层之间采用相同的协议，同一机器上的相邻功能层之间通过接口进行信息传递。本章中所学的网络编程知识，主要就是基于 TCP/IP 中的内容。TCP/IP 是一组用于实现网络互联的通信协议，其名称来源于该协议簇中的两个重要协议 TCP 和 IP，基于 TCP/IP 模型的网络层次结构比较简单，共分为 4 层，如图 11-1 所示。

图 11-1　基于 TCP/IP 模型的网络层次结构

　　图 11-1 中，TCP/IP 模型中的 4 层结构分别是链路层（也叫网络接口层）、网络层、传输层和应用层，每层分别负责不同的通信功能，具体功能如下。

　　（1）链路层：用于定义物理传输通道，通常是对某些网络连接设备的驱动协议，如针对光纤、双绞线提供的驱动。

　　（2）网络层：也称网络互联层，是整个 TCP/IP 的核心，它主要用于将传输的数据进行分组，将分组数据发送到目标计算机或者网络。

　　（3）传输层：主要使网络程序进行通信，在进行网络通信时，可以采用 TCP，也可以采用 UDP。

（4）应用层：主要负责应用程序的协议，如 HTTP、FTP 等。

11.1.2　IP 地址和端口号

要想使网络中的计算机能够进行通信，还必须为每台计算机指定一个标识号，通过这个标识号来指定接收数据的计算机或者发送数据的计算机。在 TCP/IP 中，这个标识号就是 IP 地址，它可以唯一标识一台计算机。目前，IP 地址广泛使用的版本是 IPv4，它由 4 个字节大小的二进制数来表示，如 00001010 00000000 00000000 00000001。由于二进制形式表示的 IP 地址非常不便于记忆和处理，因此通常会将 IP 地址写成十进制的形式，每个字节用一个十进制数字（0~255）表示，数字间用符号"."分开表示 4 段数字，如 10.0.0.1。

随着计算机网络规模的不断扩大，对 IP 地址的需求也越来越多，IPv4 这种用 4 个字节表示的 IP 地址面临枯竭。为解决此问题，IPv6 应运而生。IPv6 使用 16 个字节表示 IP 地址，它所拥有的地址容量约是 IPv4 的 $8×10^{28}$ 倍，达到 2^{128} 个（算上全零的），这样就解决了网络地址资源数量不足的问题。

最初设计互联网时，为了便于寻址及层次化构造网络，每个 IP 地址由两部分组成，即"网络.主机"的形式，其中网络部分表示其属于互联网的哪一个网络，是网络的地址编码，主机部分表示其属于该网络中的哪一台主机，是网络中一个主机的地址编码，二者是主从关系。IP 地址总共分为 5 类，常用的有 A、B、C 类（另外的 D 和 E 类为特殊地址），介绍如下。

（1）A 类地址：由第一段的网络地址和其余三段的主机地址组成，范围是 1.0.0.0 到 127.255.255.255。

（2）B 类地址：由前两段的网络地址和其余两段的主机地址组成，范围是 128.0.0.0 到 131.255.255.255。

（3）C 类地址：由前三段的网络地址和最后一段的主机地址组成，范围是 192.0.0.0 到 223.255.255.255。

另外，还有一个本地回环地址 127.0.0.1，指本机地址，该地址一般用来测试，例如：用 ping 127.0.0.1 来测试本机 TCP/IP 是否正常。

通过 IP 地址可以连接到指定计算机，但如果想访问目标计算机中的某个应用程序，还需要指定端口号。在计算机中，不同的应用程序是通过端口号区分的。端口号是用 2 个字节（16 位的二进制数）表示的，它的取值范围是 0~65 535，其中，0~1 023 之间的端口号用于一些指明的网络服务和应用，用户的普通应用程序需要使用 1 024 以上的端口号，从而避免端口号被另外一些应用或服务所占用。

接下来通过一个图例来描述 IP 地址和端口号的作用，如图 11-2 所示。

从图 11-2 可以看出，位于网络中的一台计算机可以通过 IP 地址去访问另一台计算机，并通过端口号访问目标计算机中的某个应用程序。

11.1.3　InetAddress

在 JDK 中提供了一个与 IP 地址相关的 InetAddress 类，该类用于封装一个 IP 地址，并提供了一系列与 IP 地址相关的方法。InetAddress 类的常用方法如表 11-1 所示。

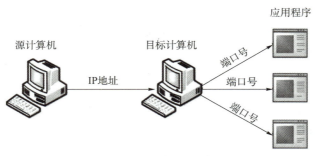

图 11-2　IP 地址和端口号

表 11-1　InetAddress 类的常用方法

方法声明	功能描述
InetAddress getByName（String host）	获取给定主机名的 IP 地址，host 参数表示指定主机
InetAddress getLocalHost（）	获取本地主机地址
String getHostName（）	获取本地 IP 地址的主机名
boolean isReachable（int timeout）	判断在限定时间内指定的 IP 地址是否可以访问
String getHostAddress（）	获取字符串格式的原始 IP 地址

　　表 11-1 中，列举了 InetAddress 的 5 个常用方法。其中，前两个方法用于获得该类的实例对象，第一个方法用于获得表示指定主机的 InetAddress 对象，第二个方法用于获得表示本地的 InetAddress 对象。通过 InetAddress 对象便可获取指定主机名、IP 地址等。接下来通过一个案例来演示 InetAddress 类常用方法的基本使用，代码如下：

```
package com.itheima;
import java.net.InetAddress;
public class Example01 {
    public static void main(String[] args) throws Exception {
        // 获取本地主机 InetAddress 对象
        InetAddress localAddress = InetAddress.getLocalHost();
        // 获取主机名为"www.itcast.cn"的 InetAddress 对象
        InetAddress remoteAddress = InetAddress.getByName("www.itcast.cn");
        System.out.println("本机的 IP 地址：" + localAddress.getHostAddress());
        System.out.println("itcast 的 IP 地址："+remoteAddress.getHostAddress());
        System.out.println("3 秒内是否可以访问：" + remoteAddress.isReachable(3000));
        System.out.println("itcast 的主机名为：" +remoteAddress.getHostName());
    }
}
```

运行结果如图 11-3 所示。

从图 11-3 可以看出 InetAddress 类中常用方法的具体使用效果。需要注意的是，getHostName( ) 方法用于得到某个主机的域名，如果 InetAddress 对象是通过主机名创建的，则将返回该主机名；否则，将根据 IP 地址反向查找对应的主机名，如果找到将其返回，否则将返回 IP 地址。

图 11-3　运行结果

11.1.4　UDP 与 TCP

在介绍 TCP/IP 结构时，提到传输层两个重要的高级协议，分别是 UDP（User Datagram Protocol，用户数据报协议）和 TCP（Transmission Control Protocol，传输控制协议）。

UDP 是无连接通信协议，即在数据传输时，数据的发送端和接收端不建立逻辑连接。简单来说，当一台计算机向另外一台计算机发送数据时，发送端不确认接收端是否存在，就会发出数据；同样，接收端在收到数据时，也不会向发送端反馈是否收到数据。UDP 由于消耗资源小，通信效率高、延迟小，因此通常用于音频、视频和普通数据的传输，例如：视频会议使用 UDP，即使偶尔丢失一两个数据包，也不会对接收结果产生太大影响。但是，在使用 UDP 传输数据时，由于 UDP 的面向无连接性，不能保证数据的完整性，因此在传输重要数据时不建议使用 UDP。UDP 的交互过程如图 11-4 所示。

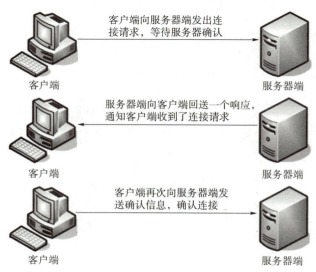

图 11-4　UDP 的交互过程

TCP 是面向连接的通信协议，即在传输数据前先在发送端和接收端建立逻辑连接，然后再传输数据，它提供了两台计算机之间可靠、无差错的数据传输。在 TCP 连接中必须明确客户端与服务器端，由客户端向服务器端发出连接请求，每次连接的创建都需要经过 3 次握手。第一次握手，客户端向服务器端发出连接请求，等待服务器端确认；第二次握手，服务器端向客户端回送一个响应，通知客户端收到了连接请求；第三次握手，客户端再次向服务器端发送确认信息，确认连接。所以，TCP 传输速度较慢，但传输的数据比较可靠。TCP 的交互过程如图 11-5 所示。

客户端向服务器端发出连接请求，等待服务器确认

服务器端向客户端回送一个响应，通知客户端收到了连接请求

客户端再次向服务器端发送确认信息，确认连接

图 11-5　TCP 的交互过程

TCP 由于具有面向连接特性，可以保证传输数据的安全性和完整性，因此它是一个被广泛采用的协议。在下载文件时，如果数据接收不完整，将会导致文件数据丢失而不能被打开，因此下载文件时必须采用 TCP。

11.2　UDP 通信

11.2.1　UDP 通信简介

UDP 是一种面向无连接的协议，因此，在通信时发送端和接收端不用建立连接。UDP 通信的过程就像是货运公司在两个码头间发送货物一样，在码头发送和接收货物时都需要使用集装箱来装载货物。UDP 通信也是一样，发送和接收的数据也需要使用"集装箱"进行打包。为此，JDK 中提供了一个 DatagramPacket 类，该类的实例对象就相当于一个集装箱，用于封装 UDP 通信中发送或者接收的数据。然而，运输货物只有"集装箱"是不够的，还需要有码头。为此，JDK 提供了与之对应的 DatagramSocket 类，该类的作用就类似于码头，使用这个类的实例对象就可以发送和接收 DatagramPacket 数据报。UDP 通信过程如图 11-6 所示。

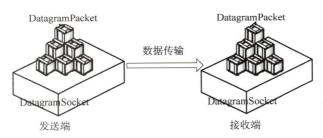

图 11-6　UDP 通信过程

了解了 DatagramPacket、DatagramSocket 在数据发送与接收端通信过程中的作用后，接下来针对 DatagramPacket 和 DatagramSocket 进行详细讲解。

11.2.2　DatagramPacket

DatagramPacket 用于封装 UDP 通信中的数据，在创建发送端和接收端的 DatagramPacket 对象时，使用的构造方法有所不同。接收端的构造方法只需要接收一个字节数组来存放接收到的数据，而发送端的构造方法不但要接收存放了发送数据的字节数组，还需要指定发送端的 IP 地址和端口号。接下来根据 API 文档，对 DatagramPacket 类常用的构造方法进行详细讲解。

1）DatagramPacket(byte[ ] buf,int length)

使用该构造方法在创建 DatagramPacket 对象时，指定了封装数据的字节数组和数据的大小，没有指定 IP 地址和端口号。很明显，这样的对象只能用于接收端，不能用于发送端。因为发送端一定要明确指出数据的目的地（IP 地址和端口号），而接收端不需要明确知道数据的来源，只需要接收到数据即可。

2）DatagramPacket(byte[ ] buf,int offset,int length)

该构造方法与第一个构造方法类似，同样用于接收端，只不过在第一个构造方法的基础上，增加了一个 offset 参数，该参数用于指定一个数组中发送数据的偏移量为 offset，即从 offset 位置开始发送数据。

3）DatagramPacket(byte[ ] buf,int length,InetAddress addr,int port)

使用该构造方法在创建 DatagramPacket 对象时，不仅指定了封装数据的字节数组和数据的大小，还指定了数据包的目标 IP 地址（addr）和端口号（port）。该对象通常用于发送端，因为在发送数据时必须指定接收端的 IP 地址和端口号，就好像发送货物的集装箱上面必须标明接收人的地址一样。

4）DatagramPacket(byte[ ] buf,int offset,Int length,InetAddress addr,int port)

该构造方法与第三个构造方法类似，同样用于发送端，只不过在第三个构造方法的基础上，增加了一个 offset 参数，该参数用于指定一个数组中发送数据的偏移量为 offset，即从 offset 位置开始发送数据。

上面我们讲解了 DatagramPacket 的常用构造方法，接下来对 DatagramPacket 类中的常用方法进行详细讲解，如表 11-2 所示。

表 11-2　DatagramPacket 类中的常用方法

方法声明	功能描述
InetAddress getAddress( )	用于返回发送端或者接收端的 IP 地址，如果是发送端的 DatagramPacket 对象，就返回接收端的 IP 地址；反之，就返回发送端的 IP 地址
int getPort( )	用于返回发送端或者接收端的端口号，如果是发送端的 DatagramPacket 对象，就返回接收端的端口号；反之，就返回发送端的端口号
byte[ ]getData( )	用于返回将要接收或者将要发送的数据，如果是发送端的 DatagramPacket 对象，就返回将要发送的数据；反之，就返回接收到的数据
int getLength( )	用于返回接收或者将要发送的数据的长度，如果是发送端的 DatagramPacket 对象，就返回将要发送的数据的长度；反之，就返回接收到的数据的长度

表 11-2 中，列举了 DatagramPacket 类的 4 个常用方法及其功能，通过这 4 个方法，可以得到发送或者接收到的 DatagramPacket 数据报中的信息。

11.2.3　DatagramSocket

DatagramSocket 用于创建发送端和接收端对象，然而在创建发送端和接收端的 DatagramSocket对象时，使用的构造方法有所不同，下面对 DatagramSocket 类中常用的构造方法进行讲解。

1）DatagramSocket( )

该构造方法用于创建发送端的 DatagramSocket 对象，在创建 DatagramSocket 对象时，并没有指定端口号，此时，系统会分配一个没有被其他网络程序所使用的端口号。

2）DatagramSocket(int port)

该构造方法既可用于创建接收端的 DatagramSocket 对象，也可用于创建发送端的 DatagramSocket 对象。在创建接收端的 DatagramSocket 对象时，必须要指定一个端口号，这样就可以监听指定的端口。

3）DatagramSocket(int port,InetAddress addr)

使用该构造方法在创建 DatagramSocket 对象时，不仅指定了端口号还指定了相关的 IP 地址，这种情况适用于计算机上有多种网卡的情况，可以明确规定数据通过哪块网卡向外发送和接收哪块网卡的数据。由于计算机中针对不同的网卡会分配不同的 IP 地址，因此在创建 DatagramSocket 对象时需要通过指定 IP 地址来确定使用哪块网卡进行通信。

上面我们讲解了 DatagramSocket 的常用构造方法，接下来对 DatagramSocket 类中的常用方法进行详细讲解，如表 11-3 所示。

表 11-3　DatagramSocket 类中的常用方法

方法声明	功能描述
void receive(DatagramPacket P)	用于接收 DatagramPacket 数据报，在接收到数据之前会一直处于阻塞状态，如果发送消息的长度比数据报长，则消息将会被截取
void send(DatagramPacket P)	用于发送 DatagramPacket 数据报，发送的数据报中包含将要发送的数据、数据的长度、远程主机的 IP 地址和端口号
void close()	关闭当前的 Socket，通常驱动程序释放为这个 Socket 保留的资源

表 11-3 中，针对 DatagramSocket 类中的常用方法及其功能进行了介绍，其中前两个方法可以完成数据的发送或者接收的功能。

11.2.4　UDP 网络程序

前面两个小节讲解了 DatagramPacket 和 DatagramSocket 的相关知识，接下来通过一个案例来说明它们的具体用法。要实现 UDP 通信需要创建一个发送端程序和一个接收端程序，很明显，在通信时只有接收端程序先运行，才能避免因发送端发送的数据无法接收，而造成数据丢失。因此，首先完成接收端程序的编写，代码如下：

```java
package com.itheima;
import java.net.DatagramPacket;
import java.net.DatagramSocket;
public class UDPReceiver {
    public static void main(String[] args) throws Exception {
        // 定义一个指定端口号为 8900 的接收端 DatagramSocket 对象
        DatagramSocket server = new DatagramSocket(8900);
        // 定义一个长度为 1024 的字节数组，用于接收数据
        byte[] buf = new byte[1024];
        // 定义一个 DatagramPacket 数据报对象，用于封装接收的数据
        DatagramPacket packet = new DatagramPacket(buf,buf.length);
        System.out.println("等待接收数据...");
```

```
        while (true){
        // 等待接收数据报数据，在没有接收到数据之前会处于阻塞状态
        server.receive(packet);
        // 调用 DatagramPacket 的方法获得接收到的信息，并转换为字符串形式
        String str=new String(packet.getData(),0,packet.getLength());
        System.out.println(packet.getAddress()+":"+packet.getPort()+"发送消息:"+str);
            }
        }
    }
```

运行结果如图 11-7 所示。

在上面代码中，创建了一个 UDP 接收端程序，用来接收数据。在创建 DatagramSocket 对象时，指定其监听的端口号为 8900，这样发送端就能通过这个端口号与接收端程序进行通信。之后创建 DatagramPacket 对象时传入一个大小为 1 024 B 的数组用来接收数据，当调用该对象的 receive(DatagramPacket p) 方法接收到数据以后，数据会填充到 DatagramPacket 中，通过 DatagramPacket 的相关方法可以获取接收到的数据信息。

从图 11-7 可以看到，程序运行后一直处于停滞状态等待接收数据，但一直没有输出获取的主机信息，这是因为 DatagramSocket 的 receive( ) 方法在运行时会发生阻塞，只有接收到发送端程序发送的数据时，该方法才会结束这种阻塞状态，程序才能继续向下执行。

实现了接收端程序之后，接下来还需要编写一个发送端的程序，代码如下：

```
package com.itheima;
import java.net.DatagramPacket;
import java.net.DatagramSocket;
import java.net.InetAddress;
public class UDPSender {
    public static void main(String[] args)throws Exception {
        // 定义一个指定端口号为 3000 的发送端 DatagramSocket 对象
        DatagramSocket client=new DatagramSocket(3000);
        // 定义要发送的数据
        String str="hello world";
        // 定义一个 DatagramPacket 数据报对象，封装发送端信息及发送地址
        DatagramPacket packet=new DatagramPacket(str.getBytes(),str.getBytes().length,
                InetAddress.getByName("localhost"),8900);
        System.out.println("开始发送信息....");
        client.send(packet);            // 发送数据
        client.close();                 // 释放资源
            }
        }
```

上面代码创建了一个 UDP 发送端程序，用来发送数据。在创建 DatagramPacket 对象时需要指定目标 IP 地址和端口号，而且端口号必须要和接收端指定的端口号一致，这样调用 DatagramSocket 的 send( ) 方法才能将数据发送到对应的接收端。

在接收端程序阻塞的状态下，运行发送端程序，接收端程序就会收到发送端发送的数据而结束阻塞状态，打印接收的数据如图 11-8 所示。

图 11-7　运行结果	图 11-8　打印接收的数据

11.3　TCP 通信

11.3.1　TCP 通信简介

TCP 通信同 UDP 通信一样，都能实现两台计算机之间的通信，通信的两端则都需要创建 Socket 对象。TCP 通信与 UDP 通信的一个主要区别在于：UDP 通信中只有发送端和接收端，不区分客户端与服务器端，计算机之间可以任意地发送数据；而 TCP 通信中严格区分客户端与服务器端，在通信时，必须先由客户端去连接服务器端才能实现通信，服务器端不可以主动连接客户端。

在 JDK 中提供了两个用于实现 TCP 程序的类，一个是 ServerSocket 类，用于表示服务器端；另一个是 Socket 类，用于表示客户端。通信时，首先要创建代表服务器端的 ServerSocket 对象，该对象相当于开启一个服务，并等待客户端的连接；然后创建代表客户端的 Socket 对象，并向服务器端发出连接请求，服务器端响应请求，两者建立连接后可以正式进行通信。Socket 和 ServerSocket 通信过程如图 11-9 所示。

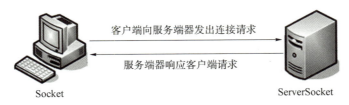

图 11-9　Socket 和 ServerSocket 通信过程

了解了 ServerSocket、Socket 在服务器端与客户端通信过程中的作用后，接下来针对 ServerSocket 和 Socket 进行详细讲解。

11.3.2　ServerSocket

在开发 TCP 程序时，首先需要创建服务器端程序。JDK 的 java.net 包中提供了一个 ServerSocket 类，该类的实例对象可以实现一个服务器端的程序。通过查阅 API 文档可知，ServerSocket 类提供了多种构造方法，接下来就对 ServerSocket 的构造方法进行详细讲解。

1）ServerSocket( )

使用该构造方法在创建 ServerSocket 对象时并没有指定端口号，因此该对象不监听任何端口，不能直接使用，使用时还需要调用 bind(SocketAddress endpoint)方法将其绑定到指定的端口号上。

2）ServerSocket(int port)

使用该构造方法在创建 ServerSocket 对象时，可以将其绑定到指定的端口号上。如果 port 参数值为 0，此时系统就会分配一个未被其他程序占用的端口号。由于客户端需要根据指定的端口号来访问服务器端程序，因此端口号随机分配的情况并不常用，通常都会给服务器端指定一个端口号。

3）ServerSocket(int port,int backlog)

该构造方法就是在第二种构造方法的基础上，增加了一个 backlog 参数。该参数用于指定在服务器忙时，可以与之保持连接请求的等待客户端数量，如果没有指定这个参数，默认为 50。

4）ServerSocket(int port,int backlog,InetAddress bindAddr)

该构造方法就是在第三种构造方法的基础上，指定了相关的 IP 地址，这种情况适用于计算机上有多块网卡和多个 IP 的情况，使用时可以明确规定 ServerSocket 在哪块网卡或 IP 地址上等待客户端的连接请求。显然，对于一般只有一块网卡的情况，就不用专门指定该参数。

在以上介绍的构造方法中，第二种构造方法是最常使用的。了解了如何通过 ServerSocket 的构造方法创建对象，接下来学习 ServerSocket 类中的常用方法，如表 11-4 所示。

表 11-4　ServerSocket 类中的常用方法

方法声明	功能描述
Socket accept( )	用于等待客户端的连接，在客户端连接之前一直处于阻塞状态，如果有客户端连接就会返回一个与之对应的 Socket 对象
InetAddress getInetAddress( )	用于返回一个 InetAddress 对象，该对象中封装了 ServerSocket 绑定的 IP 地址
boolean isClosed( )	用于判断 ServerSocket 对象是否为关闭状态，如果是关闭状态则返回 true，反之则返回 false
void bind(SocketAddress endpoint)	用于将 ServerSocket 对象绑定到指定的 IP 地址和端口号，其中参数 endpoint 封装了 IP 地址和端口号

ServerSocket 对象负责监听某台客户端计算机的端口号，在创建 ServerSocket 对象后，需要继续调用该对象的 accept( ) 方法，接收来自客户端的请求。当执行了 accept( ) 方法之后，服务器端程序会发生阻塞，直到客户端发出连接请求。accept( ) 方法才会返回一个 Socket 对象用于和客户端实现通信，程序才能继续向下执行。

11.3.3　Socket

ServerSocket 对象可以实现服务器端程序，但只实现服务器端程序还不能完成通信，此时还需要一个客户端程序与之交互，为此 JDK 提供了一个 Socket 类，用于实现 TCP 客户端程序。通过查阅 API 文档可知 Socket 类同样提供了多种构造方法，接下来就对 Socket 的常用构造方法进行详细讲解。

1）Socket( )

该构造方法在创建 Socket 对象时，并没有指定 IP 地址和端口号，也就意味着只创建了客户端对象，并没有去连接任何服务器。通过该构造方法创建对象后还需调用 connect(SocketAddress endpoint)方法，才能完成与指定服务器端的连接，其中参数 endpoint 用于封装 IP 地址和端口号。

2）Socket（String host，int port）

使用该构造方法在创建 Socket 对象时，会根据参数去连接在指定地址和端口上运行的服务器程序，其中参数 host 接收的是一个字符串类型的 IP 地址。

3）Socket（InetAddress address，int port）

该方法在使用上与第二种构造方法类似，参数 address 用于接收一个 InetAddress 类型的对象，该对象用于封装一个 IP 地址。

在以上 Socket 的构造方法中，最常用的是第一种构造方法。了解了 Socket 构造方法的用法，接下来学习 Socket 类中的常用方法，如表 11-5 所示。

表 11-5　Socket 类中的常用方法

方法声明	功能描述
int getPort（）	用于返回此 Socket 连接的远程服务器端的端口号
InetAddress getLocalAddress（）	用于获取 Socket 对象绑定的本地 IP 地址，并将 IP 地址封装成 InetAddress 类型的对象返回
void close（）	用于关闭 Socket 连接，结束本次通信。在关闭 Socket 之前，应将与 Socket 相关的所有的 I/O 流全部关闭，这是因为一个良好的程序应该在执行完毕时释放所有的资源
InputStream getInputStream（）	返回一个 InputStream 类型的输入流对象。如果该对象是由服务器端的 Socket 返回，就用于读取客户端发送的数据；反之，用于读取服务器端发送的数据
OutputStream getOutputStream（）	返回一个 OutputStream 类型的输出流对象。如果该对象是由服务器端的 Socket 返回，就用于向客户端发送数据；反之，用于向服务器端发送数据

表 11-5 列举了 Socket 类中的常用方法，其中 getInputStream（）和 getOutputStream（）方法分别用于获取输入流和输出流。当客户端和服务器端建立连接后，数据是以 I/O 流的形式进行交互，从而实现通信的。接下来通过一张图来描述服务器端和客户端的数据传输，如图 11-10 所示。

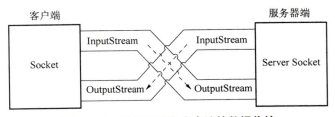

图 11-10　服务器端和客户端的数据传输

11.3.4　简单的 TCP 网络程序

通过前面两个小节的讲解，了解了 ServerSocket、Socket 类的基本用法，为了让初学者更好地掌握这两个类，接下来通过一个 TCP 通信的案例来进一步说明这两个类的基本使用。

要实现 TCP 通信需要创建一个服务器端程序和一个客户端程序，为了保证数据传输的安全性，首先需要编写服务器端程序，代码如下：

```
package com.itheima;
import java.io.*;
import java.net.*;
// TCP 服务器端
public class TCPServer {
    public static void main(String[] args) throws Exception {
        // 创建指定端口号为 7788 的服务端 ServerSocket 对象
        ServerSocket serverSocket = new ServerSocket(7788);
        while (true){
            // 调用 ServerSocket 的 accept()方法开始接收数据
            Socket client = serverSocket.accept();
            System.out.println("与客户端连接成功,开始进行数据交互!");
            // 获取客户端的输出流对象
            OutputStream os = client.getOutputStream();
            // 当客户端连接到服务端时，向客户端输出数据
            os.write(("服务器端向客户端做出响应!").getBytes());
            // 模拟与客户端交互耗时
            Thread.sleep(5000);
            // 关闭流和 Socket 连接
            os.close();
            client.close();
        }
    }
}
```

运行结果如图 11-11 所示。

图 11-11　运行结果

在上面代码中，创建了一个服务器端程序，用于接收客户端发送的数据。在创建ServerSocket对象时指定了服务器端的端口号为 7788，并在 while 循环中调用该对象的 accept( )方法持续监听客户端连接。其中，在执行 accept( )方法时，程序会发生阻塞，直到有客户端来访问时才会结束这种阻塞状态，同时会返回一个 Socket 类型的对象用于表示客户端，通过该对象可以获取与客户端关联的输出流并向客户端发送信息，同时执行 Thread.sleep(5000)语句模拟服务器端与客户端交互占用的时间。最后，调用 Socket 对象的 close( )方法结束通信。

完成了服务器端程序的编写，接下来编写客户端程序，代码如下：

```
package com.itheima;
import java.io.*;
import java.net.*;
```

```
// TCP 客户端
public class TCPClient {
    public static void main(String[] args)throws Exception {
        // 创建一个 Socket 并连接到指定的服务器端
        Socket client=new Socket(InetAddress.getLocalHost(),7788);
        // 获取服务器端返回的输入流数据并打印
        InputStream is=client.getInputStream();
        byte[] buf=new byte[1024];
        int len=is.read(buf);
        while (len !=-1){
            System.out.println(new String(buf,0,len));
            len=is.read(buf);
        }
        // 关闭流和 Socket 连接
        is.close();
        client.close(); // 关闭 Socket 对象，释放资源
    }
}
```

运行结果如图 11-12 所示。

在上面代码中，创建了一个客户端程序，用于向指定服务器端发送连接并进行数据交互。在客户端创建 Socket 对象与服务器端建立连接后，会打印出"服务器端向客户端做出响应！"，如图 11-12 所示。同时，服务器端程序结束了阻塞状态，会打印出"与客户端连接成功，开始进行数据交互！"，如图 11-13 所示。

图 11-12　运行结果　　　　　　　　　图 11-13　服务器端运行结果

11.4　本章小结

本章讲解了网络编程相关的基础知识，首先简要介绍了网络编程的一些基础概念，包括网络通信协议、IP 地址和端口号、InetAddress 类及 UDP 和 TCP；接着讲解了 UDP 相关的 Datagram-Packet、DatagramSocket 类；最后讲解了 TCP 中的 ServerSocket、Socket 类，以及 UDP 和 TCP 的简单应用。通过对本章的学习，读者能够了解网络编程相关的基础知识，掌握 UDP 网络程序和 TCP 网络程序的编写。

11.5　本章习题

一、选择题

1. 使用 UDP 通信时，需要使用（　　）类把要发送的数据打包。

A. Socket
B. DatagramSocket
C. DatagramPacket
D. ServerSocket

2. 进行 UDP 通信时，在接收端若要获得发送端的 IP 地址，可以使用 DatagramPacket 的（　　）方法。

A. getAddress（）
B. getPort（）
C. getName（）
D. getData（）

3. 以下说法中，（　　）是正确的（多选）。

A. TCP 连接中必须要明确客户端与服务器端
B. TCP 是面向连接的通信协议，它提供了两台计算机之间可靠无差错的数据传输
C. UDP 是面向无连接的协议，可以保证数据的完整性
D. UDP 消耗资源小，通信效率高，通常被用于音频、视频和普通数据的传输

4. InetAddress 类的（　　）方法可以获取本机地址。

A. getHostName（）
B. getLocalHost（）
C. getByName（）
D. getHostAddress（）

5. 以下方法中，（　　）是 ServerSocket 类用于接收来自客户端请求的方法。

A. accept（）
B. getOutputStream（）
C. receive（）
D. get（）

二、填空题

1. TCP/IP 被分为 4 个层，分别是_____、_____、_____和_____。
2. 在 JDK 中，IP 地址用_____类来表示，该类提供了许多和 IP 地址相关的操作。
3. 使用 UDP 开发网络程序时，需要使用两个类，分别是_____和_____。
4. 使用 TCP 开发网络程序时，需要使用两个类，分别是_____和_____。
5. 一个 Socket 由一个_____地址和一个_____唯一确定。

三、编程题

1. 编写一个服务器端程序：该程序在端口 7777 监听，如果它接收到客户端发来的"Welcome"字符串时，会向客户端回应一个"OK"，并对客户端的其他请求不响应。

2. 编写一个接收端程序：该程序监听端口为 8001，发送端发送的数据是"hello world"，使用 receive（）方法接收数据。

11.6　上机指导

现在，网络聊天已经成为人们生活中不可或缺的一件事，学习完 UDP 数据报编程后，就可以实现一个简单的网络聊天程序了。本次上机的案例是编写一个聊天程序，要求通过监听指定

的端口号、目标 IP 地址和目标端口号，实现消息的发送和接收功能，并把聊天内容显示出来。

相关知识点：

DatagramPacket 和 DatagramSocket 的使用方法。

实验目的：

理解和掌握编写 UDP 网络程序的基本过程及 DatagramPacket 和 DatagramSocket 的使用方法。

实验指导：

通过案例描述可知，此程序分为服务器端程序和客户端程序。

（1）编写服务器端程序，创建 DatagramPacket 和 DatagramSocket 对象。

（2）通过 While 循环反复调用 Receive( ) 方法等待接收客户端数据。

（3）输入数据并封装到 DatagramPacket 对象，调用 Send( ) 方法发送回复信息。

（4）编写客户端程序，创建 DatagramPacket 和 DatagramSocket 对象。

（5）在 While 循环中输入对话信息并封装到 DatagramPacket 对象，调用 Send( ) 方法发送信息。

（6）如果输入 "bye"，则客户端程序结束。

Java 在编程竞赛中的应用

动物园管理系统设计实例

第 11 章习题答案

参考文献

［1］ 明日科技. Java 从入门到精通［M］. 6 版. 北京：清华大学出版社，2021.

［2］ 黑马程序员. Java 基础案例教程［M］. 北京：人民邮电出版社，2017.

［3］ 金松河，钱慎一. Java 程序设计与开发［M］. 北京：清华大学出版社，2020.

［4］ 耿祥义，张跃平. Java 面向对象程序设计［M］. 3 版. 北京：清华大学出版社，2020.

［5］ 胡平，刘涛，姜飞，等. Java 编程从入门到精通［M］. 北京：人民邮电出版社，2020.

［6］ 文杰书院. Java 程序设计基础入门与实战［M］. 北京：清华大学出版社，2020.

［7］ 姬忠红，崔瑞娟，杜其凤. Java 程序设计慕课版［M］. 北京：人民邮电出版社，2019.

［8］ 王宗亮. Java 程序设计任务驱动式实例教程［M］. 3 版. 北京：清华大学出版社，2019.

［9］ 黑马程序员. Java 基础入门［M］. 2 版. 北京：清华大学出版社，2018.

［10］ 李刚. 疯狂 java 讲义［M］. 2 版. 北京：电子工业出版社，2014.